计算机科学与技术学科研究生教材

数据仓库
与数据挖掘

李雄飞　杜钦生　吴昊　编著

DATA WAREHOUSE
AND DATA MINING

机械工业出版社
China Machine Press

图书在版编目（CIP）数据

数据仓库与数据挖掘 / 李雄飞等编著 . —北京：机械工业出版社，2013.9
（计算机科学与技术学科研究生教材）

ISBN 978-7-111-43675-1

I. 数… Ⅱ. 李… Ⅲ.①数据库系统-高等学校-教材 ②数据采集-高等学校-教材 Ⅳ.①TP311.13 ②TP274

中国版本图书馆 CIP 数据核字（2013）第 187760 号

　　科技的进步，特别是信息产业的发展，把整个社会带入一个崭新的信息时代。随着计算机应用的普及和数据库技术的不断发展，数据仓库与数据挖掘技术的应用领域越来越广泛。

　　本书第 1 章介绍数据仓库、数据挖掘的一般知识和应用领域。第 2～8 章介绍数据仓库和数据挖掘的理论和技术，其中第 2、3 章侧重数据仓库，重点阐述了数据仓库的架构、OLAP 等内容，第 4～8 章侧重数据挖掘，重点阐述了关联规则、粗糙集、决策树、聚类分析和兴趣度量等内容。第 9 章给出了数据仓库与数据挖掘方面的应用案例。

　　本书是为软件工程硕士量身定做的教材，也可作为计算机专业、信息类专业、管理类专业相关课程的教材和教学参考书。

机械工业出版社（北京市西城区百万庄大街 22 号　　邮政编码　100037）
责任编辑：朱秀英
藁城市京瑞印刷有限公司印刷
2013 年 10 月第 1 版第 1 次印刷
185mm×260mm • 14.5 印张
标准书号：ISBN 978-7-111-43675-1
定　　价：39.00 元

前 言

随着数据采集手段的逐渐丰富，存储装置容量的提升和成本的下降，人类已经进入海量数据存储的时代。如何有效地利用海量数据，分析其内在规律，挖掘潜藏在数据背后的知识，这些问题促使人们开始探索新的技术和方法。从应用的角度看，人们希望从已有的数据中分析未来的趋势，在技术和工具上提供有效的辅助决策手段。在此背景下，数据仓库和数据挖掘技术应运而生。目前，该领域成果已经应用到人类社会、经济、科技等各个方面，相关的理论、标准和工具日趋成熟。数据仓库和数据挖掘技术的发展又催生了大数据时代的降临。

本书第 1 章是绪论，通过讨论数据采集、数据存储和数据管理技术的发展过程，引入数据仓库、数据挖掘的一般知识，并讨论了与本书主题相关的技术领域，对在应用领域中取得的成果进行了简单综述。第 2～8 章介绍数据仓库和数据挖掘的理论和技术，是本书的重点。其中，第 2、3 章侧重介绍数据仓库，从 OLTP 到 OLAP，系统地形成了数据仓库的架构，这部分重点介绍了 OLAP、数据仓库实现等内容，第 4～8 章介绍数据挖掘，有选择性地介绍关联规则、粗糙集、决策树、聚类分析等基本原理和典型算法，并以兴趣度量为主讨论对挖掘到的知识的评估问题。第 9 章给出数据仓库与数据挖掘方面的应用案例，考虑教学需要，仅选择部分与教材内容相关的案例，并进行适度裁剪和修改。

本书注重内容的科学性、技术性和工程性。基本原理部分尽量做到严谨、完整。技术实现和技巧性上力求经典、特征突出。在工程方面节选部分成功案例，期望以点带面。在教学过程中可以根据学时数、专业特点、课程性质等对教学内容适当取舍。

本书由吉林大学李雄飞、长春大学杜钦生、吉林大学珠海学院吴昊共同编著。另外，长春理工大学董元方、李军也为本书出版做出了贡献。

作者

教学建议

教学章节	教学要求	课时
第 1 章 绪论	掌握数据仓库的相关概念 掌握数据挖掘的相关概念 了解数据仓库与数据挖掘的关系 了解发展趋势与应用前景	2
第 2 章 联机分析处理	掌握 OLAP 的定义 掌握 OLAP 的基本概念 掌握 OLAP 与 OLTP 的关系和比较 掌握 OLAP 准则	2
	掌握多维数据分析方法 掌握关系数据的组织 掌握多维数据的存储方式	2
	了解 OLAP 体系结构 了解 OLAP 的展现方式 了解 OLAP 工具的评价指标 了解 OLAP 的局限性	2
第 3 章 数据仓库的设计与开发	掌握数据仓库的数据模型 掌握数据仓库的分析与设计	4
	掌握数据仓库的开发方法 了解主要的数据仓库产品	4
第 4 章 关联规则	掌握关联规则模型 掌握 Apriori 算法	4
	掌握频繁模式增长算法 掌握关联规则模型扩展方法	2
第 5 章 粗糙集	掌握近似空间 掌握近似与粗糙集 掌握描述粗糙集的特征的方法	2
	掌握信息系统 掌握决策表	4
第 6 章 决策树	掌握构建决策树的理论	2
	掌握 ID3 算法	2
	掌握决策树的剪枝 了解 C4.5 算法	2

（续）

教学章节	教学要求	课时
第7章 聚类分析	了解聚类分析 掌握数据类型、距离和相似系数	2
	掌握聚类方法与聚类分类 掌握划分方法	4
	掌握层次方法 掌握基于密度的方法	4
	了解聚类评估方法	2
第8章 兴趣度量	掌握用于关联规则和分类规则的度量方法	2
	了解用于总结的度量方法	2
	掌握分类器的兴趣度	2
第9章（选讲） 应用案例	了解数据仓库应用案例 了解数据挖掘应用案例	2
总课时	第1～3章建议课时	16～18
	第4～9章建议课时	36～38

说明：

1）建议课堂教学全部在多媒体教室内完成。

2）全书共9章，其中第1章介绍数据仓库、数据挖掘的基础知识，第2～8章介绍数据仓库和数据挖掘的理论和技术，第9章介绍数据仓库与数据挖掘方面的应用案例。建议教学分为数据仓库模块（第2、3章的内容）和数据挖掘模块（第4～8章的内容），其中数据仓库模块建议学时数为16～18，数据挖掘模块建议学时数为36～38，不同学校可以根据各自的教学要求和计划学时数对教学内容进行取舍。

目录

1.1 引言

科技的进步，特别是信息产业的发展，把整个社会带入一个崭新的信息时代。随着计算机应用的普及和数据库技术的不断发展，数据库管理系统的应用领域越来越广泛。

1. 数据采集能力和手段大为增强

条形码和信用卡的普及和使用，进一步加速了商业、金融、保险等领域的信息化进程。射频识别（Radio Frequency Identification，RFID）技术加快了现代物流业的发展进程。计算机已经取代了绝大部分手工操作。数据采集方法越来越多样化。例如，美国国家航空航天局（National Aeronautics and Space Administration，NASA）轨道卫星上的地球观测系统（Earth Observation System，EOS）每小时会向地面发回 50 GB 的图像数据；美国零售商系统 WalMart 每天会通过条形码读入器获取 3 亿条左右的交易数据。

软件工具日趋成熟，也使数据生成手段更加丰富。

物联网（the Internet of Things，IoT）是新一代信息技术的重要组成部分，已经纳入国家重大基础设施建设中。顾名思义，物联网就是物物相连的互联网。它通过 RFID、红外感应器、全球定位系统、激光扫描器等信息传感设备，按约定的协议，把物品或设备与互联网相连接，进而实现对物品或设备的智能化识别、定位、跟踪、监控和管理。随着物联网技术的应用与普及，将大大增强数据采集能力。

2. 存储设备与技术迅猛发展

存储设备从磁带、磁鼓，发展到磁盘、光盘等，进而将个体的存储设备发展到网络化存储。1987 年推出的磁盘阵列（Redundant Arrays of Inexpensive Disks，RAID）技术是由很多价格较便宜的磁盘组合成一个容量巨大的磁盘组。利用这项技术，将数据切割成许多区段，分别存放在各个磁盘上，在磁盘组中任一块磁盘故障时，仍可读出数据，在数据重构时，将数据经计算后重新置入新磁盘中。RAID 可以为存储系统提供不同层级的数据冗余，提高数据可靠性。

20 世纪末，存储技术发展到存储网络时代。这种技术将存储设备从应用服务器中分离出来，统一集中管理，主要实现手段是网络附属存储（Network Attached Storage，NAS)和存储区域网络（Storage Area Network，SAN)。NAS 是一种专业的网络存储及文件备份设备，也称为网络直连存储设备或网络磁盘阵列。SAN 是通过光纤集线器、光纤交换机、光纤路由器等连接设备将磁盘阵列、磁带等存储设备与相关服务器连接起来的高速专用子网。

总之，大容量、高速度、低成本的存储设备和系统已经相继问世，在工程应用中很容易实现大容量数据存储。

3. 海量数据库技术

IDC(International Data Corporation，国际数据公司)提供的数据表明，2011 年全球创造的信息数量达到 1 800 EB，以后每年将以 60％的速度高速增长，到 2020 年，全球每年产生的数字信息将达到 35 ZB。面对海量数据处理的需求，"大数据"这一新的概念应运而生。大数据应该满足"三个 V"，即多样性(Variety)、体量(Volume)和速度(Velocity)。有人又加了第四个"V"，即 Value(价值)。

海量数据库(Very Large DataBase，VLDB)技术研究影响数据读取效率问题，包括在海量数据处理中的位图索引技术、制定优化策略、局部扫描查询等，可以解决海量数据集上的存储及检索问题。

4. 面临的问题

管理海量数据的数据库管理系统已经能够支持存储、检索如此规模的数据。但 VLDB 支持的应用仅仅涉及整个数据库的一小部分信息量，原因在于缺少对这些数据进行分析处理的工具，即使可以做简单的数据分析，也很有局限性。

在信息时代，大量信息在给人们带来方便的同时，也带来了一系列问题，比如，信息量过大，超过了人们掌握、消化的能力；一些信息真伪难辨，给信息的正确运用带来困难；网络上的信息安全难以保障；信息组织形式不一致性，增加了对信息进行有效统一处理的难度等。

5. 新认识

人们意识到隐藏在这些数据之后的更深层次、更重要的信息能够描述数据的整体特征，可以预测发展趋势，这些信息在决策生成的过程中具有重要的参考价值。面对海量数据库和大量繁杂信息，如何才能从中提取有价值的知识，进一步提高信息的利用率。数据仓库(data warehouse)与数据挖掘(data mining)理论和技术应运而生。

1.2 数据仓库

数据仓库技术是以关系数据库、并行处理和分布式技术为基础的信息新技术。

为严格地界定数据仓库的概念，人们给出多种定义方式。宽松地讲，数据仓库是一个数据库，它与组织机构的操作数据库分开维护。数据仓库系统允许将各种应用系统集成在一起，为统一的历史数据分析提供坚实的平台，为信息处理提供支持。

数据仓库之父 William H. Inmon 于 1991 年出版的《Building the Data Warehouse》一书中给出的定义是："数据仓库是一个面向主题的、集成的、时变的、非易失的数据集合，用于支持管理决策。"这个简短、全面的定义指出了数据仓库的主要特征。4 个关键词——面向主题的、集成的、时变的、非易失的，将数据仓库与其他数据存储系统，如关系数据库系统、事务处理系统和文件系统进行区别。

1) 面向主题的。数据仓库围绕一些主题（如顾客、供应商、产品和销售组织）展开。数据仓库关注决策者的数据建模与分析，而不是构造组织机构的日常操作和事务处理。因此，数据仓库排除对于决策无用的数据，提供特定主题的简明视图。

2) 集成的。通常，数据仓库是将多个异种数据源，如关系数据库、一般文件和联机事务处理记录，集成在一起。在数据整合过程中使用数据清理和数据集成技术，确保命名约定、编码结构、属性度量的一致性等。

3) 时变的。数据存储从历史的角度（例如，过去 5～10 年）提供信息，数据仓库中的关键结构，隐式或显式地包含时间元素。

4) 非易失的。数据仓库总是物理地分离、存放数据，这些数据源于操作环境下的应用数据。由于这种分离，数据仓库不需要事务处理、恢复和并行控制机制。通常，它只需要两种数据访问：数据的初始化装入和数据访问。

概言之，数据仓库是一种语义上一致的数据存储，它充当决策支持数据模型的物理实现，并存放企业决策所需信息。数据仓库也常常被看做一种体系结构，通过将异种数据源中的数据集成在一起而构造，支持结构化和启发式查询、分析报告和决策制定。

IBM、Oracle、Sybase、CA、NCR、Informix、Microsoft 和 SAS 等有实力的公司相继通过收购或研发的途径推出了自己的数据仓库解决方案。BO 和 Brio 等专业软件公司也在前端在线分析处理工具市场上占有一席之地。根据各个公司提供的数据仓库工具的功能，可以将主流数据仓库产品分为 3 大类：解决特定功能的产品（主要包括 BO 的数据仓库解决方案）、提供部分解决方案的产品（主要包括 Oracle、IBM、Sybase、Informix、NCR、Microsoft 及 SAS 等公司的数据仓库解决方案）和提供全面解决方案的产品（CA 是目前的主要厂商）。

数据仓库技术经过了十几年的发展，在理论与工程实践上都取得了显著的成果。国际上许多重要的学术会议，如 VLDB(The ACM International Conference on Very Large Databases)、ICDE(International Conference on Data Engineering)、SIGKDD(The ACM Conference on Knowledge Discovery in Databases and Data Mining)、ICDM(IEEE International Conference on Data Mining)、PKDD(European Conference on Principles and Practice of Knowledge Discovery in Databases)、SDM(SIAM International Conference on Data Mining)、PAKDD(Pacific-Asia Conference on Knowledge Discovery and Data Mining)、DaWaK(International Conference on Data Warehousing and Knowledge Discovery)等，以及著名的刊物 TODS(ACM Transactions on Database Systems)、IEEE TKDE(IEEE

Transactions on Knowledge and Data Engineering)、DMKD(Data Mining and Knowledge Discovery)、JDM(Journal of Database Management)等报道了本领域的最新的进展。

1.2.1 从数据库到数据仓库

从如下几个方面看数据库(DB)到数据仓库(DW)的演变与发展:

1. 应用驱动

(1) 数据太多,信息贫乏

随着数据库技术的发展,企事业单位建立了大量的数据库,数据越来越多,而辅助决策信息却很贫乏,如何将大量的数据转化为辅助决策信息成了研究的热点。

(2) 异构环境数据的转换和共享

由于各类数据库产品的增加,异构环境的数据也随之增加,如何实现这些异构环境数据的转换和共享也成了研究的热点。

(3) 由事务处理转变为支持决策

数据库用于事务处理,若要达到辅助决策,则需要更多的数据,例如,如何利用历史数据的分析来进行预测,如何通过对大量数据的综合得到宏观信息等,均需要大量的数据。

数据仓库概念提出后,在不到几年的时间内就得到了迅速的发展。数据仓库产品也不断出现并陆续进入市场。

2. 新技术增长点

1) 数据库用于事务处理,数据仓库用于决策分析。事务处理功能单一,数据库完成事务处理的增加、删除、修改、查询等操作。决策分析要求数据较多。数据仓库需要存储更多的数据,不需要修改数据,主要提取综合数据的信息,以及分析预测数据的信息。

2) 数据库保持事务处理的当前状态,数据仓库同时保存过去和当前的数据。数据库中数据随业务的变化一直在更新,总保存当前的数据,如学生数据库。数据仓库中数据不随时间变化而变化,但保留大量不同时间的数据,即保留历史数据和当前数据。

3) 数据仓库是对大量数据库的集成。数据仓库的数据不是数据库的简单集成,而是按决策主题,将大量数据库中的数据进行重新组织,统一编码进行集成。如银行数据仓库数据是由储蓄数据库、信用卡数据库、贷款数据库等多个数据库按"用户"主题进行重新组织、编码和集成而建立的。可见,数据仓库的数据量比数据库的数据量大得多。

4) 数据库的操作比较明确,操作数据量少。数据仓库操作不明确,操作数据量大。一般对数据库的操作都是事先知道的事务处理工作,每次操作(增加、删除、修改、查询)涉及的数据量也小,如一个或几个记录数据。对数据仓库的操作都是根据当时决策需求临时决定的,如比较两个地区某个商品销售的情况,该操作涉及的数据量很大,不是几个记录数据,而是两个地区多个商店的某商品的所有销售记录。

数据库与数据仓库的对比如表 1-1 所示。

表 1-1 数据库与数据仓库的对比

数据库	数据仓库
面向应用	面向主题
数据是详细的	数据是综合的或提炼的
保持当前数据	保存过去和现在的数据
数据是可更新的	数据不更新
对数据操作是重复的	对数据的操作是启发式的
操作需求是事先可知	操作需求是临时决定的
一个操作存取一个记录	一个操作存取一个集合
数据非冗余	数据时常冗余
操作比较频繁	操作相对不频繁
查询的是原始数据	查询的是经过加工的数据
事务处理需要的是当前数据	决策分析需要过去、现在的数据
很少有复杂的计算	很多复杂的计算
支持事务处理	支持决策分析

（1）数据库的数据字典

数据字典是数据库中各类数据描述的集合，在数据库设计中占有很重要的地位。数据字典通常包括数据项、数据结构、数据流、数据存储和处理过程 5 个部分，其中数据项是数据的最小组成单位。若干个数据项可以组成一个数据结构。数据字典通过对数据项和数据结构的定义来描述数据流、数据存储的逻辑内容。

1）数据项。数据项是不可再分的数据单位。对数据项的描述通常包括数据项名、数据项含义说明、数据类型、长度、取值范围和取值含义等。

2）数据结构。数据结构反映了数据之间的组合关系。一个数据结构可以由若干个数据项组成，也可以由若干个数据结构组成。数据结构的描述通常包括数据结构名、含义说明和数据项等。

3）数据流。数据流是数据结构在系统内传输的路径，对数据流的描述通常包括数据流名、说明、数据流来源、数据流去向和平均流量等。其中，"数据流来源"是说明该数据流来自哪个过程，"数据流去向"是说明该数据流将到哪个过程去，"平均流量"是指单位时间（如每天）传输的次数。

4）数据存储。数据存储是数据结构保存数据的地方，数据存储的描述通常包括数据存储名、说明、编号、输入的数据流、输出的数据流、数据量、存取频度和存取方式。其中，"存取频度"指每小时或每天或每周存取几次、每次存取多少数据等信息，"存取方式"包括是批处理还是联机处理，是检索还是更新，是顺序检索还是随机检索等。另外，"输入的数据流"要指出其来源，"输出的数据流"要指出其去向。

5）处理过程。处理过程一般用判定表或判定树来描述。数据字典中只需要描述处理过程的说明性信息，通常包括处理过程名、说明、输入、输出和处理。其中，"处理"中主要说明该处理过程的功能及处理要求。

可见，数据字典是关于数据库中数据的描述，而不是数据本身。

（2）数据仓库的元数据

数据仓库远比数据库复杂。在数据仓库中引入了"元数据"的概念，它不仅是数据仓库的字典，而且是数据仓库本身信息的数据。

元数据（meta data）定义为关于数据的数据，即元数据描述了数据仓库的数据和环境。

元数据在数据仓库中不仅记录数据仓库有什么，还指明了数据仓库中信息的内容和位置，刻画了数据的抽取和转换规则，存储了与数据仓库主题有关的信息，而且整个数据仓库的运行都是基于元数据的，如数据的修改、跟踪、抽取、装入、综合以及使用等。由于元数据遍及数据仓库的所有方面，已成为整个数据仓库的核心。

数据仓库的元数据除对数据仓库中数据的描述（数据仓库字典）外，还有以下3类。

1）关于数据源的元数据。数据仓库的数据源包含很多不同的数据结构，从各数据源选取的数据元素字段长度和数据类型有所不同。为数据仓库挑选数据时，将记录拆分，并将来自不同数据源的记录的某些部分组合起来，还要解决编码和字段长度不同的问题。当将这些信息传递给最终用户时，必须把这些数据与原始数据联系起来。

2）关于抽取和转换的元数据。这类元数据包含了源数据系统的数据抽取方法、数据抽取规则以及抽取频率等数据转换的所有信息。

3）关于最终用户的元数据。最终用户元数据是数据仓库的导航图，使最终用户可以从数据仓库中找到需要的信息。

1.2.2　数据仓库的基本概念

1. 外部数据源

外部数据源（external data source）就是从系统外部获取的与分析主题相关的数据。对于一项好的决策，不但需要系统内部的信息，还需要来自系统外部的相关信息。

2. 数据抽取

从数据仓库的角度来看，并非业务数据库中的所有数据都是决策支持活动所必需的。数据抽取（data extraction）是数据仓库按分析主题从业务数据库抽取相关数据的过程。现有的数据仓库产品几乎都提供关系型数据接口，提供抽取引擎以从关系型数据中抽取数据。

3. 数据清洗

对于决策支持系统，最重要的是其决策的正确性，因此确保数据仓库中的数据的准确性是极其重要的。所谓数据清洗（data cleaning）就是在放入数据仓库之前将错误的、不一致的数据予以更正或删除，以免影响DSS（Decision Support System，决策支持系统）决策的正确性。

4. 数据转换

由于业务系统可能使用不同的数据库厂商的产品，比如IBM DB2、Informix、Sybase、Microsoft SQL Server等，各种数据库产品提供的数据类型可能不同，因此需要将不同格式的数据转换成统一的数据格式，称此为数据转换（data transformation）。

5. 数据加载

数据加载（data load）是指把清洗后的数据装入数据仓库的过程。数据加载策略包括数据加载周期和数据追加策略。数据加载周期要综合考虑经营分析需求和系统加载的代价，对不同业务系统的数据采用不同的加载周期，但必须保持同一时刻业务数据的完整性和一致性。

6. 元数据

在数据仓库中，元数据扮演着重要的角色。元数据是关于数据的数据，存在于程序和数据中，是信息处理环境中的一部分。正因为有了元数据，才可以更加有效地利用数据仓库。元数据使得最终用户、DSS 分析员进行数据探索成为可能。

元数据位于数据仓库的上层，而且能够记录数据仓库中对象的位置。典型的，元数据记录程序员所知的数据结构、DSS 分析员所知的数据结构、数据仓库的源数据、数据载入数据仓库时的类型和格式转换、数据模型、数据模型和数据仓库的关系以及抽取数据的历史记录等。

7. 数据集市

数据仓库存放的是整个企业的信息，并且数据是按照不同的主题来组织的。把面向企业中的某个部门或主题而在逻辑上或物理上划分出来的数据仓库中的数据子集称为数据集市（data mart）。数据仓库面向整个企业，而数据集市则面向企业中的某个部门。数据仓库中存放企业的整体信息，而数据集市只存放某个主题所需要的信息，其目的是减少数据处理量，使信息的利用更快捷、更灵活。

8. 数据粒度

粒度（granularity）问题是设计数据仓库的一个重要方面。粒度是指数据仓库的数据存储单位中保存数据的细化程度或综合程度的级别。细化程度越高，粒度级别就越低；相反的，细化程度越低，粒度级别就越高。

1.2.3 数据仓库的体系结构

在有关数据仓库体系结构的多种理论中，着眼于功能的"三层结构"理论得到了最广泛的认可。

作为企业做出决策的支持工具，数据仓库结构在理论上并没有固定的、严格的规定，而是随着企业规模、决策类型、数据特点的不同而改变。即使是得到广泛认可的数据仓库"三层结构"理论，对 3 个层次的具体规定也不统一。从各部件的功能来分析，数据仓库在逻辑上可以分为 3 个层次，即数据获取/管理层、数据存储层与数据分析/应用层。图 1-1 给出了数据仓库系统的 3 个层次划分的示意图。

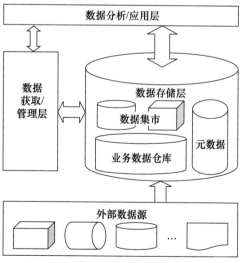

图 1-1 数据仓库系统 3 个层次的划分

1. 数据获取/管理层

数据仓库中保存的业务数据来自多个数据源，这些数据源所提供的数据并非都处于理想的状态，总是存在某些缺陷，必须经过适当的处理后才能导入数据仓库。同时，数据仓库中所保存的内容必须经过维护，才能保证系统的正常运行，这些都是数据获取/管理层应完成的工作。归纳起来，该层主要负责以下几项工作：数据仓库的定义和修改，数据的获取，数据仓库系统的管理。

数据获取/管理层对于保证数据仓库的安全性、稳定性和有效性起着十分重要的作用，其使用者是数据仓库的设计者和维护者。此层功能的实现可以采用专门设计程序的方法，也可以部分地借用一些通用工具来完成。

2. 数据存储层

数据存储层是数据仓库的主体，存储的数据包括 3 个部分：其一是从外部数据源抽取的数据，经清洗、转换处理，并按主题进行组织和存放，称其为业务数据仓库；其二是数据仓库的元数据；其三是针对不同的数据挖掘和分析主题而生成的数据集市。

对于不同规模和应用目的的数据仓库而言，数据存储层的构造方式不尽相同。用户对数据仓库的要求集中体现在两个方面，一是灵活性，二是高效性。为了兼顾上述两点，在某些数据仓库的数据存储层中增设了"从属数据集市"。从属数据集市并不是一种简单的以满足部门级要求而构建的数据集合，而是数据仓库的一个子集，它与数据仓库服务的某个主题相对应，是数据仓库中针对此主题的数据在逻辑上或物理上的一种分离。

3. 数据分析/应用层

数据仓库系统的数据分析/应用层面向系统的一般用户，满足其查询需要，并以适当的方式向用户展示查询和分析结果。数据分析/应用层主要实现以下三项功能：查询/统计功能、OLAP 服务和数据挖掘服务。

1.3　数据挖掘

基于数据库的知识发现（Knowledge Discovery in Database，KDD）一词首次出现在 1989 年举行的第十一届 AAAI（The Association for the Advancement of Artificial Intelligence，国际人工智能协会）学术会议上，其后，在 VLDB 及其他与数据库领域相关的国际学术会议上也举行了 KDD 专题研讨会。1995 年，在加拿大蒙特利尔召开了第一届 KDD 国际学术会议（KDD'95），随后，每年召开一次。由 Kluwers Publishers 出版，1997 年创刊的《Knowledge Discovery and Data Mining》是该领域中的第一本学术刊物。KDD 的研究工作逐步成为热点。

知识发现和数据挖掘领域的研究工作是适应市场竞争的需要的，它将为决策者提供重要的、前所未有的信息或知识，从而产生不可估量的效益。目前，关于 KDD 的研究工作已经被众多领域所关注，如过程控制、信息管理、商业、医疗、金融等领域。美国政府开发的 Sequoia 2000 项目把 KDD 列为数据库研究领域中的重要课题之一。作为大规模数据库中先进的数据分析工具，KDD 的研究已经成为数据库及人工智能领域研究的一个热点。

1.3.1　KDD 与数据挖掘

人们从不同的角度给出 KDD 的定义，虽然内涵不尽相同，但比较公认的定义是由 Fayyad 等人提出的。所谓基于数据库的知识发现（KDD）是指从大量数据中提取有效的、新颖的、潜在可用的、最终可被理解的模式的非平凡过程。

- 数据：指一个有关事实 F 的集合，用以描述事物的基本信息。如学生档案数据库中有关学生基本情况的记录。一般来说这些数据都是准确无误的。

- 模式：语言 L 中的表达式 E，E 所描述的数据是集合 F 的一个子集。表明数据集 F_E 中的数据具有特性 E。作为一个模式，E 比枚举数据子集 F_E 简单。如"如果分数在 81 到 90 之间，则成绩优良"可称为一个模式。

- 非平凡过程：KDD 是由多个步骤构成的处理过程，包括数据预处理、模式提取、知识评估及过程优化。所谓非平凡是指具有一定程度的智能性和自动性，绝不仅仅是简单地数值统计和计算。

- 有效性（可信性）：从数据中发现的模式必须有一定的可信度，函数 C 将表达式映射到度量空间 M_c，c 表示模式 E 的可信度，$c=C(E, F)$。其中 $E \in L$，E 所描述的数据集合 $F_E \subset F$。

- 新颖性：提取出的模式必须是新颖的。模式是否新颖可以通过两个途径来衡量：一是通过当前得到的数据和以前的数据或期望得到的数据之间的比较结果来判断该模式的新颖程度；二是通过对比发现的模式与已有模式的关系来判断。通常用一个函数来表示模式的新颖程度 $N(E, F)$，该函数的返回值是逻辑值或是对模式 E 的新颖程度的一个判断数值。

- 潜在可用：指提取出的模式将来会实际运用，通过函数 U 把 L 中的表达式映射到测量空间 M_U，u 表示模式 E 的有作用程度，$u=U(E, F)$。

- 可理解性：发现的模式应该能够被用户理解，以帮助人们更好地了解和使用数据库中的信息，这主要体现在简洁性上。要想让一个模式更容易地被人们理解并不是一件很容易的事，需要对其简单程度进行度量。用 s 表示模式 E 的简单度（可理解度），$s=S(E, F)$。

上述度量函数只是从不同角度进行模式评价，为方便起见，往往采用权值来进行综合评判。有些 KDD 系统利用函数 $i=I(E, F, C, N, U, S)$ 来求得模式 E 的权值，另外一些系统通过对求得的模式的不同排序来表现模式的权值大小。

综上所述，可以从 KDD 角度给知识下个定义：一个模式 E 对用户设定阈值 I，如果 $I(E, F, C, N, U, S)>I$，则模式 $E \in L$ 可称为知识。

KDD 是一个反复迭代的人机交互处理过程。该过程需要经历多个步骤，并且很多决策需要由用户提供。从宏观上看，KDD 过程主要由三个部分组成，即数据整理、数据挖掘和结果的解释评估。参见图 1-2 来解释其具体的工作步骤。

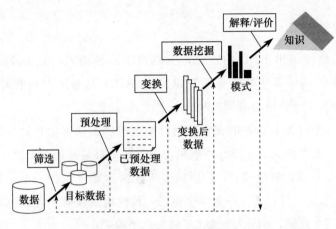

图 1-2   KDD 过程示意图

1）数据准备：了解 KDD 应用领域的有关情况，包括熟悉相关的背景知识、搞清用户需求。

2）数据选取：数据选取的目的是确定目标数据，根据用户的需要从原始数据库中选取相关数据或样本。在此过程中，将利用一些数据库操作对数据库进行相关处理。

3）数据预处理：对步骤 2）中选出的数据进行再处理，检查数据的完整性及一致性，消除噪声，滤除与数据挖掘无关的冗余数据，根据时间序列和已知的变化情况，利用统计等方法填充丢失的数据。

4）数据变换：根据知识发现的任务对经过预处理的数据进行再处理，主要是通过投影或利用数据库的其他操作减少数据量。

5）确定 KDD 目标：根据用户的要求，确定 KDD 要发现的知识类型，对 KDD 的不同要求会在具体的知识发现过程中采用不同的知识发现算法，如分类、总结、关联规则、聚类等。

6）选择算法：根据步骤 5）确定的任务选择合适的知识发现算法，包括选取合适的模型和参数。同样的目标可以选用不同的算法来解决，这可以根据具体情况进行分析选择。有两种选择算法的途径：一是根据数据的特点不同，选择与之相关的算法；二是根据用户的要求，有的用户希望得到描述型的结果，有的用户希望得到预测准确度尽可能高的结果，不能一概而论。总之，要做到选择算法与整个 KDD 过程的评判标准相一致。

7）数据挖掘：这是整个 KDD 过程中很重要的一个步骤。运用前面选择的算法，从数据库中提取用户感兴趣的知识，并以一定的方式表示出来（如产生式规则等）是数据挖掘的目的。

8）模式解释：对在数据挖掘步骤中发现的模式（知识）进行解释。经过用户或机器评估后，可能会发现这些模式中存在冗余或无关的模式，此时应该将其剔除。如果模式不能满足用户的要求，就需要返回到前面的某些处理步骤中反复提取。例如，重新选取数据、采用新的数据变换方法、修改数据挖掘算法的某些参数值，甚至换另外一种挖掘算法，从而提取出更有效的知识。

9）知识评价：将发现的知识以用户能了解的方式呈现给用户。这期间也包含对知识一致性的检查，以确信本次发现的知识不会与以前发现的知识相抵触。由于挖掘出来的知识最终是呈现给用户的，所以，应该以用户能够理解的最直观的方式作为最终结果。因此，知识发现工作还包括对模式进行可视化处理等。

在上述步骤中，数据挖掘占据非常重要的地位，它主要是利用某些特定的知识发现算法，在一定的运算效率范围内，从数据中发现出有关知识，决定了整个 KDD 过程的效果与效率。

1.3.2　数据库与数据挖掘发展历程

数据挖掘是 KDD 过程中的一个重要步骤，其中包括特定的数据挖掘算法。算法能在可接受的计算效率下，在 F 上产生一系列模式 Ej。有些文献中将 KDD 与数据挖掘混用。数据挖掘是在数据库技术中发展起来的，图 1-3 为数据存储与管理技术的发展历程。

图 1-3　数据存储与管理技术的发展历程

20 世纪 60 年代，数据库和信息技术已经从原始的文件处理系统发展成为精密复杂、功能强大的数据库系统，这时的数据库系统是基于层次模型或网状模型的。到了 70 年代，关系数据库系统、数据模型工具、索引技术和数据组织技术取得了实质性进步。同时，用户通过查询语言、用户接口、优化查询进程和事务管理可以方便灵活地存取数据。以 OLTP(On-Line Transaction Processing，在线事务处理)作为有效的模式，从根本上确立了关系数据库在数据存储、检索、管理大量数据中的主导地位。

进入 80 年代中期，一方面是关系数据库的黄金时期，另一方面对新型的强大的数据库系统的开发和研究也十分活跃。扩展关系、面向对象、关系对象、演绎模型等数据模型取得了相应进展。空间数据库、时态数据库、多媒体数据库、主动数据库、科学数据库、知识库和办公数据库等面向应用的数据库系统不断发展繁荣。分布式技术、多样数据、共享数据也得到了广泛深入的研究。异构数据库和基于 Internet 的全球信息系统在信息产业中占据重要地位。数据仓库也是这一时期的产物，它根据多维数据结构进行建模，包括数据清理、数据集成和 OLAP(On-Line Analytical Processing，在线分析处理)等。

OLAP 具有一定的多视角观察、分析、检索数据的能力，可以支持多维分析和决策，但仍然需要更深层次的分析。随着数据库技术的广泛应用，海量数据层出不穷，在给人们带来方便的同时也带来了一系列问题。面对海量数据库和大量繁杂信息，如何才能从中提取有价值的知识，进一步提高信息利用率，自然就把数据挖掘技术推上了历史舞台。

21 世纪的前 10 年，数据仓库技术的应用日臻普及，数据挖掘技术趋于成熟，促使人们把目光投向更复杂的数据。如今，大数据已经成为热点问题。

1.3.3 数据挖掘的特征与对象

1. 数据挖掘系统的特征

数据挖掘技术可以应用在很多领域中，已经开发出很多系统并已部分投入应用。

SKICAT 是由 MIT 喷气推进实验室与天文科学家合作开发的用于帮助天文学家发现遥远的类星体的工具。该工具采用决策树构造分类器，与以往方法相比，SKICAT 能分辨出亮度低出一个数量级的星体，而且效率提高了 40 倍以上。利用 SKICAT，天文学家已经发现了 16 颗新的极遥远的类星体。

Health-KEFIR 是用于健康状况预警的知识发现系统。该系统根据用户实际情况集中了多种不同的事件类别，致力于大规模动态数据库上的知识发现。发现的结果用 Netscape 形成超文本报告。

Kepler 是一个可扩展数据挖掘平台，它只是从数据访问和准备到分析和可视化的整个知识发现过程。它的主要特点是开放的插件结构，允许第三方开发者在不修改已有软件的情况下很方便地集成分析工具，导入数据格式，或预处理操作。大量的分析算法可以作为 Kepler 插件，如分类与回归、决策树、关联规则和聚类，当然也有基于实例的方法，如 Bayesian 算法、子组发现方法等。Kepler 能够分析存储于多个关系表中的数据。

TASA 是为预测通信网络故障而开发的通信网络预警分析系统。典型网络每天会产生成百的报警信息，TASA 会生成形如"如果在一个时间段内发生某些预警信息组合，那么其他类型的预警将在某个时间范围内发生"的规则。时间段的大小由用户设定。

R-MINI 运用分类技术从噪声中提取有价值的信息。它用逻辑生成具有完备性和一致性的最小规则集。该工具首先为每个例子生成一个规则，然后分两步进行规则约简。第一步归纳能覆盖更多正例子而不覆盖负例子的规则，然后删除冗余规则；第二步用更简单的规则进行规则替换。由于是在微弱的变化中获取信息，该系统也可以用于证券领域中的股市行情预测。

KDW 是大型商业数据库中的交互分析系统。它包括聚类、分类、总结、相关性分析等多种模式。由于需要用户来指导系统的挖掘工作，如果用户能熟练使用这个工具并具有很好的领域知识，那么 KDW 就是领域无关、通用的系统。

DBMiner 是加拿大 Simon Fraser 大学开发的一个多任务 KDD 系统。DBMiner 能够完成多种知识发现（如泛化规则、特征规则、关联规则、分类规则、演化规则和偏离知识等），该系统综合了多种数据挖掘技术（包括面向属性的归纳、统计分析、逐级深化发现多级关联规则、元规则引导发现等方法）。DBMiner 提供了一种交互式类 SQL 语言 DMSQL，能与关系数据库无缝集成。

ROSETTA 系统可能是最完整的粗糙集软件环境。它在工作空间上以树形结构显示输入、输出数据以及它们之间的关系。ROSETTA 系统具备从浏览、数据预处理，到约简计算、规则生成，再到规则评估与分析整个 KDD 过程。它包括有监督学习（以 if-then 规则为结论）和无监督学习算法（以常规模式为结论），输入的数据类型既可以是数值型的，也可以是分类型的。

Clementine 是 SPSS 的数据挖掘应用工具，可以把直观的用户图形界面与多种分析技术结合在一起，这些技术包括神经网络、关联规则和规则归纳技术。规则归纳算法很容易理解，一旦被训练过就能创建一棵决策树代表规则，随后要进行的频繁处理就是定位树最顶层的重要变量，并用这些变量训练一个神经网络。在神经网络中提供了一系列不同的拓扑结构和训练方法，并用 Kohonen 神经网络解决聚类问题。Clementine 支持顾客剖析、时序分析、市场货篮分析和欺诈行为侦测等功能。

Darwin 包含三个数据挖掘方法：神经网络、决策树和 K 邻近。它提供了一套综合性的功能集，能够处理类别的和连续的预测器和目标变量，并能用来处理分类、预测和预报问题。决策树使用 CART 算法解决使用类别及连续变量的分类问题。K 邻近用以解决使用绝对依赖变量的分类问题。Darwin 被 GTE 和 Credit Suisse 选作大规模客户关系的应用程序。

WEKA 是一个公开的数据挖掘工作平台，集合了大量能承担数据挖掘任务的机器学习算法，包括对数据进行预处理、分类、回归、聚类、关联规则以及在交互式界面上的可视化。WEKA 的全名是怀卡托智能分析环境（Waikato Environment for Knowledge Analysis）。在 2005 年的 ACMSIGKDD 国际会议上，WEKA 小组荣获了数据挖掘和知识探索领域的最高服务奖。WEKA 是基于 Java 环境的开源免费软件，每月下载次数已经超过万次，被誉为数据挖掘和机器学习历史上的里程碑，是现今最完备的数据挖掘工具之一。

DMW 是一个用在信用卡欺诈分析方面的数据挖掘工具，支持反向传播神经网络算法，并能以自动和人工的模式操作。它是一个功能强大的成熟产品，已在市场上取得成功。它的欺诈侦测/分类应用程序用于实时分析信用卡事务，是对产品可伸缩性和性能可靠的证明。

Decision Series 为描述和预测分析提供了集成算法集和知识挖掘环境。系统的算法效率较高，并为用户提供了可定制的控制方法。分析能力包括聚类、关联规则、神经网络和决策树。能无缝地把算法、数据访问和数据转换引擎集成在一起，并能够在多对称处理机上并行执行。该系统应用于零售业（如 WalMart）详细目录管理服务，在详细数据层能以周围单位进行销售点数据分析，其处理的数据总量大约 70 GB。

Intelligent Miner 是 IBM 开发的包括人工智能、机器学习、语言分析和知识发现领域成果在内的复杂软件解决方案。它支持分类、预测、关联规则、聚类、时间序列分析等算法，通过使用复杂的数据可视化技术和基于 Java 的用户界面来增强可用性。该系统支持 DB2 并集成了大量复杂的数据操作函数。

KnowledgeSEEKER 是一个基于决策树的数据挖掘工具。它使用一个基于 CART 和 CHAID 的决策树算法来发现数据集中预测和依赖变量的关系。其定位在提供数据挖掘能力，用户界面提供了决策模型的图形表示。用户能选择每个分支，并指定预测变量的类别。为保持产品优势，Angoss 于 1998 年 5 月把 KnowledgeSEEKER 扩充为一个更强大的分析工具（Knowledge Studio）。Knowledge Studio 的重点在于把不同厂家的数据挖掘组件集成到统一环境中。通过提供决策树、神经网络、网络界面和 Java 可移植性，Angoss 计划把 Knowledge Studio 定位为开发数据仓库的关键组件。该系统支持 Windows 平台，以及包括 HP UX、Solaris 和 AIX 在内的 UNIX 平台。面向 Windows 的 Knowledge Studio 还包括一个 SDK，SDK 通过 ActiveX 技术把产品嵌入到应用程序中。

　　MineSet 是 Silicon Graphics 公司的商用数据挖掘产品，通过集成数据库和文件操纵、数据分析与挖掘引擎、数据可视化等技术，为数据挖掘工作提供一个交互平台。MineSet 支持知识发现全过程，包括从数据访问与准备到交互分析和可视化等部署。为满足大数据集需要，MineSet 采用客户/服务器结构。数据访问部件提供丰富的转换功能，用于将存储数据的格式转换为适应可视化和分析挖掘的格式。MineSet 的 2 维和 3 维可视化功能可以为探索分析直接提供可视化数据。利用可视化工具可以将数据挖掘算法和模型部署到大系统中。第三方供应商容易将其他软件包集成或部署到 MineSet 工具中。

　　这些系统或工具具有如下共同特征：

　　1）海量数据集。

　　2）数据利用非常不足。

　　3）在开发知识发现系统时，领域专家对该领域的熟悉程度至关重要。

　　4）最终用户专业知识缺乏。

　　为使知识发现系统更加有效，有几个软硬件问题需要强调：第一，为使数据服务更加详尽，必须研究基础的体系结构、算法和数据结构；第二，解决存储管理中的新问题，开发有效的存储机制；第三，高层次的查询语言成为重要的研究课题；第四，描述多维对象的可视化工具在知识表示中将起重要作用。

2. 数据挖掘对象

（1）数据结构

　　数据库中的数据可以采用多种形式，通常情况下，相对于符号实体而言把数字实体作为第一类别，符号实体是第二类别。在第一类别中的数值量指数字、向量、二维矩阵或多维数组等。符号实体用来描述定性的量（如黑暗、明亮等）。更进一步的，描述某些概念等级时就会面对复合数据类型。

　　重要的问题是在知识发现的观点上如何操作这些数据。某种情况下，将注意力放在比较两部分数据上（计算它们之间的差距），有时则更关注对象间的等级差异等。图 1-4 就是这些数据类型的例子。人们对数据的理解非常有限，因此要对数据进行抽象。比如，看气象图时，人们并不注意个别温度，而是注意哪些区域气温高，哪些区域气温低。也就是说信息颗粒化（granularity），将其描述成更高的抽象形式（集合）。通过信息颗粒化可以把大量数据压缩成单一的概念实体。集合压缩了元素，数据间隔包含了多个个体数据。比如描述汽车油耗，从不同的角度出发会涉及不同的理论和方法。图 1-5 是关于汽车油耗的几种信息聚合模型。

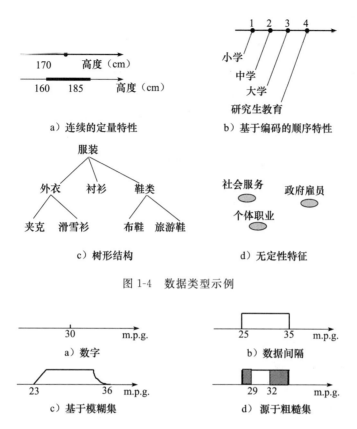

图 1-4　数据类型示例

图 1-5　从不同角度出发的数据聚合

可以用单一的数字描述，如 30 表示每加仑汽油可以行驶 30 英里（1 英里＝48.280 32 千米），也可以用数字区间表示，如[25，35]表示每加仑汽油可以行驶 25～35 英里。接下来改变边界的二值属性（"是"与"非"），引入模糊集和粗糙集的观点。单一的数字是最高级别的聚合，数字区间比模糊集和粗糙集的聚合级别要低，最低的聚合级别就是整个数据空间。数据挖掘是在整个数据库上发现聚合级别较高的知识。

（2）数据库系统

数据挖掘的对象原则上可以是各种存储方式的信息。目前的信息存储方式主要包括关系数据库、数据仓库、交易数据库、面向对象数据库、关系对象数据库、空间数据库。时态数据库、时间序列数据库、文件数据库、多媒体数据库、异构数据库和遗产数据库。

1）关系数据库。

一个数据库系统也称为数据库管理系统（DBMS），由一些相关数据组成，并通过软件程序管理和存储这些数据。DBMS 提供数据库结构定义，数据检索语言（SQL 等），数据存储，并发、共享和分布式机制，数据访问授权等功能。关系数据库由表组成，每个表有一个唯一的表名。属性（列或域）集合组成表结构，表中数据按行存放，每一行称为一个记录。记录间通过键值加以区别。关系表中的各个属性域描述了表间的联系，这种语义模型就是实体关系（ER）模型。关系数据库是目前最流行、最常见的数据库之一，为数据挖掘研究工作提供了丰富的数据源。

2）数据仓库。

数据仓库可以把来自不同数据源的信息以同一模式保存在同一个物理地点。其构成需要经历数据清洗、数据格式转换、数据集成、数据载入及阶段性更新等过程。严格地讲，数据仓库是面向问题的、集成的、随时间变化的、相对稳定的数据集，为管理决策提供支持。面向问题是指数据仓库的组织围绕一定的主题，不同于日复一日的操作和事务处理型的组织，而是通过排斥对决策无用的数据等手段提供围绕主题的简明观点。集成性是指数据仓库将多种异质数据源集成为一体，如关系数据库、文件数据、在线事务记录等。数据存储包含历史信息（比如，过去5～10年的信息）。数据仓库要将分散在各个具体应用环境中的数据转换后才能使用，所以，它不需要事务处理、数据恢复、并发控制等机制。

数据仓库根据多维数据库结构建模，每一维代表一个属性集，每个单元存放一个属性值，并提供多维数据视图，允许通过预计算快速地对数据进行总结。尽管数据仓库中集成了很多数据分析工具，但仍然需要像数据挖掘等更深层次、更自动化的手段和方法。

3）交易数据库。

一个交易数据库由文件构成，每条记录代表一笔交易。典型的交易包含唯一的事务标识（trans_ID），多个项目组成一个交易。交易数据库可以用额外附加的关联表记录其他信息。比如，在销售方面，交易日期、顾客ID及交易发生的部门等。更深层次的货篮数据（market basket）分析（如哪些商品经常同时销售等问题）只能利用数据挖掘思想来解决。

4）面向对象数据库。

面向对象数据库是基于面向对象程序设计的范例，其每一个实体作为一个对象。与对象相关的程序和数据封装在一个单元中，通常用一组变量描述对象，等价于实体关系模型和关系模型中的属性。对象通过消息与其他对象或数据库系统进行通信。对象机制提供一种模式获取消息并做出反应的手段。类是对象共享特征的抽象。对象是类的实例，也是基本运行实体。可以把对象类按级别分为父类和子类，实现对象间的属性共享。

5）关系对象数据库。

关系对象数据库的构成基于关系对象模型。为操作复杂的对象，该模型通过提供丰富数据类型的方法进一步扩展了关系模型。在关系查询语言中增加了新增类型的检索能力。关系对象数据库在工业、应用等方面越来越普遍。与关系数据库上的数据挖掘相比，关系对象数据库上的数据挖掘更强调操作复杂的对象结构和复杂数据类型。

6）空间数据库。

空间数据库包含空间关系信息，比如，地理（地图）数据库、VLSI芯片设计数据库、医学图像数据库和卫星图像数据库等。空间数据可以用n维位图、像素图等光栅格式表示（比如，二维卫星图像数据可以用光栅格式表示，每一个像素记录一个降雨区域），也可以用向量形式表示（比如，道路、桥梁、建筑物等基本地理结构可以用点、线、多边形等几何图形表示为向量格式）。数据挖掘可以揭示地理数据中某种类型区域中的建筑物特征（比如，湖边建筑物特征等）。所以，对空间数据库的数据挖掘工作具有重要意义。

7）时态数据库和时间序列数据库。

这两种数据库均存储与时间有关的信息。时态数据库通常存储与时间属性相关的数据，这些属性可以是具有不同语义的时间戳。时间序列数据库存储随时间顺序变化的数据，比如股市中的变化数据等。数据挖掘技术可以用于发现对象演变特性或数据库中数据的变化趋势。时间可以是财政年、教学年、日历年等，也可以是年细分的季度或月。

8）文本数据库。

文本数据库是包含用文字描述的对象的数据库。这里的文字不是通常所说的简单的关键字，可能是长句子或图形，比如产品说明书、出错或调试报告、警告信息、简报等文档信息。文本数据库可以是无结构的（比如某些 WWW 网页），也可以是半结构的（比如一些邮件信息，HTML/XML 网页）。数据挖掘可以揭示对象类的通常描述，如关键字与文本内容之间的关联，基于文本对象的聚类等。

9）多媒体数据库。

在多媒体数据库中存储图像、音频、视频等数据。多媒体数据库管理系统提供在多媒体数据库中对多媒体数据进行存储、操纵和检索的功能，特别强调多种数据类型间（比如图像、声音等）的同步和实时处理。主要应用在基于图片内容的检索、语音邮件系统、视频点播系统。多媒体数据库挖掘、存储和检索技术需要集成标准的数据挖掘方法，还要构建多媒体数据立方体，运用基于模式相似匹配的理论等。

10）异构数据库和遗产数据库。

数据库中的对象可以与其他数据库中的对象有很大差别。将它们的语义同化到整个异构数据库中十分困难。很多企业通过信息技术开发的长期历史（包括运用不同的硬件和操作系统）获得遗产数据库（legacy database）。遗产数据库是一组异构数据库，包括关系数据库、对象数据库、层次数据库、网状数据库、多媒体数据库、文件系统等。这些数据库可以通过内部网络或互联网连接。

1.3.4 数据挖掘相关领域

数据挖掘领域充分体现了各种方法论的相互交叉、渗透和协作。图 1-6 粗略地展示了一些数据挖掘方法，当然，还有很多对知识发现有帮助的方法没有包括在内。与数据挖掘相关的理论和技术可以分别按挖掘任务、挖掘对象和挖掘方法来分类。

图 1-6　数据挖掘方法与相关领域

1）按挖掘任务分类：包括分类或预测模型知识发现，数据总结，数据聚类，关联规则发现，时序模式发现，依赖关系或依赖模型发现，异常和趋势发现等。

2）按挖掘对象分类：包括关系数据库，面向对象数据库，空间数据库，时态数据库，文本数据库，多媒体数据库，异构数据库，数据仓库，演绎数据库和 Web 数据库等。

3）按挖掘方法分类：包括统计方法，机器学习方法，神经网络方法和数据库方法。

统计方法又可细分为回归分析(多元回归、自回归等)，判别分析(贝叶斯判别、费歇尔判别、非参数判别等)，聚类分析(系统聚类、动态聚类等)，探索性分析(主成分分析、相关分析等)等。

机器学习方法可以细分为归纳学习方法(决策树、规则归纳等)，基于范例学习，遗传算法等。

神经网络方法可以进一步分为前向神经网络(BP算法等)、自组织神经网络(自组织特征映射、竞争学习等)等。

数据库方法主要是多维数据分析和OLAP技术，此外还有面向属性的归纳方法。

1.4　数据仓库与数据挖掘的关系

数据仓库提供来自种类不同的信息系统的集成化和历史化的信息，为有关部门或企业进行全局范围的战略决策和长期趋势分析提供了有效支持。数据挖掘是一种有效利用信息的工具，它主要基于人工智能、机器学习、统计学等技术，高度自动化地分析、组织原有的数据，进行归纳性的推理，从中挖掘出潜在的模式，预测客户行为，帮助组织的决策者正确判断即将出现的机会，调整策略，减少风险，进行正确的决策。因此，将数据仓库与数据挖掘有机结合必将大大提高企业对信息进行组织和利用的能力，使得信息能够更好地为决策服务。

一般来说，数据挖掘的对象可以是普通的数据库、文件系统，也可以是数据仓库。直接从普通的数据库进行数据挖掘难度较大，因为数据处理比较复杂，需要通过大量的计算才能生成需要的数据。而数据仓库是面向复杂的数据分析以支持决策过程的，它集成了一定范围内的所有数据，是面向主题的、整合的、相对稳定的，并随时间变化而不断更新的数据集合。数据在导入数据仓库时一般已经清理过，而且所有的数据不一致的问题都已经解决了，也就是说，数据仓库完成了知识发现过程中大部分的数据预处理工作。因此，构建在数据仓库平台上的数据挖掘效率会更高。

需要指出的是，数据挖掘是一个相对独立的系统，它可以独立于数据仓库系统而存在，数据仓库为数据挖掘打下了良好的基础，包括数据抽取、数据清洗整理、数据一致性处理等。当然，数据挖掘系统本身也可以单独来做这些事情。因此，数据挖掘不一定必须建立一个数据仓库，数据仓库不是必要条件。建立一个巨大的数据仓库，把各个不同数据源中的数据统一在一起，解决所有的数据冲突问题，然后把所有的数据导入一个数据仓库内是一项巨大的工程，对于小型的企业来说，它的投资可能难以承受。如果企业仅为了进行数据挖掘而不是面向高层的决策支持，也就不必建立数据仓库，只需将需要的数据整理后放在一个关系型数据库中，然后对其进行数据挖掘。

1.5　应用前景与发展趋势

数据仓库及数据挖掘的市场潜力十分巨大。Oracle公司就是一个例子，它凭借动态数据仓库类产品，从一个名不见经传的小公司，几年就成长为市值两千亿美元的大公司。从这里可以看出，市场对这类业务需求非常旺盛。

数据仓库的基本作用是为决策支持提供数据。但是，数据仓库在信息管理方面的作用不仅限于此。通过改善和扩大数据的范围、准确度和易访问性，数据仓库既能为其他应用程序增加新的活力，也能给信息收集、信息资源管理、信息分析和信息服务等信息管理的各个方面带来深刻的影响，尤其是对信息资源管理的影响。

到目前为止，数据仓库已经形成一个较为完善的产品体系，可以满足大多数的需求。但是，人类的追求是永无止境的，人们在实际应用数据仓库产品时不断发现新问题、提出新要求，推动数据仓库产品不断地发展和完善。在此从数据仓库的技术，即数据抽取、存取管理、数据表现和方法论等方面，来预测数据仓库的发展趋势。

- 在数据抽取方面，未来的技术发展将集中在系统集成化方面。它将互连、转换、复制、调度、监控纳入标准化的统一管理，以适应数据仓库本身或数据源可能的变化，使系统更便于管理和维护。
- 在数据管理方面，未来的发展将使数据库厂商明确推出数据仓库引擎作为数据仓库服务器产品，与数据库服务器并驾齐驱。在这一方面，带有决策支持扩展的并行关系数据库将最具发展潜力。
- 在数据表现方面，数理统计的算法和功能将普遍集成到联机分析产品中，并与Internet/Web技术紧密结合，推出适用于Intranet、终端免维护的数据仓库访问前端。在这方面，按行业应用特征细化的数据仓库用户前端软件将成为产品作为数据仓库解决方案的一部分。

数据仓库实现过程的方法论将更加普及，成为数据库设计的一个明确分支，成为管理信息系统设计的必备。

数据挖掘系统的开发工作十分复杂，不仅要有大量的数据挖掘算法，而且其应用领域往往取决于最终用户的知识结构等因素。Berry等人研制的数据挖掘系统成功地应用到商业领域数据库中的知识发现，商家通过发现顾客的购物习惯来决定营销策略。

社会挖掘、半结构化数据挖掘、多媒体数据挖掘等是研究的主要趋势。如今，大数据（big data）成为学术界和企业讨论的热点。数据仓库与数据挖掘将在大数据领域发挥重要作用。

本章小结

所谓基于数据库的知识发现（KDD）是指从大量数据中提取有效的、新颖的、潜在有用的、最终可被理解的模式的非平凡过程。数据挖掘是整个KDD过程中的重要步骤，它运用数据挖掘算法从数据库中提取用户感兴趣的知识，并以一定的方式表示出来。

本章介绍数据仓库的定义和特点，比较了数据仓库与数据库之间的差异与联系，介绍了数据仓库的相关概念和体系结构，阐述了数据挖掘的基本概念、涉及的数据对象和相关研究领域。最后给出了数据仓库和数据挖掘的发展趋势。

习题 1

1. 数据仓库的定义是什么？特点是什么？

2. 数据库与数据仓库之间的本质区别是什么？

3. 元数据的定义是什么？

4. 试说明数据集市和数据仓库之间的关系。

5. 你认为数据仓库的发展存在哪些困难？

6. 什么是数据挖掘？什么是知识发现？简述 KDD 的主要过程。

7. 简述数据挖掘涉及的数据类型以及这些数据的聚合形式。

8. 简述数据挖掘的相关领域及主要的数据挖掘方法。

9. 如果面对学校数据库，数据挖掘的目标是什么？

10. 数据仓库和数据库有何不同？它们有哪些相似之处？

11. 下列活动是否属于数据挖掘任务？简单陈述理由。

    （a）根据性别划分公司的顾客。

    （b）根据可赢利性划分公司的顾客。

    （c）预测投一对骰子的结果。

    （d）使用历史记录预测某公司未来的股票价格。

12. 给出一个例子说明数据挖掘对于商务的成功是至关重要的。该商务需要什么数据挖掘功能？挖掘的结论能够由数据查询处理或简单的统计分析来实现吗？

2.1 引言

近年来，人们利用信息技术生产和搜集数据的能力大幅度提高，数据库技术大量地用于商业管理、政府办公、科学研究和工程开发等，这一势头仍将持续发展下去。于是，出现了新的挑战：在信息爆炸的时代，信息过量几乎成为人人需要面对的问题。如何避免被信息的汪洋大海淹没，从中及时发现有用的知识或者规律，提高信息利用率呢？要想使数据真正成为一个决策资源，只有充分利用它为一个组织的业务决策和战略发展服务才行，否则大量的数据可能成为包袱，甚至成为垃圾。OLAP 是解决这类问题的最有力的工具之一。

2.2 OLAP 的定义

1993 年，E. F. Codd 提出了联机分析处理（OLAP）的概念，也称为多维数据分析，是以海量数据为基础的复杂数据分析技术。它是专门为支持复杂的分析操作而设计的，侧重于对决策人员和高层管理人员的决策支持，可以应分析人员的要求快速、灵活地进行大数据量的复杂处理，并且以一种直观易懂的形式将结果提供给决策人员，以便他们准确掌握企业（公司）的经营状况，了解市场需求，制定正确方案，增加效益。OLAP 的提出在业界引起了很大反响，它以先进的分析功能和多维形式提供数据的能力，作为一种支持企业关键决策的解决方案而迅速崛起。

OLAP 有下列几种形式的定义。

定义 1 OLAP 是针对特定问题的联机数据访问和分析处理。通过对信息（这些信息从原始数据转换而来，以反映用户所能理解的企业真实的"维"）的多种可能形式进行快速、稳定、一致的交互式存取，允许决策制定者对数据进行深入的观察。

定义 2(OLAP 理事会的定义) OLAP 是一种软件技术，它使分析人员能够迅速、一致、交互地从各个方面观察信息，以达到深入理解数据的目的。这些信

息是从原始数据直接转换过来的，它们以用户容易理解的方式反映企业的真实情况。

在实际决策过程中，决策者需要的数据往往不是某一指标的单一值，他们希望能从多个角度观察某一指标或多个指标的值，并且找出这些指标之间的关系。决策数据是多维数据，多维数据分析是决策的主要内容。

2.3　OLAP 的相关概念

由于其自身的特点和应用层面的不同，多维数据分析领域有自身的一套体系及相关的概念。

1. 多维数据集

多维数据集（cube）由于其多维的特性通常被形象地称为立方体（cube），它是联机分析处理中的主要对象，是一项可对数据仓库中的数据进行快速访问的技术。多维数据集是一个数据集合，通常从数据仓库的子集构造，并组织和汇总成一个由一组维度和度量值定义的多维结构。一个多维数据集最多可包含 128 个维度（每个维度中可包含数百万成员）和 1 024 个度量值。具有适当数目的维度和度量值的多维数据集通常能够满足最终用户的要求。

多维数据集提供一种便于使用的查询数据的机制，不但快捷，而且响应时间一致。最终用户使用客户端应用程序连接到分析服务器，并查询该服务器上的多维数据集。在大多数客户端应用程序中，最终用户通过使用用户界面控件对多维数据集进行查询，所使用的控件决定查询内容，这使得最终用户不必编写基于语言的查询。

2. 度量值

度量值（measure）是决策者所关心的具有实际意义的数值。例如，销售量、库存量、银行贷款金额等。度量值所在的表称为事实数据表，事实数据表中存放的事实数据通常包含大量的数据行。事实数据表的主要特点是包含数值数据（事实），而这些数值数据可以统计汇总以提供有关单位分析历史的信息。除了包含数值数据之外，每个事实数据表还包括一个或多个列，这些列作为引用相关的维度表的外码，事实数据表一般不包含描述性信息。

在多维数据集中，通常对基于该多维数据集的事实数据表中某个列或某些列的值进行聚合和分析，这些值就称为度量值。度量值是所分析的多维数据集的核心，它是最终用户浏览多维数据集时重点观察的数值数据。用户所选择的度量值取决于最终用户关心的信息类型。

3. 维度

维度（dimension），简称为维，是人们观察数据的角度。例如，企业常常关心产品销售数据随时间的变化情况，这是从时间的角度来观察产品的销售，因此时间就是一个维（时间维）。又例如，银行会给不同经济性质的企业贷款，如国有企业、集体企业等，若从企业性质的角度来分析贷款数据，那么经济性质也就成为一个维度。

包含维度信息的表是维度表，维度表包含描述事实数据表中的事实记录的特性。有些特性提供描述性信息，有些特性则用于指定如何汇总事实数据表中的数据，以便为分析者提供有用的信息。

4. 维的级别

人们观察数据的某个特定角度（即某个维）还可以存在不同的细节程度，称这些维度的不同的细节程度为维的级别（dimension level）。一个维往往具有多个级别，例如，描述时间维时，可以从月、季度、年等不同级别来描述，那么月、季度、年等就是时间维的级别。

5. 维度成员

维的一个取值称为该维的一个维度成员（dimension member），简称维成员。如果一个维是多级别的，那么该维的维度成员是在不同维级别的取值的组合。例如，考虑时间维具有日、月、年这 3 个级别，分别在日、月、年上各取一个值组合起来，就得到了时间维的一个维成员，即"某年某月某日"。一个维成员并不一定在每个维级别上都要取值，例如"某年某月"、"某月某日"、"某年"等都是时间维的维成员。

【例 2-1】 建立一个数据立方体，向管理者提供营业部编号、时间和委托方式 3 个观察角度。

图 2-1 描述的即是三个维度的数据，立方体中的数值即为事实数据。

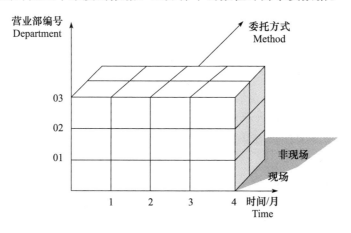

图 2-1　三个维度数据的图形化表示

2.4　OLAP 与 OLTP 的关系和比较

1. 联机事物处理

联机事物处理（On Line Transaction Processing，OLTP）是在网络环境下的事务处理工作，利用计算机网络技术，以快速的事务响应和频繁的数据修改为特征，使用户利用数据库能够快速地处理具体的业务。OLTP 是事务处理从单机到网络环境发展的新阶段。OLTP 应用要求多个查询并行，以便将每个查询分布到一个处理器上。

OLTP 的特点在于事务处理量大，但事务处理内容比较简单且重复率高。大量的数据操作主要涉及的是增加、删除、修改、查询等。每次操作的数据量不大且多为当前的数据。OLTP 的数据组织采用实体-关系（E-R）模型。

OLTP 处理的数据是高度结构化的，涉及的事务比较简单，数据访问路径是已知的，至少是固定的。事务处理应用程序可以直接使用具体的数据结构，如表、索引等。

OLTP 面向的是事务处理操作人员和低层管理人员。

在过去三十多年中，OLTP 系统发展的目标就是能够处理大量的数据。每时间单位能够处理更多的事务，能支持更多的并发用户，且有更好的系统健壮性。大型的系统每秒能够处理 1 000 个以上的事务。有些系统，像机票预订系统，每秒能够处理的事务峰值可以达到 2 万个。

数据库存储的数据量很大，每天要处理成千上万的事务，OLTP 在查找业务数据时是非常有效的，但是为高层领导者提供决策分析时，则显得力不从心。

2. 联机分析处理

1993 年，E. F. Codd 指出，联机事务处理已经不能满足终端用户对数据库决策分析的需要，决策分析需要对多个关系数据库共同进行大量的综合计算才能得到结果。为此，他提出了多维数据库和多维分析的概念，即联机分析处理（On Line Analytical Processing，OLAP）的概念。关系数据库是二维数据（平面），多维数据库是空间立体数据。

OLAP 专门用于支持复杂的分析操作，侧重对分析人员和高层管理人员的决策支持，可以按分析人员的要求快速、灵活地完成对大数据量的复杂处理，并且以一种直观易懂的形式将结果提供给决策制定人，以便他们准确掌握企业（公司）的经营情况，了解市场需求，制定正确方案，增加效益。OLAP 软件以它先进的分析功能和多维形式提供数据的能力，作为一种支持企业关键商业决策的解决方案而迅速崛起。

OLAP 的基本思想是决策者从多方面和多角度以多维的形式来观察企业的状态和了解企业的变化趋势。

3. OLTP 与 OLAP 的对比

OLAP 是以数据仓库为基础，其最终数据来源与 OLTP 一样均来自底层的数据库系统，但由于二者面向的用户不同，OLTP 面向的是操作人员和低层管理人员，OLAP 面向的是决策人员和高层管理人员，因而数据的特点、数据处理方式也明显不同。

OLTP 和 OLAP 是两类不同的应用，它们各自的特点如表 2-1 所示。

表 2-1　OLTP 与 OLAP 对比表

OLTP	OLAP
数据库数据	数据库或数据仓库数据
细节性数据	综合性数据
当前数据	历史数据
经常更新	不更新，但周期性刷新
一次性处理的数据量小	一次性处理的数据量大
对响应时间要求高	响应时间合理
用户数量大	用户数量相对较少
面向操作人员，支持日常操作	面向决策人员，支持决策需要
面向应用，事务驱动	面向分析，分析驱动

2.5　OLAP 准则

20 世纪 90 年代初期，E. F. Codd 提出 OLAP 的概念和特征，同时给出了 OLAP 产品评价的 12 条基本准则。如今 OLAP 的概念已经在商业数据库领域得到了广泛应用，OLAP 的特征也得到了验证和确认。从实践来看，这 12 条准则可以作为购买和评价 OLAP 产品的标准。具体准则如下：

准则 1　OLAP 模型必须提供多维概念视图。

准则 2　透明性准则。

准则 3　存取能力准则。

准则 4　稳定的报表能力。

准则 5　客户/服务器体系结构。

准则 6　维的等同性准则。

准则 7　动态的稀疏矩阵处理准则。

准则 8　多用户支持能力。

准则 9　非受限的跨维操作。

准则 10　直观的数据操作。

准则 11　灵活的报表生成。

准则 12　非受限维与聚集层次。

近年来，随着人们对 OLAP 相关概念理解的不断深入，有些学者提出了较简洁的 5 条准则，即所谓的 FASMI(Fast Analysis of Shared Multidimensional Information，共享多维信息的快速分析)。这 5 条准则就是快速性、可分析性、共享性、多维性和信息性。

2.6　多维数据分析方法

多维分析可以对以多维形式组织起来的数据进行上卷、下钻、切片、切块、旋转等各种分析操作，以便剖析数据，使分析者、决策者能从多个角度、多个侧面观察数据库中的数据，从而深入了解包含在数据中的信息和内涵。多维分析方式适合人的思维模式，减少了混淆，并降低了出现错误解释的可能性。

多维数据分析通常包括以下几种分析方法。

1. 切片

在给定的数据立方体的一个维上进行的选择操作就是切片(slice)，切片的结果是得到一个二维的平面数据。例如，在例 2-1 中对图 2-1 所示数据立方体分别使用条件："委托方式＝现场"、"营业部编号＝02"、"时间＝2011-01"进行选择，就相当于在原来的立方体中切片，结果分别如图 2-2 所示。

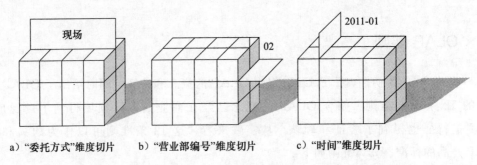

a）"委托方式"维度切片   b）"营业部编号"维度切片   c）"时间"维度切片

图 2-2   切片后的结果图

2. 切块

在给定的数据立方体的两个或多个维上进行的选择操作就是切块（dice），切块的结果是得到一个子立方体，如图 2-3 所示。

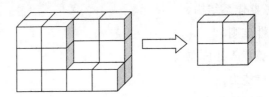

图 2-3   切块的示例

例如，对例 2-1 中的图 2-1 所示的数据立方体使用条件：

（时间＝"3 月"or"4 月"）and（营业部编号＝"02"or"03"）and（委托方式＝"现场"）

进行选择，就相当于在原立方体中切出一小块，结果如图 2-4 所示。

3. 上卷

维度是具有层次性的，如时间维可能由年、月、日构成，维度的层次实际上反映了数据的综合程度。维度的层次越高，所代表的数据综合度越高，细节越少，数据量越少；维度的层次越低，所代表的数据综合度越低，

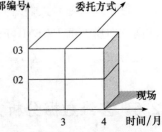

图 2-4   切块后的结果图

细节越充分，数据量越大。上卷（roll-up）也称为数据聚合，是在数据立方体中执行聚集操作，通过在维级别中上升或通过消除某个或某些维来观察更概括的数据。表 2-2 给出了进行数据上卷操作的示例。

表 2-2   部分营业部 2011 年度的交易量（按年合计）

营业部编号	交易量/亿元	营业部编号	交易量/亿元
01	50	03	62
02	38	04	55

4. 下钻

下钻（drill-down）也称为数据钻取，实际上是上卷的逆向操作，通过下降维级别或通过引入某个或某些维来更细致地观察数据。

5. 旋转

通过数据旋转(pivot or rotate)可以得到不同视角的数据。数据旋转操作相当于基于平面数据将坐标轴旋转。例如，旋转可能包含行和列的交换，或是把某一维旋转到其他维中去，对例 2-1 中的图 2-1 进行旋转后的结果如图 2-5 所示。

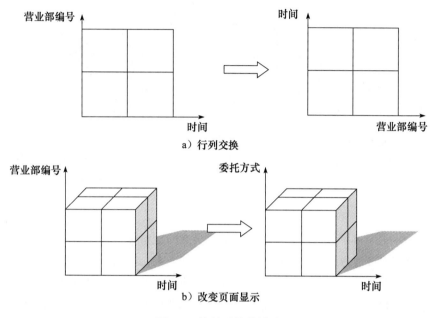

图 2-5　旋转后的结果图

2.7　关系数据的组织

同专用的多维数据库相比，尽管用关系数据库表达多维的概念不大自然，但鉴于关系数据库仍是应用的主流，此方法仍是一种实用、可行的方案。为了能够使用关系表描述多维数据库中的多维信息，关系联机分析处理（Relational Online Analytical Processing，ROLAP)将多维结构进行分解，利用两种表（维表和事实表）来表达多维信息。

1. 维表与事实表的概念

（1）维表

用维表来记录多维数据库中的维度，将多维数据立方体的坐标轴上的各个取值记录在一张维表中，这样对于一个 n 维数据立方体就存在 n 张维表。在例 2-1 中，维表的抽取过程如图 2-6 所示。

图 2-6 中的数据共有 3 个维度，分别是营业部编号(Dept_id)、委托方式(Method_id)、时间(Time_id)，各个维度上分别有若干取值，度量变量是证券交易量。从此数据立方体中抽取了 3 个维表，即 Department 表、Method 表、Time 表。

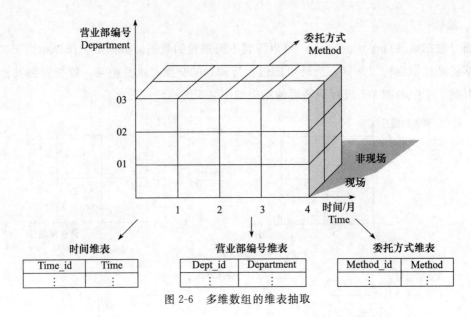

图 2-6　多维数组的维表抽取

（2）事实表

事实表用来记录多维数据立方体各个维度的交点的度量值。这样，多维数据立方体各个坐标轴上的刻度以及立方体各个交点的取值都被记录下来，因而多维数据立方体的全部信息就被记录下来。多维数据立方体中所有的度量信息均可记录在同一事实表中，因此事实表的体积要比维表大得多。在图 2-6 所给数据立方体的基础上抽取事实表的示例如图 2-7 所示。

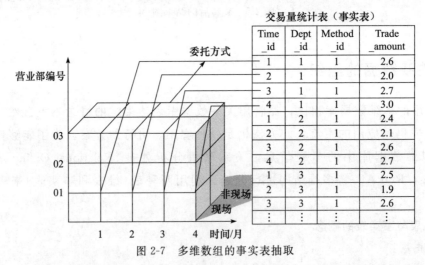

图 2-7　多维数组的事实表抽取

图 2-7 中的事实表共有 3 维，与维表相对应；事实表共有 4 个字段，分别是 Time_id、Dept_id、Method_id 和 Trade_amount（交易量），从图 2-7 左下角开始记录度量值，就得到图 2-7 右侧的事实表。除了 Trade_amount 之外，事实表中的其他字段都是某个维表的主键，因此这些字段是事实表的外键，其值不可为空。这样，事实表通过占用字节很少的外键与维表相连，可以有效地节省存储空间。

2. 维表与事实表的关联

维表和事实表相互独立，通过关系数据库中的外键来联系，互相关联构成一个统一的架构。通过使用维表和事实表以及它们之间的关联关系，就可以恢复多维数据立方体。在构建多维数据集时常用的架构有星形架构、雪花状架构和星形雪花架构。

（1）星形架构

星形架构（star schema）是以事实表为核心，其他的维表围绕这个核心表呈星形分布，维表彼此之间没有任何联系，每个维表中的主键都只能是单列的，同时该主键被放置在事实表中，作为事实表与维表连接的外键。图 2-8 给出了一个星形架构的示例。

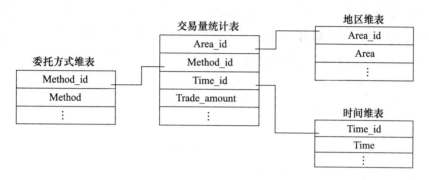

图 2-8　以星形架构实现多维数据的存储

在图 2-8 中，"交易量统计表"是事实表，"委托方式维表"、"地区维表"和"时间维表"都是直接与事实表关联的。

以 RDBMS 构建星形架构十分方便，所有的维表和事实表都可以在 RDBMS 中以关系表的形式存储。借助连接运算可以很方便地将星形架构恢复成多维数据立方体。

特定的星形架构只与一个需要分析的具体问题相对应，而对此问题的分析又可以从若干角度进行，因此一个星形架构包含一个事实表以及若干维表，这是标准的星形架构。

在分析较为复杂的问题时，有时需要将其分解成若干子问题，每个子问题均转化为一个星形架构，而不同的子问题又可能会从同一角度进行分析，这就意味着多个事实表之间可以共享一部分数据（即共享维表），这样就构成了非标准的共享维表的星形架构，如图 2-9 所示。

图 2-9　共享维表星形架构

（2）雪花形架构

雪花形架构（snow schema）以事实表为核心，很多维表直接与事实表关联，允许附加一些其他的维表只与已有的维表靠外键关联而不与事实表直接关联，从而实现查看细化数据粒度的目的。图 2-10 给出了一个雪花形架构的示例。

从图 2-10 中可以看出，commission 表的维度与 order-info 表相关，可通过 order-number 来建立联系。这样，可以新建一个维表 commission，并将 order-method 等信息通过 order-info 维表与事实表最终建立连接。由于与事实表直接相连的维表的数量有所减少，可以明显地降低事实表的体积。

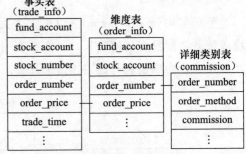

图 2-10　雪花形架构图

（3）星形雪花架构

星形雪花架构（starsnow schema）假设事实数据不会改变，系统只会定期地从 OLTP 系统转入新的历史数据，将星形架构和雪花形架构合并在一起使用。它是一个数据仓库最适用的架构类型。例如，如果将前面两种架构的示例综合起来就得到如图 2-11 所示的星形雪花架构了。

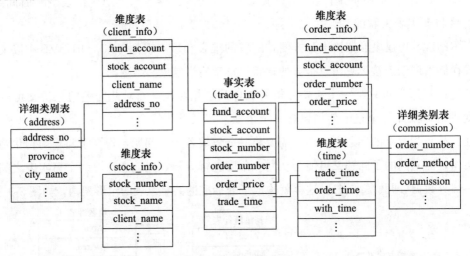

图 2-11　星形雪花架构

2.8　多维数据的存储方式

在传统的 OLTP 系统中，数据是以二维表结构存储的，以适合传统数据查询的需求。但在多维数据集中，由于数据主要是用于分析和辅助决策支持的，因此它的存储比 OLTP 系统中数据的存储复杂得多。根据数据库的大小和多维数据使用方法的不同，可以分为 ROLAP、MOLAP 和 HOLAP 三种存储方式。

1. ROLAP

ROLAP 是基于关系数据库的 OLAP 实现，其数据以及计算结果均直接由关系数据库获得，并且以关系型表示和存储多维数据。ROLAP 支撑多维数据的原始数据、多维数据集数据、汇总数据和维度数据都存储在现有的关系数据库中，并用独立的关系表来存放聚集数据。ROLAP 服务器的体系结构如图 2-12 所示。

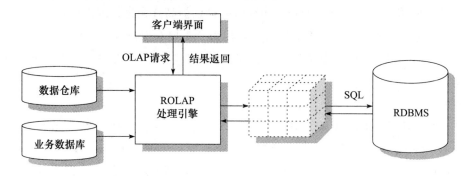

图 2-12　ROLAP 服务器的体系结构

数据仓库的数据模型在定义完毕后，来自不同数据源的数据转入数据仓库，接着系统将根据模型来运行相应的综合程序以综合数据，并创建索引以优化数据存取效率。用户的多维分析请求将通过 ROLAP 引擎动态翻译为 SQL 请求，然后由关系数据库来处理 SQL 请求，查询结构经多维处理(将以关系表形式存放的结果转换为多维视图)后返回给用户。

ROLAP 不存储源数据副本，占用的磁盘空间最少，所以使其存取速度大大降低。因此，这种存储方式适合于不常访问的大数据。它的最大障碍是从数据库中产生报表或处理多维数据时会影响操作型数据库的使用，会降低事务执行的性能。

2. MOLAP

MOLAP 表示基于多维数据组织的 OLAP 实现，是以多维数据库(Multidimensional Database，MDDB)为核心的。概括地说，多维数据库是以多维方式来组织和存储数据的。

使用多维数组存储数据，是一种高性能的多维数据存储格式。多维数据在存储中将形成"立方体"的结构。MOLAP 存储模式将数据与计算结果都存储在立方体结构中，即将多维数据集区的聚合、维度、汇总数据以及其源数据的副本等信息均以多维结构存储在分析服务器上。MOLAP 服务器的体系结构如图 2-13 所示，该结构在处理维度时创建。

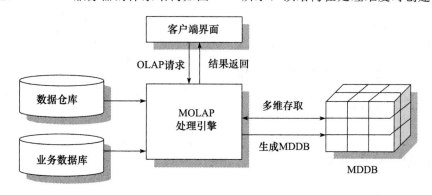

图 2-13　MOLAP 服务器的体系结构

从图 2-13 中可以看出，MOLAP 将 DB 服务器层与应用逻辑层合二为一，DB 或 DW 层负责数据存储、存取及检索；应用逻辑层负责执行 OLAP 需求。来自不同事务处理系统的数据通过一系列的抽取、聚集等批量处理过程载入 MDDB 中，将数据添加至 MDDB 数组之后，MDDB 将自动建立索引并进行预综合处理以提高查询操作的性能。

MOLAP 存取速度最快，查询性能最好，但由于需要存储副本，因此需要额外占用一些磁盘空间。MOLAP 适合于服务器存储空间较大，频繁使用且需要快速查询响应的中小型数据集。

3. HOLAP

由于 MOLAP 和 ROLAP 有着各自的优点和缺点，且它们的结构迥然不同，这给分析人员设计 OLAP 结构提出了难题。为此提出一个新的 OLAP 结构——Hybrid OLAP，即混合型 OLAP，它能把 MOLAP 和 ROLAP 两种结构的优点结合起来。很明显，HOLAP 结构不应该是 MOLAP 与 ROLAP 结构的简单组合，而是这两种结构技术优点的有机结合，应该能够满足用户各种复杂的分析请求。

HOLAP 是基于混合数据组织的 OLAP 实现。在 HOLAP 中，原始数据和 ROLAP 一样存储在原来的关系数据库中，而聚合数据则以多维的形式存储。这样它既能与关系数据库建立连接，同时又利用了多维数据库的性能优势。当用户要访问不常用的数据时，HOLAP 将把简化的多维数据表和星形结构进行拼合，从而得到完整的多维数据。而 HOLAP 多维数据表中的数据维度少于 MOLAP 多维数据表，其数据的存储容量也小于 MOLAP 方式。但是，HOLAP 在数据的存取速度上低于 MOLAP，HOLAP 的主要性能介于 MOLAP 和 ROLAP 之间，其技术复杂度高于 MOLAP 和 ROLAP。

一般情况下，HOLAP 存储模式适合于对源数据的查询性能没有特殊要求，但对汇总要求能够快速查询响应的多维数据集。

4. 三种存储方式的比较

表 2-3 总结比较了三种存储方式各自的特点和对不同应用的查询效率。

表 2-3   OLAP 三种存储模式的特点

内容	MOLAP	ROLAP	HOLAP
源数据的副本	有	无	无
占用分析服务器存储空间	大	小	小
使用多维数据集	小	较大	大
数据查询	快	慢	慢
聚合数据的查询	快	慢	快
使用查询频度	经常	不经常	经常

2.9 OLAP 体系结构

1. 逻辑结构

如图 2-14 所示，OLAP 逻辑结构由 OLAP 视图和数据存储两部分构成。

图 2-14 OLAP 逻辑结构的两个部分

1）OLAP 视图。对于用户来说，OLAP 视图是数据仓库中数据的多维逻辑表示，且与数据存储方式和存储位置无关。

2）数据存储。用于确定数据实际存储的方式和位置，常用的两种选择是多维数据存储和关系数据存储。

用户只对数据的多维视图以及可接受的性能感兴趣。为了保证数据操作具有可接受性及对数据进行有效的管理，采用信息技术的人需要了解数据存储的方式和位置。

2. 物理结构

物理结构包括两种基于数据存储技术的方式：多维数据存储和关系数据存储。多维数据存储主要存在两种结构，如图 2-15 所示，即多维数据存储于工作站（客户端）或 OLAP 服务器。

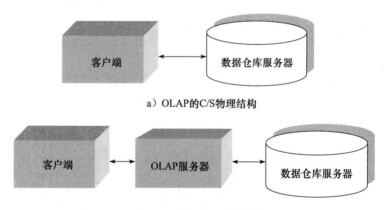

a）OLAP的C/S物理结构

b）OLAP的三层C/S物理结构

图 2-15 OLAP 的物理结构

在第一种情况下，实施"胖"客户端，多维数据存储于客户端，用户可以按数据存储范围来分析，这是一种漫游选择，只在数据被载入工作站时网络才会成为瓶颈。这种情况可能存在的副作用是操作的安全性。这一选择具有变通形式，将多维数据存储于数据站场一级，以便为每个工作站配置本地存储和访问所需的多维数据的子集。

在第二种情况下，多维数据存储和 OLAP 服务器组合在一起。工作站并不那么"胖"了，它抽取源于数据仓库的数据，然后将其转换成多维数据结构并存储于数据站场服务器中。这是一种经典的数据站场配置方式，其中许多数据站场是用求精的、重构的数据来加载的，这些数据源于数据仓库。

2.10   OLAP 的展现方式

1. 前端展现方式

OLAP 前端展现方式主要有 3 种，即 C/S 方式、Web 方式和瘦客户机方式。

C/S 方式是最为传统的方式，其工作原理简单，但是由于应用逻辑的改变，需要在服务器端和客户端同时修改程序才能提供新的功能，并且要在客户端安装 OLAP 的客户端产品，增加了系统的投资。因此，C/S 方式主要由数据分析员使用，数据分析员可以根据需要灵活地进行各种分析操作，查看分析结果。C/S 结构的二层结构和三层结构如图 2-16 所示。

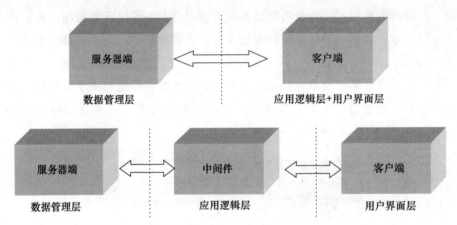

图 2-16   C/S 结构的二层结构和三层结构

Web 方式具有极佳的跨平台特性，客户只需利用浏览器而无须其他的终端软件就可以浏览丰富多彩的信息。OLAP 的 Web 方式非常适合企业的管理人员使用，他们无须进行任何培训就可以非常方便地通过网络查看相关信息。如图 2-17 所示为 OLAP 的 Web 方式结构。

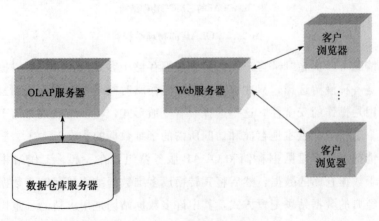

图 2-17   OLAP 系统的 Web 方式结构

在瘦客户机方式下，需要在客户端安装一个很小的程序，它能够在远端执行一部分（而非全部）常用的分析功能，当应用逻辑发生变化时，这个程序基本上不需要变化。

2. 展现数据分析结果的方法

OLAP 系统向用户展现数据分析结果的方法有很多，主要是报表和图形。

多维数据报表可以非常详细地向用户提供分析的结果，用户可以在报表中找到所需要的各种数据，从而为实施决策获取帮助。

多维报表的内容虽然详细，但是缺乏直观性，因此图形方式比多维报表更受用户的欢迎。如饼图通过不同色块在图中所占比例的大小，柱状图通过柱形的高低，可以直观地向用户展示各种因素对决策问题的影响程度。如果多维数据的维数增加，展示结果的图形可从平面方式改为立体方式，常见的立体图形有三维柱状图和立体曲线图。图 2-18 用图形方式展现了表 2-2 中部分营业部 2011 年度的交易量的数据分析结果。

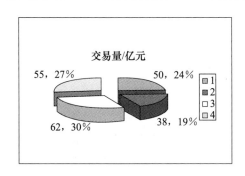

a）饼图

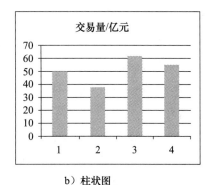

b）柱状图

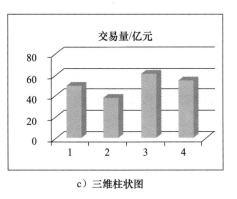

c）三维柱状图

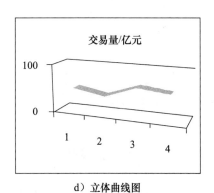

d）立体曲线图

图 2-18　图形展现数据分析结果示例

2.11　OLAP 工具的评价指标

目前许多公司，如 Oracle、IBM、Business Object、SAS、NCR 等，已经推出了相应的 OLAP 支持工具。OLAP 工具可以从特征和功能、访问性能、OLAP 服务引擎、管理以及全局结构视图 5 个方面来进行评价。

1. 特征和功能

OLAP 是一种分析处理技术，它通过计算公式和转换规则从现有的数据中生成新的信息，并予以显示。OLAP 应能够支持分析模型的概念，提供丰富的库函数，可以进行跨维计算，具有与时间相关的智能，能够导航并进行分析，等等。

2. 访问性能

无论是用户接口还是 OLAP 访问服务都应提供多种选择，应与已存在的商业用户的经验和嵌入 OLAP 分析模型中的知识相符。潜在的选择主要包括商业用户至少应能将 OLAP 数据加载至他们的电子表格工具中，应功能丰富满足用户的要求，必须支持 OLAP 服务器具有的所有功能和特征，类似于 OLE(Object Linking and Embedding，对象连接与嵌入)、CORBA(Common Object Request Broker Architecture，公共对象法求代理体系结构)的接口，等等。

3. OLAP 服务引擎

无论是采用多维存储还是关系存储，OLAP 服务引擎都应满足计划分析模型及应用在功能、规模和技术特征上的要求。所谓的技术特征包括读写功能、多用户写操作、多数据库操作、数据类型的取值范围等。这些技术特征的需求依赖于分析模型和所希望采用的方式。

4. 管理

初始准备、设置和连续操作均需要管理功能。这些功能包括定义维分析模型，生成并维护元数据存储，访问控制和使用权限，从数据仓库和数据站场加载分析模型，等等。

5. 全局结构视图

从全局结构来看，对于 OLAP 是采用关系数据库还是多维数据库存储还不能简单地做出选择，各种应用需求才是判断所做决策是否正确的检验标准。

用户可以从以上 5 个方面分析市场上的 OLAP 产品，也可以把它们作为应用系统中 OLAP 的需求分析指标。一个良好的 OLAP 方案应在以上所讨论的 5 个方面以及生存周期的各种开销(如初始获取、安装、训练、维护和运行)之间达到适当的平衡。

2.12　OLAP 的局限性

OLAP 服务器和工具应能完成以下功能：支持多维和维中的层次，支持聚集、概括、预计算和导出数据，提供计算逻辑、公式和分析过程，提供比较分析能力，进行跨维计算，沿单个或多个维的轴以及交叉表等来进行细剖和浏览，等等。

虽然 OLAP 具有很强的功能，能够将多维数据按照任意的维度路径以直观的方式展现给数据分析员，但是也具有一定的局限性，它只罗列事实，系统的复杂性导致用户很难从大量的事实中迅速发现最重要的因素。OLAP 只能告诉数据分析员系统过去和现在的情况，但是它难以描述事物之间潜在的重要联系。要自动发现事物之间潜在的重要联系，需要进行数据挖掘。

本章小结

本章的主要内容是关于多维数据分析技术和方法的讨论。

首先介绍了多维数据分析领域中的一些基本概念：多维数据集是一个数据集合，通常从数据仓库的子集构造，并组织和汇总成一个由一组维度和度量值定义的多维结构；度量值是决策者所关心的具有实际意义的数值；维度是人们观察数据的角度。维度的不同细节程度称为维的级别，而维的一个取值称为该维的一个维度成员。

接下来介绍了多维数据分析的主要方法，包括上卷、下钻、切片、切块和旋转。通过这些操作方法，分析人员可以对多维数据集进行全方位的查看和分析，以达到不同层次的分析要求。

另外，还介绍了维表和事实表的连接方式，主要有星形架构、雪花形架构以及星形雪花架构三种。

最后探讨了多维数据的三种存储模式：ROLAP、MOLAP 和 HOALP，并对这三种模式进行了比较。

习题 2

1. 联机分析处理(OLAP)的定义是什么？
2. OLAP 准则中的主要准则有哪些？
3. 什么是维？如何理解多维数据？
4. 比较 ROLAP 和 MOLAP 在数据存储、技术及特点上的不同。
5. 说明 OLAP 的逻辑结构。
6. 什么是星形模型和雪花形模型？
7. 多维数据分析方法有哪些？
8. OLAP 结果的展现方法有哪些？
9. 假定数据仓库包含三个维 time、doctor 和 patient；两个度量 count 和 charge，其中，charge 是医生对一位病人的一次来访的收费。

   (a) 列举三种流行的数据仓库建模模型。

   (b) 使用星形模型，画出上面数据仓库的模型图。

   (c) 由基本方体[time, doctor, patient]开始，为列出 2012 年每位医生的收费总数，应当执行哪些 OLAP 操作？

10. 假定 Big_University 的数据仓库包含如下 4 个维 student、course、semester 和 instructor，2 个度量 count 和 avg_grade。在最低的概念层(例如对于给定的学生、课程、学期和教师的组合)，度量 avg_grade 存放学生的实际成绩。在较高的概念层，avg_grade 存放给定组合的平均成绩。

(a) 为数据仓库画出雪花模式图；

(b) 由基本方体[student，course，semester，instructor]开始，为列出 Big_University 每个学生的 CS 课程的平均成绩，应当使用哪些 OLAP 操作(如由 semester 上卷到 year)；

(c) 如果每维有 5 层(包括 all)，如 student<major<status<university<all，该数据方体包含多少方体(包括基本方体和顶点方体)？

11. 在数据方体中计算度量：

(a) 根据计算数据方体所用的聚集函数，列出度量的三种分类。

(b) 对于具有三个维 time、location 和 product 的数据方体，函数 variance 属于哪一类？ 如果将方体分割成一些块，描述如何计算它。

提示：计算 variance 函数的公式是：$\dfrac{1}{n}\sum\limits_{i=1}^{n}(x_i)^2-\overline{x}^2$，其中，$\overline{x}$ 是这些 x_i 的平均值。

(c) 假定函数是"最高的 10 个销售额"。讨论如何在数据方体里有效地计算该度量。

12. 假定需要在数据方体中记录三种度量：min、average 和 median。给定的数据方体允许渐增地删除(即每次一小部分)，为每种度量设计有效的计算和存储方法。

13. 假定数据仓库包含 20 个维，每个维有 5 级粒度。

(a) 用户感兴趣的主要是 4 个特定的维，每维有 3 个上卷、下钻频繁访问的级。如何设计数据方体结构，有效地对此予以支持？

(b) 用户希望由一两个特定的维钻透数据方体直到原始数据。如何实现？

14. 假定基本方体有三个维(A，B，C)，其单元数如下：|A|=1 000 000，|B|=100，|C|=1 000。假定分块将每维分成 10 部分。

(a) 假定每维只有一层，画出完整的方体的格。

(b) 如果每个方体单元存放一个 4 字节的度量，若方体是稠密的，所计算的方体有多大？

(c) 指出空间需求量最小的块计算次序，并计算 2 维平面计算所需要的内存空间。

3.1　引言

数据仓库不同于现行的事务处理系统，它是一个向用户提供决策支持信息的环境，帮助用户做出正确的决策。在数据仓库设计过程中，要综合考虑到概念模型、逻辑模型、物理模型、元数据模型和粒度模型等几种模型之间的必要联系。数据仓库的建立就是要将数据仓库的各部分结合在一起，形成一定的体系结构，使数据从源系统流向最终用户。当各部分执行其预定功能并提供所需要的服务时，整个体系结构就支持数据仓库完成预定目标及需求。因此，数据仓库的建立过程实际上是从传统的以数据库为中心的体系结构转向以数据仓库为中心的体系结构的过程。对于数据仓库的建立与开发应进行总体规划，即有目的、有计划地进行。

3.2　数据仓库的数据模型概述

1. 数据模型的概念

数据仓库设计过程中涉及概念模型、逻辑模型、物理模型、元数据模型和粒度模型等，下面进行详细介绍。

数据模型是对数据仓库所分析的现实世界中客观存在的各种事物的一种抽象，只有通过逐步的、深入的和不断提升的抽象过程，这些事物才能被数据仓库吸纳并得到正确的描述。根据抽象程度的不同，也就形成了不同抽象层次上的数据模型。

数据模型的建立是将单纯的客观事物转化为有效的、可供分析处理的计算机世界的物理存储的过程，这需要经历现实世界（real world）、概念世界（concept world）、逻辑世界（logical world）和计算机世界（computer world）4 个阶段，如图 3-1 所示。

- 现实世界，就是客观存在的世界，是各种客观物质及其相互关系的总和。数据仓库涉及的现实世界只是整个客观存在世界的一个真子集，这个真子集包含为决策制定者提供支持的所有客观对象。

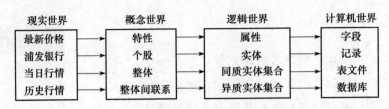

图 3-1   现实世界到计算机世界的变化过程

- 概念世界，是通过对现实世界中对象的属性进行分析、概括和归纳，将其以抽象的形式反映出来，包括概念和关系两大内容。
- 逻辑世界，是根据计算机物理存储的要求，将概念世界进行转化，从而形成某种逻辑表达。这种表达的结果是概念世界到计算机世界的过渡。
- 计算机世界，是现实世界客观对象在计算机中的最终表达形式，即计算机中的实际存储模型。这为人们进一步分析处理提供了依据。

根据现实世界客观事物转换到计算机世界的 4 个阶段，类似于操作数据库的数据模型，数据仓库的数据模型也可分三个层次为概念模型、逻辑模型和物理模型。

概念模型是客观世界到计算机系统的一个中间层次，它最常用的表示方法是 E-R（实体-关系）法。目前数据仓库一般是建立在关系型数据库的基础之上，所以其概念模型与一般关系型数据库采用的概念模型相一致。

逻辑模型指数据的逻辑结构，如多维模型、关系模型、层次模型等。数据仓库的逻辑模型描述了数据仓库主题的逻辑实现，即每个主题对应的模式定义。

物理模型则是逻辑模型的具体实现，如物理存取方式、数据存储结构、数据存放位置以及存储分配等。在设计数据仓库的物理模型时，需要考虑一些提高性能的技术，如表分区和建立索引等。

此外，元数据模型贯穿整个数据仓库的设计、开发和使用过程，是相关数据的数据，用于对数据仓库中的数据、数据操作和应用程序的结构与意义进行描述，是数据仓库的核心部件。粒度模型是数据仓库构造过程中粒度参数的总和，它在逻辑模型、物理模型、数据仓库的构造和各种模型的转换过程中起着不可或缺的作用。

各种模型之间的相互关系如图 3-2 所示。

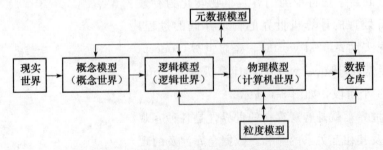

图 3-2   数据仓库构造过程中的各种数据模型

2. 数据仓库模型的构建原则

模型是对现实事物的反映和抽象，它可以帮助人们更加清晰地了解客观世界。数据仓库模型的构建始于需求分析之后，是数据仓库构造工作正式启动的第一步。正确而完备的数据模型是用户需求的一种体现，是数据仓库项目成功与否最重要的技术因素。

由于企业的信息系统具有业务繁杂、机构复杂、系统庞大的特点，因此企业数据仓库模型的构建必须注意满足不同用户的需求，兼顾执行效率与数据粒度的需要，支持需求的变化，避免对业务运营系统造成不良影响，考虑未来的可扩展性。

3.3　数据仓库的分析与设计

3.3.1　需求分析

主要进行确定决策主题域、分析主题域的商业维度，分析支持决策的数据来源，确定数据仓库的数据量大小，分析数据更新的频率，确定决策分析方法。

确定主题域：明确对于决策分析最有价值的主题领域有哪些？每个主题域的商业维度是哪些？每个维度的粒度层次有哪些？制定决策的商业分区是什么？不同地区需要哪些信息来制定决策？对哪个区域提供特定的商品和服务？

支持决策的数据来源：哪些源数据（操作型）与商品主题有关？在已有报表和在线查询中得到什么样的信息？提供决策支持的细节程度是怎样的？

数据量与更新频率：数据仓库的总数据量有多少？决策支持所需的数据更新频率是多少？时间间隔是多长？每种决策分析与不同时间的标准对比如何？数据仓库中的信息需求的时间界限是什么？

数据仓库的成功标准和关键性能指标：衡量数据仓库成功的标准是什么？有哪些关键的性能指标？如何监控？数据仓库的期望是什么？数据仓库的预期用途有哪些？对计划中的数据仓库的考虑要点是什么？

通过需求分析得知，需要的数据包括：数据源——可用的数据源，数据源的数据结构，数据源的位置，数据源的计算机环境，数据抽取过程，可用的历史数据；数据转换——数据仓库中的数据为决策分析服务，而源系统的数据为业务处理服务，需要决定如何正确地将这些源数据转换成适合数据仓库存储的数据；数据存储——数据仓库所需要的数据的详细程度，包括足够的关于存储需求的信息，估计数据仓库需要多少历史和存档数据；决策分析——向下层钻取分析，向上层钻取分析，横向钻取分析，切片分析，特别查询报表。

3.3.2　概念模型设计

概念模型最常用的表示方法是实体-联系法（E-R 法）。在建立概念模型时，E-R 图模型可以表示每个决策主题与属性以及主题之间的关系，将现实世界表示成信息世界，以利于向计算机中的表示形式进行转化。

E-R 图描述的是实体以及实体之间的联系，其中，用长方形表示实体，在数据仓库中长方形表示主题；椭圆形表示主题的属性，并用无向边把主题与其属性连接起来；用菱形表示主题之间的联系，用无向边把菱形分别与有关的主题连接。若主题之间的联系也具有属性，则把属性和菱形也用无向边连接上。

【例 3-1】 画出有商品和客户两个主题的 E-R 图模型，主题也是实体。其中，商品有商品的固有信息（商品号、商品名、类别、价格等）、商品库存信息（商品号、库房号、库存量、日期等）和商品销售信息（商品号、客户号、销售量等）属性组；客户有客户固有信息（客户号、客户名、住址、电话等）和客户购物信息（客户号、商品号、售价、购买量等）属性组。商品销售信息与用户购物信息是一致的，它们是两个主题之间的联系。

商品和客户两个主题的 E-R 图模型如图 3-3 所示。

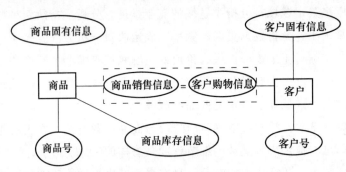

图 3-3　商品和客户的 E-R 模型

概念模型的特点是：

1）能真实反映现实世界，能满足用户对数据的分析，达到决策支持的要求，是现实世界的一个真实模型。

2）易于理解，便于和用户交换意见，在用户的参与下，能成功、有效地完成对数据仓库的设计。

3）易于更改，当用户需求发生变化时，容易对概念模型进行修改和扩充。

4）易于向数据仓库的数据模型（星形模型）转换。

3.3.3　逻辑模型设计

逻辑模型设计阶段的主要工作是为主题域进行概念模型（E-R 图）到逻辑模型（星形模型）的转换、粒度层次划分、关系模式定义和定义记录系统。

1. 主题域进行概念模型到逻辑模型的转换

星形模型的设计步骤如下：

1）确定决策分析需求。决策分析需求是建立多维数据模型的依据。

2）从需求中识别出事实。选择或设计反映决策主题业务的表，如在"商品"主题中，以"销售业务"作为事实表。

3）确定影响事实的各种因素，即维。

【例 3-2】 分析销售业务的维。

对于销售业务，维包括商店、地区、部门、城市、时间、商品等，如图 3-4 所示。

4）确定数据汇总水平。数据仓库中对数据不同粒度的集成和综合，形成了多层次、多种知识的数据结构。例如，对于时间维可以以"年"、"月"或者"日"等不同水平进行汇总。

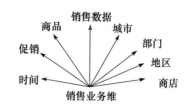

图 3-4 销售业务的多维数据

5）设计事实表和维表的具体属性。在事实表中应该记录哪些属性是由维表的数量决定的，一般来说，与事实表相关的维表的数量应该适中，太少的维表会影响查询的质量，用户得不到需要的数据，太多的维表又会影响查询的速度。

6）按使用的 DBMS 和分析用户工具，证实设计方案的有效性。根据系统使用的 DBMS，确定事实表和维表的具体实现。由于不同的 DBMS 对数据存储有不同的要求，因此设计方案是否有效还要放在 DBMS 中进行检验。

7）随着需求变化修改设计方案。随着应用需求的变化，整个数据仓库的数据模式也可能会发生变化。因此在设计之初，如果充分考虑数据模型的可修改性，就可以节省系统维护的代价。

下面对从 E-R 图转换成星形模型进行实例说明。

【例 3-3】 图 3-5 为业务数据的 E-R 图，将其转换为多维表。

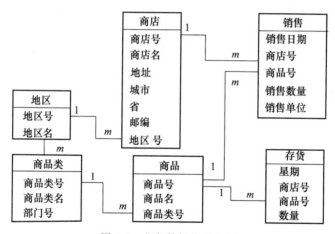

图 3-5 业务数据的 E-R 图

在该问题的多维模型中，商品维包括部门、商品和商品大类；地区维包括地区和商店，忽略存货，而只注意销售事实；在 E-R 图中不出现时间，在多维模型中增加时间维。E-R 图向多维模型的转换如图 3-6 所示。

在多维模型中，实体与维之间建立映射关系，联系多个实体的实体就成为事实，此处销售实体作为事实，其他实体作为维，然后用维关键字转换为星形模型，如图 3-7 所示。

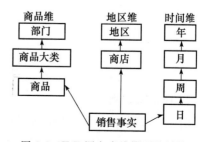

图 3-6 E-R 图向多维模型的转换

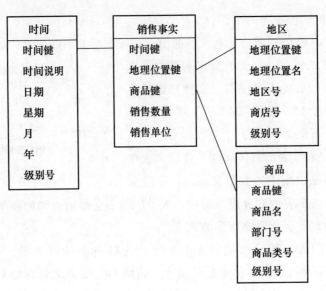

图 3-7　利用维关键字制定的星形模型

在各维中，只有部门、商品类、地区、商店的编号没有具体的说明。为了打印报表，将增加这些编号的名称说明，即部门名、商店名等，在维表中增加这些说明，即修改该星形模型，如图 3-8 所示。

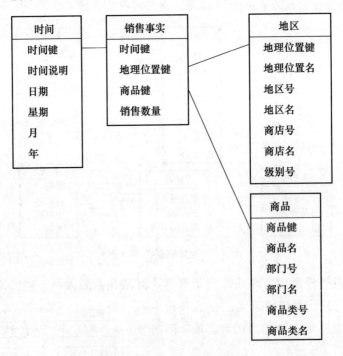

图 3-8　修改后的星形模型

2. 粒度层次划分

所谓粒度是指数据仓库中数据单元的详细程度和综合程度的级别。数据越详细，粒度越小，层次级别就越低；数据综合度越高，粒度越大，层次级别就越高。进行粒度划分，首先要确定所有在数据仓库中建立的表，然后估计每个表的大约行数。

在数据仓库中确定粒度时，需要考虑以下几个因素：要接受的分析类型、可接受的数据最低粒度、能够存储的数据量。

计划在数据仓库中进行的分析类型将直接影响数据仓库的粒度划分。将粒度的层次定义得越高，就越不能在该数据仓库中进行更细致的操作，例如，将粒度的层次定义为月份时，就不可能利用数据仓库进行按日汇总的信息分析。数据仓库通常在同一模式中使用多重粒度。其中可以有今年创建的数据粒度和以前创建的数据粒度，这是以数据仓库中所需的最低粒度级别为基础设置的，例如，可以用低粒度数据保存近期的财务数据和汇总数据，对时间较远的财务数据只保留粒度较大的汇总数据。这样既可以对财务近况进行细节分析，又可以利用汇总数据对财务趋势进行分析。

数据粒度的确定实质上是业务决策分析、硬件、软件和数据仓库使用方法的一个折中。从分析需求的角度看，希望数据能以最原始的，即细节化的状态保存，这样分析的结论才是最可靠的。但是，过低的粒度、过大的数据规模，会在分析过程中给系统的 CPU 和 I/O 通道带来过大的负担，从而降低系统的效率。因此必须结合业务数据的特点，确定合理的粒度值。

定义数据仓库粒度的另一个重要因素是，数据仓库中可以使用多种存储介质的空间量。如果存储资源有一定限制，就只能采用较高粒度的数据划分策略。这种粒度划分策略必须依据用户对数据需求的了解和信息占用数据仓库的空间大小来确定。过小的粒度，非常细节化的数据，意味着极大的空间需求成本，极大的 CPU 与 I/O 压力。从这个角度看，高粒度是合适的，但非常概括的数据往往意味着细节的损失和分析结论可靠性的降低。

总之，粒度的确定没有严格的标准，它是在对业务模型深入了解的基础上，对分析需求、系统开销、软件能力等各方面因素进行综合考虑的折中，它的确定过程也是一个决策过程。

3. 关系模式定义

在概念模型设计时，就确定了数据仓库的基本主题，并对每个主题的公共键、基本内容等做了描述。这一步，我们将要对选定的当前实施的主题进行模式划分，形成多个表，并确定各个表的关系模式。

【例 3-4】 对于例 3-1 中的"商品"主题进行模式划分。

"商品"主题的公共键为商品号，对于商品固有信息和商品销售信息进行模式划分形成下面的表。

- 商品固有信息：

商品表(商品号，商品名，类别，价格，…)/ ＊ 细节数据 ＊/

- 商品采购信息：

采购表 1(商品号，供应商号，供应日期，供应价，…)/ ＊ 细节数据 ＊/

采购表 2(商品号，时间段 1，采购总量，…)/ ＊ 综合数据 ＊/

……

采购表 n(商品号，时间段 n，采购总量，…)

- 商品销售信息：

销售表 1(商品号，客户号，销售日期，售价，销售量，…)/ ＊ 细节数据 ＊/

销售表 2(商品号，时间段 1，销售量，…)/＊综合数据＊/

……

销售表 n(商品号、时间段 n、销售量，…)/＊综合数据＊/

- 商品库存信息：

库存表 1(商品号，库房号，库存量，日期，…)/＊细节数据＊/

库存表 2(商品号，库房号，库存量，星期，…)/＊样本数据＊/

……

库存表 n(商品号，库房号，库存量，年份，…)

- 其他导出数据：……

4. 定义记录系统

定义记录系统是建立数据仓库中数据与源系统中数据的对照记录。记录系统的定义要记入数据仓库的元数据。

【例 3-5】 在元数据中描述商品主题的记录系统。

商品主题的记录系统在元数据中的描述如表 3-1 所示。

表 3-1　记录系统的定义

主题名	属性名	数据源系统	源表名	源属性名
商品	商品号	库存子系统	商品	商品号
商品	商品名	库存子系统	商品	商品名
商品	类别	库存子系统	商品	类别
商品	客户号	销售子系统	客户	客户号
商品	销售日期	销售子系统	销售	日期
商品	售价	销售子系统	销售	单价
商品	销售量	销售子系统	销售	数量
商品	库存量	库存子系统	库存	库存量
商品	库存号	库存子系统	仓库	仓库号

3.3.4　物理模型设计

物理模型设计所做的工作是根据信息系统的容量、复杂度、项目资源以及数据仓库项目自身的软件生命周期确定数据仓库系统的软硬件配置、数据仓库分层设计模式、数据的存储结构、索引策略、数据存放位置和存储分配等。这部分应该由项目经理和数据仓库架构师共同实施。

1. 估计存储容量

对每一个数据库表确定数据量，对所有的表确定索引，估计临时存储。

2. 确定数据的存储计划

建立聚集(汇总)计划，确定数据分区方案，建立聚类选项。

3. 确定索引策略

在数据仓库中由于数据量很大，需要对数据的存取路径进行仔细设计和选择，建立专用的复杂的索引，以获得最高的存取效率。一般采用高效的 B 树索引，B 树索引是一个多级索引。B 树是一棵平衡树，即每个叶结点到根结点的路径长度相同。

4. 确定数据存放位置

在物理设计时，常常要按数据的重要程度、使用频率以及对响应时间的要求进行数据分类，并将不同类的数据分别存储在不同的存储设备中。重要程度高、经常存取或对响应时间要求高的数据就存放在高速存储设备上；存取频率低或对存取响应时间要求低的数据则可以放在低速存储设备上。

5. 确定存储分配

物理存储中以文件、块和记录来实现。一个文件包括很多块，每个块包括若干条记录。文件中的块是数据库的数据和内存之间 I/O 传输的基本单位，在块中对数据进行操作。

下面用一个简单的例子来说明逻辑模型和物理模型的内容。

【例 3-6】　将产品维表、订单事实表和销售员维表的逻辑模型转化为物理模型。

如图 3-9 所示，给出产品维表、订单事实表和销售员维表的逻辑模型和物理模型。

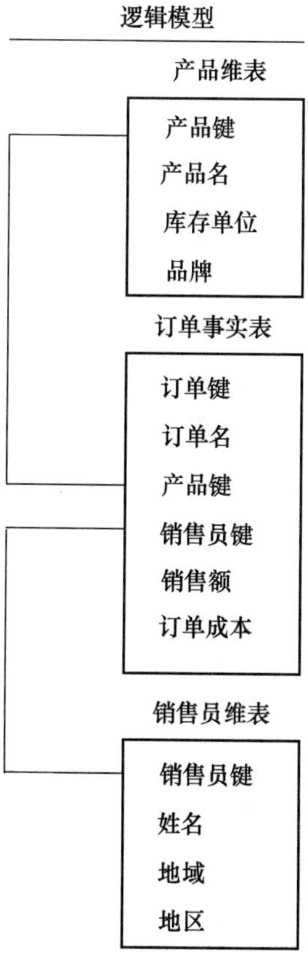

逻辑模型

产品维表
- 产品键
- 产品名
- 库存单位
- 品牌

订单事实表
- 订单键
- 订单名
- 产品键
- 销售员键
- 销售额
- 订单成本

销售员维表
- 销售员键
- 姓名
- 地域
- 地区

物理模型

产品维表　　包括公司所有产品的信息

名称	类型	长度	注释
Product-Key	integer	10	主键
Product-Name	char	25	产品名称
Product-SKu	char	20	库存单位

订单事实表　　包括公司收到的所有订单

名称	类型	长度	注释
Order-Key	integer	10	订单键
Order-Name	char	20	订单名称
Product-ref	integer	10	参考产品主键
Salpers-ref	integer	15	参考销售员主键
Order-Amount	Num	8,2	销售额
Order-Cost	Num	8,2	订单成本

销售员维表　　包括不同地区的所有销售员信息

名称	类型	长度	注释
Salpers-Key	integer	15	主键
Salpers-Name	char	30	销售员姓名
Territory	char	20	销售员所在区域
Region	char	20	所在地区

图 3-9　逻辑模型和物理模型

3.3.5　数据仓库的索引技术

1. 位索引(Bit-Wise)技术

Bit-Wise 索引技术就是对于每一个记录的字段的满足查询条件的真假值分别用"1"或"0"表示，或者用该字段中不同取值(即多位二进制)来表示。

【例 3-7】　图 3-10a 中，检索美国加州有多少男性未申请保险。

对于图 3-10a 使用 Bit-Wise 技术，得到图 3-10b，进一步得出有两个记录满足条件。

序号	性别	保险	州
1	M	Y	MA
2	M	N	CA
3	F	Y	IL
4	M	N	CA

男	未保险	加州
1	0	0
1	1	1
0	0	0
1	1	1

→ 　=2

a)　　　　　　　　　　b)

图 3-10　Bit-Wise 索引技术示例

Bit-Wise 索引技术比 B-Tree 技术能提高 10～100 倍的速度。例如，对于例 3-7，假设数据库有 10 MB 记录，每个记录长 800 字节，每一页 16 K 字节。按传统的关系数据库的检索（B-Tree 检索），需要经过 50 万次 I/O 操作；按 Bit-Wise 检索，对于 10 MB 个记录建立三列的 Bit-Wise 索引，存取这些索引只要进行 235 次 I/O 操作。

2. 标识技术

标识技术就是通过为数据库中的每个实体创建一个标识来精减数据库。

【例 3-8】　采用标识技术精简如图 3-11a 所示的样本记录。

如图 3-11b 所示，"江西"在籍贯中是 01 标识，"副教授"在职称名中是 02 标识，"32"在年龄中是 03 标识，则图 3-11a 所示的数据库被精简成图 3-11c 所示的数据库。

姓名	籍贯	职称	年龄
陈文东	江西	教授	56
何玉辉	河北	讲师	32
李宝	湖南	副教授	37
施东	江苏	讲师	28
曹文	湖南	副教授	36
赵玉	吉林	讲师	32
黄小斌	江苏	讲师	28
赛英花	山东	副教授	32
彭宏	江西	讲师	25
廖宇宙	湖南	教授	42

姓名	籍贯	职称	年龄
陈文东01	江西01	教授01	25 01
何玉辉02	河北02	副教授02	28 02
李宝03	湖南03	讲师03	32 03
施东04	江苏04		36 04
曹文05	吉林05		37 05
赵玉06	山东06		42 06
黄小斌07			56 07
赛英花08			
彭宏09			
廖宇宙10			

a) 样本记录表　　　　　　　　　　b) 对应简化标识表

记录1	01	01	01	07
记录2	02	02	03	03
记录3	03	03	02	05
记录4	04	04	03	02
记录5	05	03	02	04
记录6	06	05	03	03
记录7	07	04	03	02
记录8	08	06	02	03
记录9	09	01	03	01

c) 数据库被精简的表

图 3-11　标识技术示例表

3. 广义索引

用于记录数据仓库中数据与"最"有关的统计结果的索引被称为广义索引。例如，对数据仓库的一个很广泛的应用问题是"这个月销售最好和最差的 10 种商品是哪些?"，我们可以设计一块"黑板"，在上面标明当月销售最好和最差的 10 种商品的名称或者它们相关记录的存放地址。这块"黑板"就是我们所说的"广义索引"。

3.4 数据仓库的开发

3.4.1 风险因素

2600 年前，中国的一位战略家说到"知己知彼，百战不殆!"，此建议在这里也很有价值。在研究系统方法以前，需要熟悉数据仓库项目中的主要风险因素以及常见的失败原因。主要的风险因素可分为与项目管理有关的风险、与技术有关的风险、与数据和设计有关的风险和与组织有关的风险 4 组。常见的失败原因主要有：没有理解数据的价值、未能理解数据仓库概念、尚未清楚了解用户将如何使用数据仓库之前便贸然开发数据仓库、对数据仓库规模的估计模糊、忽视了数据仓库体系结构和数据仓库开发方法等。

总之，一般情况数据仓库项目不能成功的高风险源自用户极高的期望值。在现在的企业文化中，许多人认为数据仓库设计应该是一种万能药，能够纠正任何组织错误，并填补企业信息系统中的空白。与之相反，在现实中，成功的项目在很大程度上依赖于源数据的质量，也依赖于有深谋远虑的、乐于助人的、有活力的公司员工。

3.4.2 数据仓库系统的生命周期

数据仓库系统的开发涉及源数据系统、数据仓库对应的数据库系统及数据分析与报表工具等诸多应用问题，将数据从原有的操作型业务环境移植到数据仓库环境本身就是一项复杂而艰巨的工作，因此在一定程度上说，数据仓库系统的创建不是一蹴而就的，是一个复杂甚至漫长的过程。一般来说，一个数据仓库系统的建立需要经过如下步骤：收集和分析业务需求，建立数据模型和数据仓库的物理设计，定义数据源，选择数据仓库技术和平台，从操作型数据库中抽取、清洗及转换数据到数据仓库，选择访问和报表工具、数据库连接软件、数据分析和数据展示软件，更新数据仓库。

数据仓库系统的开发与设计是一个动态的反馈和循环过程。一方面，数据仓库的数据内容、结构、粒度、分割以及其他物理设计根据用户所返回的信息需要不断地调整和完善，以提高系统的效率和性能。另一方面，通过不断地理解需求，使得最终用户能做出更准确、更有用的决策分析。

一个数据仓库系统包括两个主要部分：一是数据仓库数据库，用于存储数据仓库的数据；二是数据分析应用系统，用于对数据仓库数据库中的数据进行分析。因此，数据仓库系统的设计也包括数据仓库数据库的设计和数据仓库应用的设计两个方面。事实上，系统的设计开发基于数据仓库的规划、需求分析及数据模型建立等前期工作，数据仓库系统在经过分析与设计两个重要阶段后，就会进入数据仓库系统的实施阶段，实施完成后便转入系统维护阶段。在系统的使用和维护过程中，用户会提出新的需求，同时也会有新技术出现，因此数据仓库系统在用户使用评价和新需求确认的基础上，进入新一轮的分析、设计开发、实施与维护的循环。这个开发与使用过程是一个不断循环、完善和提高的过程。一般情况下，一个数据仓库系统不可能在一个循环过程中完成，而是经过多次循环开发，每次循环都会为系统增加新的功能，使数据仓库的应用得到新的提高。图 3-12 所示为这个循环的开发过程，这个过程也叫数据仓库系统的生命周期。

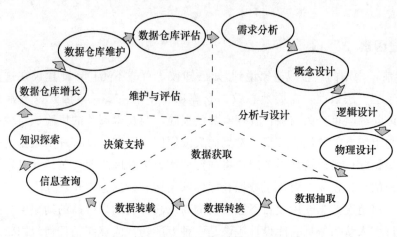

图 3-12   数据仓库系统的生命周期

1. 分析与设计阶段

（1）需求分析

需求分析主要是确定决策主题域，分析主题域的商业维度，分析支持决策的数据来源，确定数据仓库的数据量大小，分析数据更新的频率，确定决策分析方法。

（2）概念设计

概念设计主要是建立概念模型：对每个决策主题与属性以及主题之间的关系用 E-R 图模型表示。E-R 图将现实世界表示成信息世界，便于向计算机的表示形式进行转化。

（3）逻辑设计

逻辑设计是将概念模型(E-R 图)转换成逻辑模型，即计算机表示的数据模型。数据仓库数据模型一般采用星形模型，星形模型由事实表和维表组成。

（4）物理设计

物理设计是对逻辑模型设计的数据模型确定物理存储结构和存取方法。数据仓库的星形模型在计算机中仍用关系型数据库存储。物理设计还需要进行存储容量的估计，确定数据存储的计划，确定索引策略，确定数据存放位置以及确定存储分配。

2. 数据获取阶段

（1）数据抽取

包括：对数据源进行确认，确定数据抽取技术，确认数据抽取频率，按照时间要求抽取数据。由于源系统的差异性，如计算机平台、操作系统、数据库管理系统、网络协议等的不同造成了抽取数据的困难。

（2）数据转换

包括：数据格式的修正，字段的解码，单个字段的分离，信息的合并，变量单位的转化，时间的转化，数据汇总。

（3）数据装载

包括：初始装载，第一次装入数据仓库；增量装载，根据定期应用需求装入数据仓库；完全刷新，完全删除现有数据，重新装入新的数据。

3. 决策支持阶段

（1）信息查询

信息查询者使用数据仓库能发现目前存在的问题。

创建数据阵列，将相关的数据（每月的数据）放在同一个物理位置上；预连接表格，对于两个或多个表格共享一个公用链；预聚集数据，以每天为基础存储数据，在一周结束时，以每周为基础存储数据（即累加每天的数据），月末时，则以每月为基础存储数据；聚类数据，聚类将数据放置在同一地点，这样可以提高对聚类数据的查询速度。

（2）知识探索

发现问题并找出原因。

为不影响数据仓库的常规用户，创建一个单独的探索仓库。同时采用"标识技术"进行数据压缩，提高数据分析的速度。使用一些模型，例如客户分段、欺诈监测、信用风险、客户生存期、渠道响应、推销响应等，可以帮助决策分析。通过模型的计算来得出一些有价值的商业知识。

采用数据挖掘工具来获取商业知识。例如，得到如下一些知识：哪些商品一起销售好？哪些商业事务处理可能带有欺诈性？高价值客户的共同点是什么？获取的知识为企业领导者提供决策支持，可以保留客户、减少欺诈，对于提高公司利润具有重要作用。

4. 维护与评估阶段

（1）数据仓库增长

数据仓库建立以后，随着用户的增加，时间的增长，用户查询需求越来越多，数据会迅速增长。在数据仓库的开发过程中需要适应数据仓库不断增长的现实。

（2）数据仓库维护

适应数据仓库增长的维护。数据增长的处理工作有：去掉没有用的历史数据；根据用户的使用情况，取消某些细节数据和无用的汇总数据，增加实用的汇总数据。

正常系统的维护。数据仓库的备份和恢复，备份数据为系统恢复提供基础，一旦系统出现灾难时，利用备份数据可以很快将数据仓库恢复到正常状态。

（3）数据仓库评估

数据仓库评估主要包括系统性能评定、投资回报分析和数据质量评估。

- 系统性能评定主要包括硬件平台是否能够支持大数据量的工作和多类用户、多种工具的大量需求？软件平台是否用一个高效的且优化的方式来组织和管理数据？是否适应系统（数据和处理）的扩展？

- 投资回报分析主要包括定量分析和定性分析。其中，定量分析主要指计算投资回报率(ROI)，即收益与成本的比率；定性分析主要指企业与客户之间关系状态如何，对机会快速反应能力如何，改善管理能力如何。
- 数据质量评估主要要求数据是准确的，数据符合它的类型要求和取值要求，数据具有完整性和一致性，数据是清晰的且符合商业规则，数据保持时效性并且不能出现异常。

3.4.3　建立数据仓库系统的思维模式

1. 自顶向下

自顶向下(top-down)模式首先把 OLTP 数据通过 ETL(Extraction Transformation Loading，提取转换和加载)汇集到数据仓库中，然后再通过复制的方式把数据推进各个数据集市中，如图 3-13 所示。

自顶向下模式的优点如下：

1) 数据来源固定，可以确保数据的完整性。

2) 数据格式与单位一致，可以确保跨越不同数据集市进行分析的正确性。

3) 数据集市可以保证有共享的字段，因为都是从数据仓库中分离出来的。

2. 自底向上

自底向上(bottom-up)模式首先将 OLTP 数据通过 ETL 汇集到数据集市中，然后通过复制的方式把数据提升到数据仓库中，如图 3-14 所示。

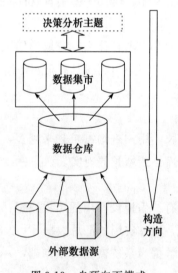

图 3-13　自顶向下模式

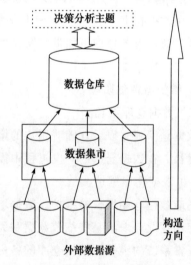

图 3-14　自底向上模式

自底向上模式的优点如下：

1) 首先构建数据集市的工作相对简单，易成功。

2) 这种模式也是实现快速数据传送的原型。

3. 平行开发模式

平行开发模式又称为企业级数据集市模式，是指在同一系统模型的指导下，在建立数据仓库的同时，建立若干数据集市。这种模式是在自顶向下模式的基础上，吸收了自底向上模式的优点发展而成的。因此，可以认为平行开发模式是自顶向下模式与自底向上模式的有机结合，如图 3-15 所示。

在平行开发模式中，数据仓库和数据集市遵从统一数据模型的指导同时建立。这样就可以避免建立相互独立的数据集市时的盲目性，有效地减少数据的不一致和冗余。

4. 改进的开发模式

改进的开发模式包括有反馈的自顶向下、有反馈的自底向上以及有反馈的平行开发 3 种模式，均在上面介绍的 3 种基本模式的基础上经改进发展而来，其共同特点是：按照软件工程学的观点，接收用户对所构建的数据仓库系统的反馈信息加以分析和整理，并以此为依据，对数据仓库进行修改，以不断提高数据仓库系统对决策的支持能力。

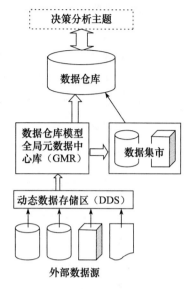

图 3-15　平行开发模式

3.4.4　数据仓库数据库的设计步骤

数据仓库数据库的设计如图 3-16 所示，主要工作包括收集、分析和确认业务分析需求，分析和理解主题和元数据、事实及其量度、粒度和维度的选择与设计，数据仓库的物理存储方式的设计等。

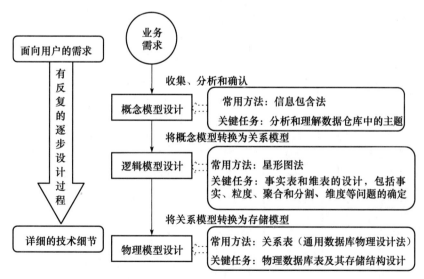

图 3-16　数据仓库数据库设计示意图

3.4.5　数据质量与数据清洗

1. 数据质量问题

数据质量问题包括字段中有虚假值，数据值缺失，有不一致的值，有违反常规的不正确的值，一个字段有多种用途，标法不唯一。

2. 数据污染产生的原因

数据污染产生的原因有系统转换，数据老化，复杂的系统集成，输入不完整的数据信息，输入错误，欺诈，缺乏相关政策。

3. 数据清洗

只清洗那些重要的数据，而忽略那些不重要的数据。数据在被存储进数据仓库之前就应该进行清洗。找到适合源系统字段和格式的清洗工具。建立数据质量领导小组，建立数据质量政策和标准，定义质量指标参数和基准，识别受坏数据影响最大的商业功能。对有较大影响力的数据元素定制清洗计划，并执行数据清洗。

3.4.6　数据粒度与维度建模

数据粒度是指数据仓库的数据中保存数据的细化程度或综合程度的级别。数据粒度影响存放在数据仓库中的数据量的大小，同时影响数据仓库所能回答的查询类型。

1. 大维度与雪花模型

在数据仓库中，客户维度和产品维度是典型的大维度。大维度表采用雪花模型的数据组织，是一种有效的方法。对产品维度来说，产品分属于产品品牌，品牌又分属于产品分类。对客户维度来说，客户分属于地区，地区分属于国家。对于销售的雪花模型如图 3-17所示。

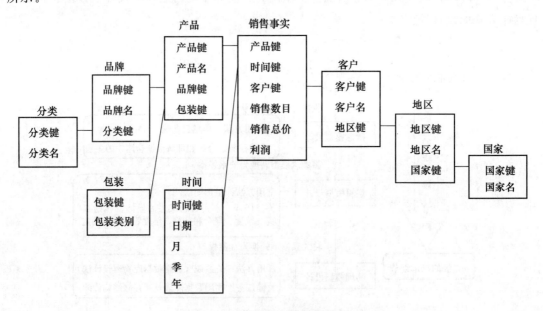

图 3-17　销售事实的雪花模型

2. 综合事实表

大多数查询不是基于基础事实表上操作的，而是基于综合数据的查询。这样建立综合事实表是提高综合数据查询的非常有效的方法，且能大大提高数据仓库的性能。在多维表中，很多维都具有层次结构，对不同维的层次的提升，将可建立多种综合事实表。

从图 3-18 可见，利用产品维表可以对基础事实表进行查询，利用产品分类维表可以对综合事实表进行查询。

3.4.7　选择数据仓库工具

一个典型的数据仓库产品应该包括数据集市、关系数据库、数据源、数据准备区、各种服务工具。数据仓库工具应该具有海量数据的管理能力、强大的索引功能、对数据的监控能力、对多种存储介质的管理能力和对元数据的管理等主要功能。

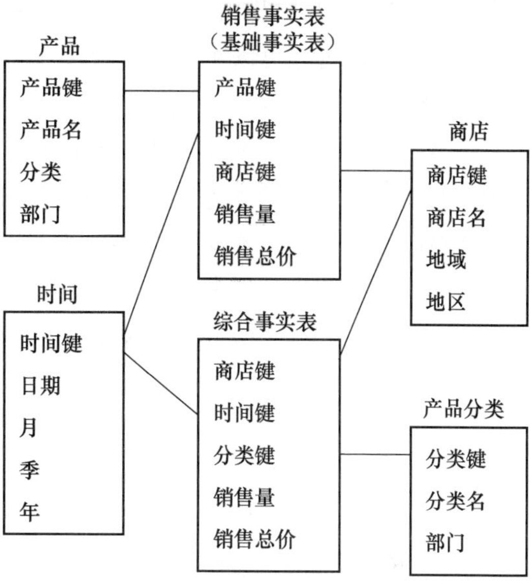

前面已经讲述了一套完整的数据仓库产品应有的基本特征，市场上的数据仓库产品种类繁多，常用的数据仓库产品主要有 Oracle 9i、NCR　TeraData、IBM　DB2、SAS 和 Microsoft SQL Server 的数据仓库工

图 3-18　综合事实表和衍生维度（产品分类）表

具，它们各有特点及其适用环境，如何选择真正适合自身需求的数据仓库产品呢？

首先，需要了解企业的商业需求，主要是了解企业对数据仓库产品的应用范围、数据仓库产品的用户群体、预期的用户数量、用户的地理分布是集中还是分散、企业建立数据仓库的用途和功能等；其次，需要了解数据仓库系统本身的需求，例如，要评估系统可容纳数据的数量，了解数据的稳定性以及刷新速度，等等；最后，还需要对数据仓库产品做功能评估，主要包括系统结构、数据抽取能力、数据存取的呈现能力、应用支持、用户接口和工具的互操作性等。

3.4.8　提高数据仓库性能

数据仓库的一个重要特点就是数据量大，在日常分析处理中会涉及较广泛的数据范围，较大规模的数据查询，可以通过以下方法来提高数据仓库的性能。

1. 提高 I/O 性能

提高数据仓库的性能，主要是提高系统的 I/O 性能，因为 I/O 瓶颈通常是影响系统性能的主要因素。I/O 性能主要涉及系统输入/输出瓶颈问题，应尽量减少每次查询处理所要求的 I/O 次数，使每次 I/O 操作能返回尽量多的记录。例如，合成表、建立数据系列、引入冗余、生成导出数据等方法都可以减少 I/O 次数或使每次 I/O 操作返回尽量多的记录。

2. 缩小查询范围

适当地划分粒度、分割数据表、建立索引等方法都能缩小查询范围，从而提高查询速度。这也是提高系统性能的一种有效手段。

3. 采取并行优化技术

数据仓库中的数据量非常大，需要定时地不断更新。采用并行处理方式可以提高系统运行效率。并行处理可以在数据的抽取与综合环节、写入环节、查询环节中进行。

4. 选择适当的初始化参数

选择适当的初始化参数可以提高系统的性能。例如，如果并发访问的用户的最大数量设置得过低，那么用户数量就会成为瓶颈。即使数据仓库资源是足够的，有些用户也必须等待，仅仅因为这个参数设置得太小。

除了上述方法之外，为了提高数据仓库的系统性能，可以在存储时进行数据压缩以使一个块中能够写入更多的数据。这样，可一次读取更多的数据。另外，经常从数据仓库中清除不需要的数据，也可以提高整个系统的性能。

3.4.9　数据仓库的安全性

随着数据仓库的建设和投入运行，其中的重要数据也在不断增长，那么数据仓库就必须具有很高的安全性，确保用户根据不同的权限来使用查询数据（只允许他们看到授权查看的内容）。绝不能让那些未经授权的用户看到敏感的数据信息。对于企业来说，对其集成的和所在范围内的数据进行未授权访问，所带来的负面影响可能会波及整个机构。不仅是数据仓库中的当前数据，对于存储时间较长的历史数据，例如 5～10 年的数据，在很多环境中会更加吸引未经授权的用户。由于早期的历史数据存在于数据仓库中，使得对数据仓库的安全性要求变得更加紧迫。

1. 安全类型

安全类型可以分为 4 种：个体（individual），是普遍的一种安全类型，即一名用户只能查看和他自己相关的信息；组（group），指一个分支的信息可以被分支内的任何人查看，但一个分支不能查看其他分支的信息；层次（hierarchical），指任何级别的用户只能查看他们自己的作业，及从其直接报告的作业向下到销售代表级别的指定信息，这种类型广泛用于销售和市场数据仓库或者数据集市的单一主题域中；集成（conglomeration），指任何级别的用户可以查看其任务的详细信息，他们直接报告任务和企业级别的数据。

2. 安全方法

数据仓库的安全方法可以从内部和外部两个方面来考虑，通常可以在数据仓库周围建立屏障以保障外部安全，而内部安全则需在数据级别上实现。

通常可以通过建立防火墙、数据库视图和密码等手段在数据仓库周围建立屏障。每种类型的安全性都是围绕数据仓库中所要保护的数据展开的。这种包围性的安全在系统内部根本不做任何事情，而仅仅防止外部对象的入侵，起到保护数据环境的作用。

内部安全是对数据仓库施加保护的唯一有效的安全，最简单的方法就是在数据被写入时对数据进行编码和加密。对数据仓库的内部数据进行保护时，常用的方法有结构化加密、分区加密和不同级别数据的保护。

建立数据仓库的目的是访问数据，一旦数据不能容易地和无限制地访问，这个数据仓库的建设就是不成功的。然而在考虑数据仓库安全时又违背了这条原则，这是一个客观存在的矛盾。数据的敏感度应该是实现多少安全措施以及实现何种安全措施的决定因素。

3.5　主要的数据仓库产品

目前越来越多的企业开始建设自己的数据仓库系统，希望能对历史数据进行具体而又有针对性的分析与挖掘，从中发现新客户和客户新的需求。然而，市场上数据仓库产品及其解决方案品种繁多，且大多属于"舶来品"，产品定位不同，各有特点，究竟选择哪家的产品更适合自己的企业特点与未来发展？

数据仓库的建设过程是复杂的，企业在制定实施数据仓库解决方案时，不能盲目地选择产品供应商。因为每个行业都有自己的运行特点，都有自己特定的业务范围和历史数据，因此，在建立数据仓库时，必须紧密结合本行业的特点和本企业的业务发展需求，参考产品提供商的技术特点和他们的成功案例，认真比较后再做出恰当的选择。下面介绍一些主要的数据仓库产品。

1. Oracle

Oracle 数据仓库作为一种企业级关系型数据仓库管理系统在信息管理、企业数据处理、因特网、电子商务和网格等领域被广泛应用。2001 年推出 Oracle 9i 系列产品，Oracle 公司将产品的重心向电子商务环境转移并继续关注因特网应用，从版本 10g 开始又增加了对网格的支持。Oracle 提供了许多新功能和新特性，如管理因特网内容，提供端到端的安全体系结构，点击智能服务，实时的个性化处理，灵活的可移植性，等等。直到最近推出的面向云计算的 12c。

2. IBM DB2

IBM DB2 数据仓库系统是一套基于可视数据仓库的商业智能解决方案，包括 Visual Warehouse(VW)、Essbase/DB2 OLAP Server 5.0、IBM DB2 UDB 以及来自第三方的前端数据展现工具(如 BO)和数据挖掘工具(SAS)。DB2 数据仓库是 IBM 电子商务软件战略中的重要组成部分，DB2 家族中的产品可以运行在包括手持设备、Intel、UNIX、iSeries 以及大型平台在内的很多机型上，所支持的操作系统包括 Linux、Windows 2000/NT/XP、AIX、HP-UX、Sun Solaris、OS/400、VSE/VM 和 OS/390。DB2 数据仓库产品根据不同用户的需求提供了企业级服务器版、工作组服务器版、个人版和 Everyplace 的多种级别的产品。

3. NCR TeraData

1998 年，NCR 公司提供了基于 Windows NT 的 TeraData 开拓数据集市市场，产品的性能很好，在 100GB、300GB、1TB 和 3TB 的 TPC-D 指标测试中均创世界纪录。但是 NCR 产品的价格相对较高，NCR TeraData 是高端数据仓库市场最有力的竞争者，主要运行在 NCR WorldMark SMP 硬件的 UNIX 操作平台上，中小企业难以承受。相比之下，TeraData 数据仓库具有丰富的应用程序接口，内置了开发语言预处理器，提供了强大的数据加载单元，全方位的数据库管理工具等。

4. SAS

SAS公司在20世纪70年代以"统计分析"和"线性数学模型"而享誉业界，它提供的工具以统计分析见长。90年代以后，SAS公司也加入了数据仓库市场的竞争，它提供的工具(例如智能化的客户机/服务器，多厂商构架等)可以帮助企业实现灵活和低风险的处理。SAS数据仓库可以支持各种硬件平台、支持不同数据库之间数据的存取，它还可对不同格式的数据进行查询、访问和分析，SAS具有与目前许多流行数据库软件和老的数据文件的接口，并可在SAS环境中建立对应外部异构数据的统一的公用数据界面。

SAS提供的工具包括30多个专用模块，如SAS/WA(Warehouse Administrator)是建立数据仓库的集成管理工具，SAS/MDDB是SAS用于在线分析的多维数据库服务器，SAS/AF提供了屏幕设计功能和用于开发的SCL(屏幕控制语言)，SAS/ITSV(IT Service Vision)是IT服务性能评估和管理软件。

总的来说，SAS系统的优点是功能强、性能高、特长突出；缺点是系统比较复杂，软件投资较高，而且每年都需交纳License费。

5. Microsoft SQL Server 的数据仓库工具

Microsoft公司的SQL Server已经在性能和可扩展性方面确立了世界领先的地位，是一套完全的数据库和数据分析解决方案，使用户可以快速创建下一代的可扩展电子商务和数据仓库，在电子商务、数据分析和数据挖掘等领域被各种类型的企业广泛使用。在Microsoft SQL Server中提供了大量的数据仓库设计、建立、数据加载、数据使用以及数据挖掘等强大工具。其中，常用的工具有关系数据库、数据转换服务(DTS)、Analysis Services、English Query、OLE DB、PrivotTable服务、Meta Data Services等。

本章小结

本章首先介绍了数据模型的概念及数据仓库模型的构建原则，接下来从概念模型、逻辑模型、物理模型等角度介绍了数据仓库的分析与设计，并给出了设计实例，最后从风险因素、建立数据仓库系统的步骤、数据仓库系统的生命周期、建立数据仓库系统的思维模式、数据仓库数据库的设计步骤等方面阐述了数据仓库的开发方法，并给出了提高数据仓库性能和安全性的建议和措施。

习题 3

1. 数据仓库可划分为哪3个层次的数据模型？
2. 什么是元数据模型？
3. 简述从概念模型到逻辑模型的转换过程。
4. 简要说明数据仓库的建立过程。

5. 简述提高数据仓库性能的方法和措施。

6. 数据仓库应具有哪些关键技术？各自的特点是什么？

7. 简述需要从哪些方面对各种数据仓库产品做功能评估。

8. 考虑为产品销售问题建立数据仓库。关注的主题是销售，用销售量、销售价和成本度量可以计算销售金额和利润。销售涉及销售的产品、时间、客户和销售代理。其中，产品用产品名称、产品类别、产品品牌等描述，时间用日、月、季、年描述，客户包括客户 ID、客户名、送货地址（省、市、街道、门牌号）、账号等信息，销售代理包括销售代理姓名、地区、省、市等信息。

 (a) 给出每个维的概念分层。

 (b) 画出该数据仓库的星形模式图。

 (c) 由基本方体开始，为列出吉林省客户购买的、由国美家电 2012 年销售的、小天鹅洗衣机，应当执行哪些 OLAP 操作？

9. 假定数据仓库包含 4 个维 date、spectator、location 和 game，2 个度量 count 和 charge。其中，charge 是观众在给定的日期观看节目的付费。观众可以是学生、成年人或老人，每类观众有不同的收费标准。

 (a) 画出该数据仓库的星形模式图；

 (b) 由基本方体[date，spectator，location，game]开始，为列出 2010 年学生观众在 GM-Place 的总付费，应当执行哪些 OLAP 操作？

 (c) 对于数据仓库，位图索引是有用的。以该数据立方体为例，简略讨论使用位图索引结构的优点和问题。

10. 为地区气象局设计一个数据仓库。气象局大约有 1 000 个观察点，散布在该地区的陆地、海洋，收集基本气象数据，包括每小时的气压、温度、降雨量。所有的数据都送到中心站，那里已收集了这种数据长达 10 年。设计应当有利于有效地查询和联机分析处理，有利于有效地导出多维空间的一般天气模式。

11. 如果数据仓库常常产生大的、稀疏的多维矩阵。

 (a) 给出一个例子，解释这种大的、稀疏的数据方体。

 (b) 设计一种实现方法，可以很好地克服这种稀疏矩阵问题。

 (c) 修改(b)的设计，处理渐增的数据更新。给出新设计的理由。

Chapter

第4章 关联规则

4.1 引言

说起数据挖掘，常常有人把它戏称为"啤酒和尿布的问题"。"啤酒"和"尿布"两个看上去没有必然联系的商品在超市中摆放在一起销售却为商家带来很好的销售效益，这种现象体现出顾客购买商品的一种规律性，即商品之间的关联性。研究"啤酒与尿布"关联的方法就是货篮数据分析（market basket analysis）。1993 年，IBM 公司的 R. Agrawal 首先提出关联规则模型，并给出通过分析购物篮中的商品集合，找出商品之间关联关系的关联规则算法 Apriori，进而根据商品之间的关联关系发现顾客的购买习惯。

总部位于美国阿肯色州的世界著名商业零售连锁企业 Walmart 拥有庞大的数据仓库系统，从 20 世纪 90 年代尝试将 IBM 公司的 Apriori 算法用于对来源于 POS（Point Of Sale，销售点终端）机的数据进行分析，旨在能够准确了解顾客在其门店的购买习惯。在分析出的关联规则中，一个最意外的发现是："跟尿布一起购买最多的商品竟是啤酒"。Walmart 派出市场调查人员和分析师对这一数据挖掘结果进行调查分析。通过实际调查和分析，揭示出隐藏在"啤酒和尿布问题"背后的一种行为模式：在美国，一些年轻父亲下班后经常要到超市去买婴儿尿布，其中有 30%～40% 的人在买婴儿尿布的同时也为自己买一些啤酒。产生这种现象的原因在于，美国的太太们常叮嘱她们的丈夫下班后为小孩买尿布，而丈夫们在买尿布后又随手带回自己喜欢的啤酒。

显然，尿布与啤酒一起销售会有更多的商机，于是 Walmart 对各个门店的货架摆放进行调整，将尿布与啤酒相邻摆放，结果，尿布与啤酒的销售量双双增长。

随着数据仓库等技术的应用范围越来越广，KDD 研究领域已经成为热点，其中，关联规则数据挖掘算法尤为引人注目。关联规则反映一个事物与其他事物之间的相互依存性和关联性。如果两个或者多个事物之间存在一定的关联关系，那么，其中一个事物就能够通过其他事物预测到。

人们希望在海量商业交易记录中发现感兴趣的数据关联关系，用以帮助商家作出决策。关联规则主要应用在商品分类设计、降价经销分析、生产安排、货架摆放策略等方面。

4.2　关联规则模型

对超市中的货篮数据分析是典型的发现关联规则的过程。通过发现顾客放入货篮中的不同商品之间的关系来分析顾客的购买习惯。例如，购买蔬菜、饮料的交易分别占整个超市交易总数的 1% 和 0.5%，它们表明这种商品在超市经营中的重要程度，称为支持度。在商家作决策时，更关注具有高支持度的商品。关联规则"蔬菜⇒饮料"刻画出"蔬菜"和"饮料"两种商品的关联性，表示购买"蔬菜"的顾客同时购买"饮料"的可能性。如果在购买蔬菜的交易中，有 85% 的交易既购买蔬菜又购买饮料，则称 85% 为规则"蔬菜⇒饮料"的信任度。信任度反映了商品之间的关联程度。

IBM 公司 Almaden 研究中心的 R. Agrawal 首先提出关联规则模型，设 $I = \{i_1, i_2, \cdots, i_m\}$ 为所有项目的集合，其中，任意一个 i_j 称为一个项目，在货篮数据中，一个项目表示商家经营的一种商品。D 为交易数据库，一笔交易 T 是一个项目子集（$T \subseteq I$）。每一笔交易具有唯一的交易标识 TID。一笔交易就是顾客放到自己货篮中的商品集合，TID 是埋单时该货篮商品存入数据库中的流水号。设 A 是一个由项目构成的集合，称为项集。交易 T 包含项集 A，当且仅当 $A \subseteq T$。如果项集 A 由 k 个项目组成，则称其为 k 项集。项集 A 在交易数据库 D 中出现的次数占 D 中总交易量的百分比叫做项集 A 的支持度。如果项集的支持度超过用户给定的最小支持度阈值，就称该项集是频繁项集。如果一个 k 项集是频繁的，就称其为频繁 k 项集。

关联规则是形如 $X \Rightarrow Y$ 的逻辑蕴含式，其中 $X \subset I$，$Y \subset I$，且 $X \cap Y = \varnothing$。如果交易数据库 D 中有 $s\%$ 的交易包含 $X \cup Y$，则称关联规则 $X \Rightarrow Y$ 的支持度为 $s\%$，若项集 X 的支持度记为 $\text{support}(X)$，规则的信任度为 $\text{support}(X \cup Y)/\text{support}(X)$。

关联规则就是支持度和信任度分别满足用户给定阈值的规则。实际上，支持度可理解为一个概率值，关联规则的支持度越高越会引起人们的重视，支持度阈值是由用户指定的，表达了用户的意愿和应用领域的特点，也就是说超过支持度阈值的关联规则才会被人重视。从定义上可以看出，关联规则 $X \Rightarrow Y$ 的信任度是一个条件概率 $P(Y \mid X)$。也就是

$$\text{support}(X \Rightarrow Y) = P(X \cup Y) \tag{4-1}$$

$$\text{confidence}(X \Rightarrow Y) = P(Y \mid X) \tag{4-2}$$

规则的信任度反映的是 X 发生时，Y 发生的可能性。信任度越高表明规则越有价值。

例如，通过观察和分析所有以商品 Y 作为后件的规则，有助于商家采取相应措施促进商品 Y 的销售；通过观察和分析所有以商品 X 作为前件的规则，商家可以清楚地认识到终止销售商品 X 具体会影响到哪些商品的销售；如果发现商场中货架 X 上的商品和货架

Y 上的商品之间存在关联规则，就能确定这两个货架上商品之间的销售关系，有助于对商场中的货架布局进行合理安排。

4.3　Apriori 算法

R. Agrawal 首先提出关联规则模型，并给出关联规则求解算法 AIS（Agrawal，Imielinski and Swami）。随后又提出 SETM（Set-oriented Mining，面向集合的挖掘）和 Apriori 等算法。其中，Apriori 是关联规则模型中的经典算法，算法命名源于算法使用了频繁项集性质的先验（Prior）知识。

Apriori 算法在发现关联规则领域具有很大影响力。在具体实现时，Apriori 算法将发现关联规则的过程分为两个步骤：

1）发现频繁项集。通过迭代，在交易数据库中计算出所有支持度不低于用户设定的阈值的项集。

2）生成关联规则。利用频繁项集构造出满足用户最小信任度的规则。

其中，挖掘或识别出所有频繁项集是该算法的核心，占算法时间开销的绝大部分。

4.3.1　发现频繁项集

由 m 个项目形成的不同项集的数目可以达到 $2^m - 1$ 个，尤其在海量数据库 D 中，这是一个 NP（Non-deterministic Polynomial，非确定性多项式）难度的问题。所谓 NP 问题是在多项式时间内不能由确定图灵机求解的问题，即那些解可以在非确定图灵机上在多项式时间内找出问题的集合。求解这类问题的时间开销往往是巨大的。

实际上，在交易数据库中频繁项集只占很少一部分，远远小于组合数。为了避免计算所有项集的支持度，Apriori 算法引入潜在频繁项集的概念。所谓潜在频繁项集是指有可能成为频繁项集的项集。若潜在频繁 k 项集的集合记为 C_k，频繁 k 项集的集合记为 L_k，m 个项目构成的 k 项集的集合为 C_m^k，则三者之间满足关系 $L_k \subseteq C_k \subseteq C_m^k$。

交易数据库中的项集具有如下性质：

性质 4.1　频繁项集的子集必为频繁项集。

性质 4.2　非频繁项集的超集一定是非频繁的。

在 Apriori 算法中，构成潜在频繁项集的原则是"频繁项集的子集必为频繁项集"。即运用性质 4.1，通过已知的频繁项集构成长度更大的项集，并将其称为潜在频繁项集。潜在频繁 k 项集的集合 C_k 是指由有可能成为频繁 k 项集的项集组成的集合。所以，在求解频繁 k 项集的集合 L_k 时，只需计算潜在频繁 k 项集集合 C_k 中各个项集的支持度，而不必计算所有不同项集的支持度，因此在一定程度上减少了计算量。

具体的实现过程为：

1）通过单趟扫描数据库 D 计算出各个 1 项集的支持度，从而得到频繁 1 项集构成的集合 L_1。

2）连接：为了产生频繁 k 项集构成的集合 L_k，预先生成一个潜在频繁 k 项集的集合 C_k。潜在频繁项集的集合是以性质 4.1 为依据，通过 JOIN 运算得到。若 p，$q \in L_{k-1}$，$p = \{p_1, p_2, \cdots, p_{k-2}, p_{k-1}\}$，$q = \{q_1, q_2, \cdots, q_{k-2}, q_{k-1}\}$，并且当 $1 \leqslant i < k-1$ 时，$p_i = q_i$，当 $i = k-1$ 时，$p_{k-1} \neq q_{k-1}$，则 $p \cup q = \{p_1, p_2, \cdots, p_{k-2}, p_{k-1}, q_{k-1}\}$ 是潜在频繁 k 项集的集合 C_k 中的元素。

3）剪枝：由于 C_k 是 L_k 的超集，可能有些元素不是频繁的。C_k 很庞大时会带来巨大的计算量。为减少 C_k 的规模，Apriori 遵从性质 4.2，一个非频繁的 $(k-1)$ 项集必定不是频繁 k 项集的子集。所以，当潜在 k 项集的某个 $(k-1)$ 维子集不是 L_{k-1} 中的成员时，则该潜在频繁项集不可能是频繁的。剪枝工作就是将这样的项集从 C_k 中移去。

4）通过单趟扫描交易数据库 D，计算 C_k 中各个项集的支持度。

5）剔除 C_k 中不满足最小支持度阈值要求的项集，形成由频繁 k 项集构成的集合 L_k。

通过循环迭代，重复步骤 2）至步骤 5），直到不能产生新的频繁项集的集合为止，Apriori 算法就求出了所有满足最小支持度阈值的频繁项集。

【求解频繁项集的算法】

```
输入:交易数据库 D,
最小支持度阈值 minsup
输出:频繁项集的集合 Answer
(1) L₁= {频繁 1 项集};
(2) for(k= 2;L_{k-1}≠∅;k++ ) do begin
(3)     C_k= apriori_gen(L_{k-1});        //生成新的潜在频繁项集
(4)     for all transactions t∈D do begin
(5)       C_t= subset(C_k,t);            //t 中包含的潜在频繁项集
(6)       for all candidates c∈C_t do
(7)          c. count++ ;
(8)     end;
(9)     L_k= {c∈C_k|c. count≥minsup}
(10)   end;
(11)    Answer= ∪_k L_k;
```

函数 apriori_gen() 分连接（JOIN）和剪枝（prune）两个步骤生成潜在频繁 k 项集的集合 C_k。

```
apriori_gen()
输入:频繁 (k- 1)项集的集合 L_{k-1}
输出:潜在频繁 k 项集的集合 C_k
(1) insert into C_k
(2) select p[1], p[2], …, p[k- 1], q[k- 1]
(3) from L_{k-1} p, L_{k-1} q
(4) where p[1]= q[1] and …and p[k- 2]= q[k- 2] and p[k- 1]< q[k- 1];
(5) for all itemsets c∈C_k  do
(6)   for all (k- 1)- subsets s of c do
(7)     if (s∉L_{k-1}) then
(8)         delete c from C_k;
```

根据性质 4.1，用 L_{k-1} 和 L_{k-1} 进行连接（JOIN）操作产生 C_k。函数的第（1）到第（4）步是 JOIN 操作，将 L_{k-1} 的所有项集进行 1 扩展，条件 $p[k-1] < q[k-1]$ 保证不会产生重复

的项集。

根据性质 4.2 从 C_k 中删去那些 $(k-1)$ 维子集不在 L_{k-1} 中的项集，实现剪枝操作。函数的第(5)步到第(8)步对于 C_k 中的潜在频繁项集 c，若 c 的某个 $(k-1)$ 维子集不在 L_{k-1} 中，则从 C_k 中删除 c，即删除那些根本不可能在 L_k 中出现的项集。

subset() 函数的参数是潜在频繁项集的集合 C_k 和交易数据库中的一笔交易 t，返回结果是该交易 t 中包含的潜在频繁项集的集合。

在使用 Apriori 算法时，假设每个项集中的项目都是以字母顺序排列的。subset() 函数中用到哈希树和位图两种数据结构。

哈希树用于存储交易 t 的 k 维子集。在创建和搜索哈希树时，都使用相同的哈希函数。哈希树的叶子结点是项集，可以是一个链表，而内部结点形成的一条路径组成哈希桶。哈希树的根结点的深度定义为 1，深度为 d 的内部结点指向深度为 $(d+1)$ 的结点。若要在叶子结点加入一个集合 c，从根结点开始，沿着哈希树的路径到达一个叶子结点；对深度为 d 的内部结点，通过对集合的第 d 个项目应用哈希函数来决定应该选哪一个分支结点。

如果潜在频繁项集的集合 C_k 中只包含 m 个潜在频繁项集，就创建一个 m 位的临时位图，每一位对应 C_k 中的一个项集，用以记录相应的项集是否包含在交易 t 中。这个位图仅需创建一次，以后只需要重新初始化即可。

subset() 函数对 C_k 中每个项集 c，从哈希树根结点开始，依次对 c 中每个项目进行哈希操作，若该项目在交易 t 中，则在哈希树中继续对以后的层次施以同样的操作，若项目不在交易 t 中，那么该项集就不在交易 t 中，不再继续哈希操作。若当前在第 i 层，则只需考虑在 i 之后的项目，因为每个项集中的项目是以字母顺序排列的。

【例 4-1】 已知一个交易数据库 D，如图 4-1 所示，若最小支持度阈值设为 10%，试求潜在频繁项集和频繁项集。

Tid	交易	Tid	交易
110	B	210	A, C, D, E, W, Z
120	D, E, V	220	Y
130	C, Z	230	A, X, Y
140	B, D, W, Y	240	A, C, W
150	C, D, E, W, Y, Z	250	A, C, E, Z
160	A, C, W, Z	260	A, E, W
170	A, C, E, Z	270	B, W, Y
180	A, E, W, Z	280	A, X, Y, Z
190	D, Y	290	Y, Z
200	A, C, Y, Z	300	A, X, Y

图 4-1 交易数据库 D 示例

第 1 趟扫描交易数据库 D，如图 4-2 所示，得频繁 1 项集的集合 L_1。

项集	出现次数	支持度	频繁项集	项集	出现次数	支持度	频繁项集
A	11	55%	是	V	1	5%	不是
B	3	15%	是	W	8	40%	是
C	8	40%	是	X	3	15%	是
D	5	25%	是	Y	10	50%	是
E	7	35%	是	Z	10	50%	是

图 4-2 第 1 趟扫描交易数据库

$L_1 = \{\{A\}, \{B\}, \{C\}, \{D\}, \{E\}, \{W\}, \{X\}, \{Y\}, \{Z\}\}$。通过 JOIN 得到潜在频繁 2 项集的集合 $C_2 = \{\{A, B\}, \{A, C\}, \{A, D\}, \{A, E\}, \{A, W\}, \{A, X\}, \{A, Y\}, \{A, Z\}, \{B, C\}, \{B, D\}, \{B, E\}, \{B, W\}, \{B, X\}, \{B, Y\}, \{B, Z\}, \{C, D\}, \{C, E\}, \{C, W\}, \{C, X\}, \{C, Y\}, \{C, Z\}, \{D, E\}, \{D, W\}, \{D, X\}, \{D, Y\}, \{D, Z\}, \{E, W\}, \{E, X\}, \{E, Y\}, \{E, Z\}, \{W, X\}, \{W, Y\}, \{W, Z\}, \{X, Y\}, \{X, Z\}, \{Y, Z\}\}$。

第 2 趟扫描交易数据库 D，如图 4-3 所示，得频繁 2 项集的集合 L_2。

项集	出现次数	支持度	频繁项集	项集	出现次数	支持度	频繁项集
A, B	0	0	不是	C, X	0	0	不是
A, C	6	30%	是	C, Y	2	10%	是
A, D	1	5%	不是	C, Z	7	35%	是
A, E	5	25%	是	D, E	3	15%	是
A, W	5	25%	是	D, W	3	15%	是
A, X	3	15%	是	D, X	0	0	不是
A, Y	4	20%	是	D, Y	3	15%	是
A, Z	7	35%	是	D, Z	2	10%	是
B, C	0	0	不是	E, W	4	20%	是
B, D	1	5%	不是	E, X	0	0	不是
B, E	0	0	不是	E, Y	1	5%	不是
B, W	2	10%	是	E, Z	5	25%	是
B, X	0	0	不是	W, X	0	0	不是
B, Y	2	10%	是	W, Y	3	15%	是
B, Z	0	0	不是	W, Z	4	20%	是
C, D	2	10%	是	X, Y	3	15%	是
C, E	4	20%	是	X, Z	1	5%	不是
C, W	4	20%	是	Y, Z	4	20%	是

图 4-3 第 2 趟扫描交易数据库

$L_2 = \{\{A, C\}, \{A, E\}, \{A, W\}, \{A, X\}, \{A, Y\}, \{A, Z\}, \{B, W\}, \{B, Y\}, \{C, D\}, \{C, E\}, \{C, W\}, \{C, Y\}, \{C, Z\}, \{D, E\}, \{D, W\}, \{D, Y\}, \{D, Z\}, \{E, W\}, \{E, Z\}, \{W, Y\}, \{X, Y\}, \{Y, Z\}\}$。

通过 JOIN 得到潜在频繁 3 项集的集合。

$C_3 = \{\{A, C, E\}, \{A, C, W\}, \{A, C, X\}, \{A, C, Y\}, \{A, C, Z\}, \{A, E,$

$W\}$、$\{A，E，X\}$、$\{A，E，Y\}$、$\{A，E，Z\}$、$\{A，W，X\}$、$\{A，W，Y\}$、$\{A，W，Z\}$、$\{A，X，Y\}$、$\{A，X，Z\}$、$\{A，Y，Z\}$、$\{B，W，Y\}$、$\{C，D，E\}$、$\{C，D，W\}$、$\{C，D，Y\}$、$\{C，D，Z\}$、$\{C，E，W\}$、$\{C，E，Y\}$、$\{C，E，Z\}$、$\{C，W，Y\}$、$\{C，W，Z\}$、$\{C，Y，Z\}$、$\{D，E，W\}$、$\{D，E，Y\}$、$\{D，E，Z\}$、$\{D，W，Y\}$、$\{D，W，Z\}$、$\{D，Y，Z\}$、$\{E，W，Z\}$、$\{W，Y，Z\}\}$。

由于在$\{A，C，X\}$中有子集$\{C，X\}$不是频繁项集，因此，在剪枝步骤中$\{A，C，X\}$被剪去。同理，在剪枝步骤从C_3中剪去的还有$\{A，E，X\}$、$\{A，E，Y\}$、$\{A，W，X\}$、$\{A，X，Z\}$、$\{C，E，Y\}$和$\{D，E，Y\}$，由此得到潜在频繁3项集的集合C_3。

$C_3=\{\{A，C，E\}$、$\{A，C，W\}$、$\{A，C，Y\}$、$\{A，C，Z\}$、$\{A，E，W\}$、$\{A，E，Z\}$、$\{A，W，Y\}$、$\{A，W，Z\}$、$\{A，X，Y\}$、$\{A，Y，Z\}$、$\{B，W，Y\}$、$\{C，D，E\}$、$\{C，D，W\}$、$\{C，D，Y\}$、$\{C，D，Z\}$、$\{C，E，W\}$、$\{C，E，Z\}$、$\{C，W，Y\}$、$\{C，W，Z\}$、$\{C，Y，Z\}$、$\{D，E，W\}$、$\{D，E，Z\}$、$\{D，W，Y\}$、$\{D，W，Z\}$、$\{D，Y，Z\}$、$\{E，W，Z\}$、$\{W，Y，Z\}\}$。

第3趟扫描交易数据库D，如图4-4所示，得频繁3项集的集合L_3。

项集	出现次数	支持度	频繁项集	项集	出现次数	支持度	频繁项集
$A，C，E$	3	15%	是	$C，D，W$	2	10%	是
$A，C，W$	3	15%	是	$C，D，Y$	1	5%	不是
$A，C，X$	剪枝			$C，D，Z$	2	10%	是
$A，C，Y$	1	5%	不是	$C，E，W$	3	15%	是
$A，C，Z$	5	25%	是	$C，E，Y$	剪枝		
$A，E，W$	3	15%	是	$C，E，Z$	4	20%	是
$A，E，X$	剪枝			$C，W，Y$	1	5%	不是
$A，E，Y$	剪枝			$C，W，Z$	3	15%	是
$A，E，Z$	4	20%	是	$C，Y，Z$	2	10%	是
$A，W，X$	剪枝			$D，E，W$	2	10%	是
$A，W，Y$	0	0	不是	$D，E，Y$	剪枝		
$A，W，Z$	3	15%	是	$D，E，Z$	2	10%	是
$A，X，Y$	3	15%	是	$D，W，Y$	2	10%	是
$A，X，Z$	剪枝			$D，W，Z$	2	10%	是
$A，Y，Z$	2	10%	是	$D，Y，Z$	1	5%	不是
$B，W，Y$	2	10%	是	$E，W，Z$	3	15%	是
$C，D，E$	2	10%	是	$W，Y，Z$	1	5%	不是

图4-4　第3趟扫描交易数据库

$L_3=\{\{A，C，E\}$、$\{A，C，W\}$、$\{A，C，Z\}$、$\{A，E，W\}$、$\{A，E，Z\}$、$\{A，W，Z\}$、$\{A，X，Y\}$、$\{A，Y，Z\}$、$\{B，W，Y\}$、$\{C，D，E\}$、$\{C，D，W\}$、$\{C，D，Z\}$、$\{C，E，W\}$、$\{C，E，Z\}$、$\{C，W，Z\}$、$\{C，Y，Z\}$、$\{D，E，W\}$、$\{D，E，Z\}$、$\{D，W，Y\}$、$\{D，W，Z\}$、$\{E，W，Z\}\}$。

通过JOIN得到潜在频繁4项集的集合C_4。

$C_4 = \{\{A，C，E，W\}，\{A，C，E，Z\}，\{A，C，W，Z\}，\{C，D，E，W\}，\{C，D，E，Z\}，\{C，D，W，Z\}，\{C，E，W，Z\}，\{D，E，W，Z\}，\{D，W，Y，Z\}\}$。

由于$\{W，Y，Z\}$不是频繁项集，因此，在剪枝步骤中会剪去$\{D，W，Y，Z\}$。由此得到潜在频繁 4 项集的集合 C_4。

$C_4 = \{\{A，C，E，W\}，\{A，C，E，Z\}，\{A，C，W，Z\}，\{C，D，E，W\}，\{C，D，E，Z\}，\{C，D，W，Z\}，\{C，E，W，Z\}，\{D，E，W，Z\}\}$。

第 4 趟扫描交易数据库 D，如图 4-5 所示，得到频繁 4 项集的集合 L_4。

项集	出现次数	支持度	频繁项集
$A，C，E，W$	1	5%	不是
$A，C，E，Z$	3	15%	是
$A，C，W，Z$	2	10%	是
$C，D，E，W$	2	10%	是
$C，D，E，Z$	2	10%	是
$C，D，W，Z$	2	10%	是
$C，E，W，Z$	2	10%	是
$D，E，W，Z$	2	10%	是
$D，W，Y，Z$	剪枝		

图 4-5　第 4 趟扫描交易数据库

$L_4 = \{\{A，C，E，Z\}，\{A，C，W，Z\}，\{C，D，E，W\}，\{C，D，E，Z\}，\{C，D，W，Z\}，\{C，E，W，Z\}，\{D，E，W，Z\}\}$。

通过 JOIN 得到潜在频繁 5 项集的集合 $C_5 = \{\{C，D，E，W，Z\}\}$。第 5 趟扫描交易数据库 D，如图 4-6 所示，得频繁 5 项集的集合 $L_5 = \{\{C，D，E，W，Z\}\}$。

因为生成的潜在频繁 6 项集的集合 $C_6 = \varnothing$，算法结束。

项集	出现次数	支持度	频繁项集
$C，D，E，W，Z$	2	10%	是

图 4-6　第 5 趟扫描交易数据库

4.3.2　生成关联规则

关联规则是形如 $X \Rightarrow Y$ 的规则，其中 X 和 Y 是项集，要求规则满足最小支持度阈值和最小信任度阈值。前者指 $X \cup Y$ 是频繁项集，后者指 $support(X \cup Y)/support(X)$ 超过最小信任度阈值。这样，利用 4.3.1 节算法发现所有频繁项集后，在本节通过计算信任度来生成关联规则。在下述算法中，$L_k \subseteq C_k$，$l_k \in L_k$。

【生成关联规则的算法】

输入:所有频繁项集 Answer,
　　　最小信任度阈值 minconf
输出:关联规则 Rules
(1) for all 频繁 k 项集 l_k,k≥2 do begin

```
(2)    H₁= {lₖ中规则的后件，该规则的后件中只有一个项目};
(3)    ap_genrules(lₖ, H₁,1);
(4) end;
```

ap_genrules()是一个递归函数，针对一个频繁 k 项集 l_k，求出所有满足条件的关联规则。

```
ap_genrules()
输入:频繁 k 项集 lₖ,
     规则后件的集合 Hₘ,
     规则后件中项目的个数 m
输出:由频繁 k 项集 lₖ构成的关联规则
(1)    for all hₘ∈Hₘ do begin
(2)      conf= support(lₖ)/support(lₖ- hₘ);
(3)      if(conf≥minconf) then
(4)          Rules= Rules∪{ (lₖ- hₘ) hₘ^confidence= conf _msupport= support(lₖ) };
(5)      else
(6)           delete hₘ from Hₘ;
(7)      end;
(8)      if(|Hₘ|> 1&&k> m+ 1) then
(9)          Hₘ= apriori_gen(Hₘ);
(10)         if(Hₘ! = Φ) then
(11)             m++ ;
(12)             ap_genrules(lₖ,Hₘ,m);
(13)         end
(14)     end
(15)  end;
```

注意，算法的第(6)步利用了性质 4.1 的推论，一个项集的支持度不会超过它的子集的支持度。针对计算信任度，它影响的是分母部分。

【例 4-2】 针对图 4-1 的交易数据库，若最小支持度阈值为 10%，最小信任度阈值为 75%，试求出所有的关联规则。

解：(1) 当 $k=2$，$m=1$ 时，

①若 $l_k=\{A, C\}$，$H_m=\{\{A\}, \{C\}\}$，

当 $h_m=\{A\}$时，

$\text{conf}=\text{support}(l_k)/\text{support}(l_k-h_m)=\text{support}(\{A, C\})/\text{support}(\{C\})=0.3/0.4=75\%$

$\text{Rules}=\text{Rules}\cup\{C\Rightarrow A_{\text{support}=30\%}^{\text{confidence}=75\%}\}$；

当 $h_m=\{C\}$时，

$\text{conf}=\text{support}(l_k)/\text{support}(l_k-h_m)=\text{support}(\{A, C\})/\text{support}(\{A\})=0.3/0.55=54.5\%$

②若 $l_k=\{A, E\}$，$H_m=\{\{A\}, \{E\}\}$，

当 $h_m=\{A\}$时，

$\text{conf}=\text{support}(l_k)/\text{support}(l_k-h_m)=\text{support}(\{A, E\})/\text{support}(\{E\})=0.25/0.35=71.4\%$

当 $h_m=\{E\}$时，

$\text{conf} = \text{support}(l_k)/\text{support}(l_k - h_m) = \text{support}(\{A,\ E\})/\text{support}(\{A\}) = 0.25/0.55 - 45.5\%$

③同理，

$\text{conf} = \text{support}(\{A,\ X\})/\text{support}(\{X\}) = 0.15/0.15 = 100\%$

$\text{Rules} = \text{Rules} \cup \left\{ X \Rightarrow A_{\text{support}=15\%}^{\text{confidence}=100\%} \right\}$；

$\text{conf} = \text{support}(\{C,\ Z\})/\text{support}(\{C\}) = 0.35/0.40 = 87.5\%$

$\text{Rules} = \text{Rules} \cup \left\{ C \Rightarrow Z_{\text{support}=35\%}^{\text{confidence}=87.5\%} \right\}$；

$\text{conf} = \text{support}(\{X,\ Y\})/\text{support}(\{X\}) = 0.15/0.15 = 100\%$

$\text{Rules} = \text{Rules} \cup \left\{ X \Rightarrow Y_{\text{support}=15\%}^{\text{confidence}=100\%} \right\}$；

（2）当 $k=3$，

①若 $l_k = \{A,\ C,\ E\}$，

当 $m=1$ 时，$H_m = \{\{A\},\ \{C\},\ \{E\}\}$，

若 $h_m = \{A\}$，

$\text{conf} = \text{support}(l_k)/\text{support}(l_k - h_m) = \text{support}(\{A,\ C,\ E\})/\text{support}(\{C,\ E\}) = 0.15/0.20 = 75\%$

$\text{Rules} = \text{Rules} \cup \left\{ (C,\ E) \Rightarrow A_{\text{support}=15\%}^{\text{confidence}=75\%} \right\}$；

若 $h_m = \{C\}$，

$\text{conf} = \text{support}(l_k)/\text{support}(l_k - h_m) = \text{support}(\{A,\ C,\ E\})/\text{support}(\{A,\ E\}) = 0.15/0.25 = 60\%$

从 H_m 中删除 $\{C\}$，得 $H_m = \{\{A\},\ \{E\}\}$，

若 $h_m = \{E\}$，

$\text{conf} = \text{support}(l_k)/\text{support}(l_k - h_m) = \text{support}(\{A,\ C,\ E\})/\text{support}(\{A,\ C\}) = 0.15/0.30 = 50\%$

从 H_m 中删除 $\{E\}$，得 $H_m = \{\{A\}\}$，

因为 $|H_m| = 1$，不能生成新的 H_m。

②同理，

$\text{conf} = \text{support}(\{A,\ C,\ W\})/\text{support}(\{C,\ W\}) = 0.15/0.20 = 75\%$

$\text{Rules} = \text{Rules} \cup \left\{ (C,\ W) \Rightarrow A_{\text{support}=15\%}^{\text{confidence}=75\%} \right\}$；

$\text{conf} = \text{support}(\{A,\ C,\ Z\})/\text{support}(\{A,\ C\}) = 0.25/0.30 = 83.3\%$

$\text{Rules} = \text{Rules} \cup \left\{ (A,\ C) \Rightarrow Z_{\text{support}=25\%}^{\text{confidence}=83.3\%} \right\}$；

$\text{conf} = \text{support}(\{A,\ E,\ W\})/\text{support}(\{E,\ W\}) = 0.15/0.20 = 75\%$

$\text{Rules} = \text{Rules} \cup \left\{ (E,\ W) \Rightarrow A_{\text{support}=15\%}^{\text{confidence}=75\%} \right\}$；

$\text{conf} = \text{support}(\{A,\ E,\ Z\})/\text{support}(\{E,\ Z\}) = 0.20/0.25 = 80\%$

$\text{Rules} = \text{Rules} \cup \left\{ (E,\ Z) \Rightarrow A_{\text{support}=20\%}^{\text{confidence}=80\%} \right\};$

$\text{conf} = \text{support}(\{A,\ E,\ Z\})/\text{support}(\{A,\ E\}) = 0.20/0.25 = 80\%$

$\text{Rules} = \text{Rules} \cup \left\{ (A,\ E) \Rightarrow Z_{\text{support}=20\%}^{\text{confidence}=80\%} \right\};$

$\text{conf} = \text{support}(\{A,\ W,\ Z\})/\text{support}(\{W,\ Z\}) = 0.15/0.20 = 75\%$

$\text{Rules} = \text{Rules} \cup \left\{ (W,\ Z) \Rightarrow A_{\text{support}=15\%}^{\text{confidence}=75\%} \right\};$

$\text{conf} = \text{support}(\{A,\ X,\ Y\})/\text{support}(\{X,\ Y\}) = 0.15/0.15 = 100\%$

$\text{Rules} = \text{Rules} \cup \left\{ (X,\ Y) \Rightarrow A_{\text{support}=15\%}^{\text{confidence}=100\%} \right\};$

$\text{conf} = \text{support}(\{A,\ X,\ Y\})/\text{support}(\{A,\ Y\}) = 0.15/0.20 = 75\%$

$\text{Rules} = \text{Rules} \cup \left\{ (A,\ Y) \Rightarrow X_{\text{support}=15\%}^{\text{confidence}=75\%} \right\};$

$\text{conf} = \text{support}(\{A,\ X,\ Y\})/\text{support}(\{A,\ X\}) = 0.15/0.15 = 100\%$

$\text{Rules} = \text{Rules} \cup \left\{ (A,\ X) \Rightarrow Y_{\text{support}=15\%}^{\text{confidence}=100\%} \right\};$

$\text{conf} = \text{support}(\{A,\ X,\ Y\})/\text{support}(\{X\}) = 0.15/0.15 = 100\%$

$\text{Rules} = \text{Rules} \cup \left\{ X \Rightarrow (A,\ Y) \Rightarrow_{\text{support}=15\%}^{\text{confidence}=100\%} \right\};$

$\text{conf} = \text{support}(\{B,\ W,\ Y\})/\text{support}(\{B,\ Y\}) = 0.10/0.10 = 100\%$

$\text{Rules} = \text{Rules} \cup \left\{ (B,\ Y) \Rightarrow W_{\text{support}=10\%}^{\text{confidence}=100\%} \right\};$

$\text{conf} = \text{support}(\{B,\ W,\ Y\})/\text{support}(\{B,\ W\}) = 0.10/0.10 = 100\%$

$\text{Rules} = \text{Rules} \cup \left\{ (B,\ W) \Rightarrow Y_{\text{support}=10\%}^{\text{confidence}=100\%} \right\};$

$\text{conf} = \text{support}(\{C,\ D,\ E\})/\text{support}(\{C,\ D\}) = 0.10/0.10 = 100\%$

$\text{Rules} = \text{Rules} \cup \left\{ (C,\ D) \Rightarrow E_{\text{support}=10\%}^{\text{confidence}=100\%} \right\};$

$\text{conf} = \text{support}(\{C,\ D,\ W\})/\text{support}(\{C,\ D\}) = 0.10/0.10 = 100\%$

$\text{Rules} = \text{Rules} \cup \left\{ (C,\ D) \Rightarrow W_{\text{support}=10\%}^{\text{confidence}=100\%} \right\};$

$\text{conf} = \text{support}(\{C,\ D,\ Z\})/\text{support}(\{D,\ Z\}) = 0.10/0.10 = 100\%$

$\text{Rules} = \text{Rules} \cup \left\{ (D,\ Z) \Rightarrow C_{\text{support}=10\%}^{\text{confidence}=100\%} \right\};$

$\text{conf} = \text{support}(\{C,\ D,\ Z\})/\text{support}(\{C,\ D\}) = 0.10/0.10 = 100\%$

$\text{Rules} = \text{Rules} \cup \left\{ (C,\ D) \Rightarrow Z_{\text{support}=10\%}^{\text{confidence}=100\%} \right\};$

$\text{conf} = \text{support}(\{C,\ E,\ W\})/\text{support}(\{E,\ W\}) = 0.15/0.20 = 75\%$

$\text{Rules} = \text{Rules} \cup \left\{ (E,\ W) \Rightarrow C_{\text{support}=15\%}^{\text{confidence}=75\%} \right\};$

conf＝support($\{C,\ E,\ W\}$)/support($\{C,\ W\}$)＝0.15/0.20＝75％

Rules＝Rules$\cup\left\{(C,\ W)\Rightarrow E_{\text{support}=15\%}^{\text{confidence}=75\%}\right\}$；

conf＝support($\{C,\ E,\ W\}$)/support($\{C,\ E\}$)＝0.15/0.20＝75％

Rules＝Rules$\cup\left\{(C,\ E)\Rightarrow W_{\text{support}=15\%}^{\text{confidence}=75\%}\right\}$；

conf＝support($\{C,\ E,\ Z\}$)/support($\{E,\ Z\}$)＝0.20/0.25＝80％

Rules＝Rules$\cup\left\{(E,\ Z)\Rightarrow C_{\text{support}=20\%}^{\text{confidence}=80\%}\right\}$；

conf＝support($\{C,\ E,\ Z\}$)/support($\{C,\ E\}$)＝0.20/0.20＝100％

Rules＝Rules$\cup\left\{(C,\ E)\Rightarrow Z_{\text{support}=20\%}^{\text{confidence}=100\%}\right\}$；

conf＝support($\{C,\ W,\ Z\}$)/support($\{W,\ Z\}$)＝0.15/0.20＝75％

Rules＝Rules$\cup\left\{(W,\ Z)\Rightarrow C_{\text{support}=15\%}^{\text{confidence}=75\%}\right\}$；

conf＝support($\{C,\ W,\ Z\}$)/support($\{C,\ W\}$)＝0.15/0.20＝75％

Rules＝Rules$\cup\left\{(C,\ W)\Rightarrow Z_{\text{support}=15\%}^{\text{confidence}=75\%}\right\}$；

conf＝support($\{D,\ E,\ Z\}$)/support($\{D,\ Z\}$)＝0.10/0.10＝100％

Rules＝Rules$\cup\left\{(D,\ Z)\Rightarrow E_{\text{support}=10\%}^{\text{confidence}=100\%}\right\}$；

conf＝support($\{D,\ W,\ Z\}$)/support($\{D,\ Z\}$)＝0.10/0.10＝100％

Rules＝Rules$\cup\left\{(D,\ Z)\Rightarrow W_{\text{support}=10\%}^{\text{confidence}=100\%}\right\}$；

conf＝support($\{E,\ W,\ Z\}$)/support($\{W,\ Z\}$)＝0.15/0.20＝75％

Rules＝Rules$\cup\left\{(W,\ Z)\Rightarrow E_{\text{support}=15\%}^{\text{confidence}=75\%}\right\}$；

conf＝support($\{E,\ W,\ Z\}$)/support($\{E,\ W\}$)＝0.15/0.20＝75％

Rules＝Rules$\cup\left\{(E,\ W)\Rightarrow Z_{\text{support}=15\%}^{\text{confidence}=75\%}\right\}$；

(3) 当 $k=4$，

①若 $l_k=\{A,\ C,\ E,\ Z\}$，

当 $m=1$ 时，$H_m=\{\{A\},\ \{C\},\ \{E\},\ \{Z\}\}$，

若 $h_m=\{A\}$，

conf＝support(l_k)/support(l_k-h_m)＝support($\{A,\ C,\ E,\ Z\}$)/support($\{C,\ E,\ Z\}$)＝0.15/0.20＝75％

Rules＝Rules$\cup\left\{(C,\ E,\ Z)\Rightarrow A_{\text{support}=15\%}^{\text{confidence}=75\%}\right\}$；

若 $h_m=\{C\}$，

conf＝support(l_k)/support(l_k-h_m)＝support($\{A,\ C,\ E,\ Z\}$)/support($\{A,\ E,$

$Z\})=0.15/0.20=75\%$

$\text{Rules}=\text{Rules} \cup \left\{ (A，E，Z) \Rightarrow C_{\text{support}=15\%}^{\text{confidence}=75\%} \right\}$；

若 $h_m=\{E\}$，

$\text{conf}=\text{support}(l_k)/\text{support}(l_k-h_m)=\text{support}(\{A，C，E，Z\})/\text{support}(\{A，C，Z\})=0.15/0.25=60\%$

从 H_m 中删除 $\{E\}$，得 $H_m=\{\{A\}，\{C\}，\{Z\}\}$，

若 $h_m=\{Z\}$，

$\text{conf}=\text{support}(l_k)/\text{support}(l_k-h_m)=\text{support}(\{A，C，E，Z\})/\text{support}(\{A，C，E\})=0.15/0.15=100\%$

$\text{Rules}=\text{Rules} \cup \left\{ (A，C，E) \Rightarrow Z_{\text{support}=15\%}^{\text{confidence}=100\%} \right\}$；

当 $m=2$ 时，生成新的 $H_m=\{\{A，C\}，\{A，Z\}，\{C，Z\}\}$，

若 $h_m=\{A，C\}$，

$\text{conf}=\text{support}(l_k)/\text{support}(l_k-h_m)=\text{support}(\{A，C，E，Z\})/\text{support}(\{E，Z\})=0.15/0.25=60\%$

从 H_m 中删除 $\{A，C\}$，得 $H_m=\{\{A，Z\}，\{C，Z\}\}$，

若 $h_m=\{A，Z\}$，

$\text{conf}=\text{support}(l_k)/\text{support}(l_k-h_m)=\text{support}(\{A，C，E，Z\})/\text{support}(\{C，E\})=0.15/0.20=75\%$

$\text{Rules}=\text{Rules} \cup \left\{ (C，E) \Rightarrow (A，Z)_{\text{support}=15\%}^{\text{confidence}=75\%} \right\}$；

若 $h_m=\{C，Z\}$，

$\text{conf}=\text{support}(l_k)/\text{support}(l_k-h_m)=\text{support}(\{A，C，E，Z\})/\text{support}(\{A，E\})=0.15/0.25=60\%$

从 H_m 中删除 $\{C，Z\}$，得 $H_m=\{\{A，Z\}\}$，

因为 $|H_m|=1$，不能生成新的 H_m。

②同理，

$\text{conf}=\text{support}(\{C，D，E，W\})/\text{support}(\{D，E，W\})=0.10/0.10=100\%$

$\text{Rules}=\text{Rules} \cup \left\{ (D，E，W) \Rightarrow C_{\text{support}=10\%}^{\text{confidence}=100\%} \right\}$；

$\text{conf}=\text{support}(\{C，D，E，W\})/\text{support}(\{C，D，W\})=0.10/0.10=100\%$

$\text{Rules}=\text{Rules} \cup \left\{ (C，D，W) \Rightarrow E_{\text{support}=10\%}^{\text{confidence}=100\%} \right\}$；

$\text{conf}=\text{support}(\{C，D，E，W\})/\text{support}(\{C，D，E\})=0.10/0.10=100\%$

$\text{Rules}=\text{Rules} \cup \left\{ (C，D，E) \Rightarrow W_{\text{support}=10\%}^{\text{confidence}=100\%} \right\}$；

$\text{conf}=\text{support}(\{C，D，E，W\})/\text{support}(\{C，D\})=0.10/0.10=100\%$

$\text{Rules}=\text{Rules} \bigcup \left\{ (C,\ D) \Rightarrow (E,\ W)_{\text{support}=10\%}^{\text{confidence}=100\%} \right\} ;$

$\text{conf}=\text{support}(\{C,\ D,\ E,\ Z\})/\text{support}(\{D,\ E,\ Z\})=0.10/0.10=100\%$

$\text{Rules}=\text{Rules} \bigcup \left\{ (D,\ E,\ Z) \Rightarrow C_{\text{support}=10\%}^{\text{confidence}=100\%} \right\} ;$

$\text{conf}=\text{support}(\{C,\ D,\ E,\ Z\})/\text{support}(\{C,\ D,\ Z\})=0.10/0.10=100\%$

$\text{Rules}=\text{Rules} \bigcup \left\{ (C,\ D,\ Z) \Rightarrow E_{\text{support}=10\%}^{\text{confidence}=100\%} \right\} ;$

$\text{conf}=\text{support}(\{C,\ D,\ E,\ Z\})/\text{support}(\{C,\ D,\ E\})=0.10/0.10=100\%$

$\text{Rules}=\text{Rules} \bigcup \left\{ (C,\ D,\ E) \Rightarrow Z_{\text{support}=10\%}^{\text{confidence}=100\%} \right\} ;$

$\text{conf}=\text{support}(\{C,\ D,\ E,\ Z\})/\text{support}(\{D,\ Z\})=0.10/0.10=100\%$

$\text{Rules}=\text{Rules} \bigcup \left\{ (D,\ Z) \Rightarrow (C,\ E)_{\text{support}=10\%}^{\text{confidence}=100\%} \right\} ;$

$\text{conf}=\text{support}(\{C,\ D,\ E,\ Z\})/\text{support}(\{C,\ D\})=0.10/0.10=100\%$

$\text{Rules}=\text{Rules} \bigcup \left\{ (C,\ D) \Rightarrow (E,\ Z)_{\text{support}=10\%}^{\text{confidence}=100\%} \right\} ;$

$\text{conf}=\text{support}(\{C,\ D,\ W,\ Z\})/\text{support}(\{D,\ W,\ Z\})=0.10/0.10=100\%$

$\text{Rules}=\text{Rules} \bigcup \left\{ (D,\ W,\ Z) \Rightarrow C_{\text{support}=10\%}^{\text{confidence}=100\%} \right\} ;$

$\text{conf}=\text{support}(\{C,\ D,\ W,\ Z\})/\text{support}(\{C,\ D,\ Z\})=0.10/0.10=100\%$

$\text{Rules}=\text{Rules} \bigcup \left\{ (C,D,Z) \Rightarrow W_{\text{support}=10\%}^{\text{confidence}=100\%} \right\} ;$

$\text{conf}=\text{support}(\{C,D,W,Z\})/\text{support}(\{C,D,W\})=0.10/0.10=100\%$

$\text{Rules}=\text{Rules} \bigcup \left\{ (C,D,W) \Rightarrow Z_{\text{support}=10\%}^{\text{confidence}=100\%} \right\} ;$

$\text{conf}=\text{support}(\{C,D,W,Z\})/\text{support}(\{D,Z\})=0.10/0.10=100\%$

$\text{Rules}=\text{Rules} \bigcup \left\{ (D,Z) \Rightarrow (C,W)_{\text{support}=10\%}^{\text{confidence}=100\%} \right\} ;$

$\text{conf}=\text{support}(\{C,D,W,Z\})/\text{support}(\{C,D\})=0.10/0.10=100\%$

$\text{Rules}=\text{Rules} \bigcup \left\{ (C,D) \Rightarrow (W,Z)_{\text{support}=10\%}^{\text{confidence}=100\%} \right\} ;$

$\text{conf}=\text{support}(\{D,E,W,Z\})/\text{support}(\{D,W,Z\})=0.10/0.10=100\%$

$\text{Rules}=\text{Rules} \bigcup \left\{ (D,W,Z) \Rightarrow E_{\text{support}=10\%}^{\text{confidence}=100\%} \right\} ;$

$\text{conf}=\text{support}(\{D,E,W,Z\})/\text{support}(\{D,E,Z\})=0.10/0.10=100\%$

$\text{Rules}=\text{Rules} \bigcup \left\{ (D,E,Z) \Rightarrow W_{\text{support}=10\%}^{\text{confidence}=100\%} \right\} ;$

$\text{conf}=\text{support}\{D,E,W,Z\})/\text{support}(\{D,E,W\})=0.10/0.10=100\%$

$\text{Rules}=\text{Rules} \bigcup \left\{ (D,E,W) \Rightarrow Z_{\text{support}=10\%}^{\text{confidence}=100\%} \right\} ;$

$\text{conf}=\text{support}\{D,E,W,Z\})/\text{support}(\{D,Z\})=0.10/0.10=100\%$

$$\text{Rules}=\text{Rules}\bigcup\left\{(D,\ Z)\Rightarrow(E,\ W)_{\text{support}=10\%}^{\text{confidence}=100\%}\right\};$$

(4) 当 $k=5$，$l_k=\{C,\ D,\ E,\ W,\ Z\}$，

当 $m=1$ 时，$H_m=\{\{C\},\ \{D\},\ \{E\},\ \{W\},\ \{Z\}\}$，

若 $h_m=\{C\}$，

$\text{conf}=\text{support}(l_k)/\text{support}(l_k-h_m)=\text{support}(\{C,\ D,\ E,\ W,\ Z\})/\text{support}(\{D,\ E,\ W,\ Z\})=0.10/0.10=100\%$

$$\text{Rules}=\text{Rules}\bigcup\left\{(D,\ E,\ W,\ Z)\Rightarrow C_{\text{support}=10\%}^{\text{confidence}=100\%}\right\};$$

若 $h_m=\{D\}$，

$\text{conf}=\text{support}(l_k)/\text{support}(l_k-h_m)=\text{support}(\{C,\ D,\ E,\ W,\ Z\})/\text{support}(\{C,\ E,\ W,\ Z\})=0.10/0.10=100\%$

$$\text{Rules}=\text{Rules}\bigcup\left\{(C,\ E,\ W,\ Z)\Rightarrow D_{\text{support}=10\%}^{\text{confidence}=100\%}\right\};$$

若 $h_m=\{E\}$，

$\text{conf}=\text{support}(l_k)/\text{support}(l_k-h_m)=\text{support}(\{C,\ D,\ E,\ W,\ Z\})/\text{support}(\{C,\ D,\ W,\ Z\})=0.10/0.10=100\%$

$$\text{Rules}=\text{Rules}\bigcup\left\{(C,\ D,\ W,\ Z)\Rightarrow E_{\text{support}=10\%}^{\text{confidence}=100\%}\right\};$$

若 $h_m=\{W\}$，

$\text{conf}=\text{support}(l_k)/\text{support}(l_k-h_m)=\text{support}(\{C,\ D,\ E,\ W,\ Z\})/\text{support}(\{C,\ D,\ E,\ Z\})=0.10/0.10=100\%$

$$\text{Rules}=\text{Rules}\bigcup\left\{(C,\ D,\ E,\ Z)\Rightarrow W_{\text{support}=10\%}^{\text{confidence}=100\%}\right\};$$

若 $h_m=\{Z\}$，

$\text{conf}=\text{support}(l_k)/\text{support}(l_k-h_m)=\text{support}(\{C,\ D,\ E,\ W,\ Z\})/\text{support}(\{C,\ D,\ E,\ W\})=0.10/0.10=100\%$

$$\text{Rules}=\text{Rules}\bigcup\left\{(C,\ D,\ E,\ W)\Rightarrow Z_{\text{support}=10\%}^{\text{confidence}=100\%}\right\};$$

当 $m=2$ 时，

生成新的 $H_m=\{\{C,\ D\},\ \{C,\ E\},\ \{C,\ W\},\ \{C,\ Z\},\ \{D,\ E\},\ \{D,\ W\},\ \{D,\ Z\},\ \{E,\ W\},\ \{E,\ Z\},\ \{W,\ Z\}\}$，

若 $h_m=\{C,\ D\}$，

$\text{conf}=\text{support}(l_k)/\text{support}(l_k-h_m)=\text{support}(\{C,\ D,\ E,\ W,\ Z\})/\text{support}(\{E,\ W,\ Z\})=0.10/0.15=66.7\%$

从 H_m 中删除 $\{C,\ D\}$，

得 $H_m=\{\{C,\ E\},\ \{C,\ W\},\ \{C,\ Z\},\ \{D,\ E\},\ \{D,\ W\},\ \{D,\ Z\},\ \{E,\ W\},\ \{E,\ Z\},\ \{W,\ Z\}\}$，

若 $h_m = \{C,\ E\}$,

conf $=$ support $(l_k)/$ support $(l_k - h_m) =$ support $(\{C,\ D,\ E,\ W,\ Z\})/$ support $(\{D,\ W,\ Z\}) = 0.10/0.10 = 100\%$

Rules $=$ Rules $\bigcup \left\{ (D,\ W,\ Z) \Rightarrow (C,\ E)_{\text{support} = 10\%}^{\text{confidence} = 100\%} \right\}$;

若 $h_m = \{C,\ W\}$,

conf $=$ support $(l_k)/$ support $(l_k - h_m) =$ support $(\{C,\ D,\ E,\ W,\ Z\})/$ support $(\{D,\ E,\ Z\}) = 0.10/0.10 = 100\%$

Rules $=$ Rules $\bigcup \left\{ (D,\ E,\ Z) \Rightarrow (C,\ W)_{\text{support} = 10\%}^{\text{confidence} = 100\%} \right\}$;

若 $h_m = \{C,\ Z\}$,

conf $=$ support $(l_k)/$ support $(l_k - h_m) =$ support $(\{C,\ D,\ E,\ W,\ Z\})/$ support $(\{D,\ E,\ W\}) = 0.10/0.10 = 100\%$

Rules $=$ Rules $\bigcup \left\{ (D,\ E,\ W) \Rightarrow (C,\ Z)_{\text{support} = 10\%}^{\text{confidence} = 100\%} \right\}$;

若 $h_m = \{D,\ E\}$,

conf $=$ support $(l_k)/$ support $(l_k - h_m) =$ support $(\{C,\ D,\ E,\ W,\ Z\})/$ support $(\{C,\ W,\ Z\}) = 0.10/0.15 = 66.7\%$

从 H_m 中删除 $\{D,\ E\}$,

得 $H_m = \{\{C,\ E\},\ \{C,\ W\},\ \{C,\ Z\},\ \{D,\ W\},\ \{D,\ Z\},\ \{E,\ W\},\ \{E,\ Z\},\ \{W,\ Z\}\}$,

若 $h_m = \{D,\ W\}$,

conf $=$ support $(l_k)/$ support $(l_k - h_m) =$ support $(\{C,\ D,\ E,\ W,\ Z\})/$ support $(\{C,\ E,\ Z\}) = 0.10/0.20 = 50\%$

从 H_m 中删除 $\{D,\ W\}$,

得 $H_m = \{\{C,\ E\},\ \{C,\ W\},\ \{C,\ Z\},\ \{D,\ Z\},\ \{E,\ W\},\ \{E,\ Z\},\ \{W,\ Z\}\}$,

若 $h_m = \{D,\ Z\}$,

conf $=$ support $(l_k)/$ support $(l_k - h_m) =$ support $(\{C,\ D,\ E,\ W,\ Z\})/$ support $(\{C,\ E,\ W\}) = 0.10/0.15 = 66.7\%$

从 H_m 中删除 $\{D,\ Z\}$, 得 $H_m = \{\{C,\ E\},\ \{C,\ W\},\ \{C,\ Z\},\ \{E,\ W\},\ \{E,\ Z\},\ \{W,\ Z\}\}$,

若 $h_m = \{E,\ W\}$,

conf $=$ support $(l_k)/$ support $(l_k - h_m) =$ support $(\{C,\ D,\ E,\ W,\ Z\})/$ support $(\{C,\ D,\ Z\}) = 0.10/0.10 = 100\%$

Rules $=$ Rules $\bigcup \left\{ (C,\ D,\ Z) \Rightarrow (E,\ W)_{\text{support} = 10\%}^{\text{confidence} = 100\%} \right\}$;

若 $h_m = \{E,\ Z\}$,

conf＝support(l_k)/support(l_k-h_m)＝support$(\{C, D, E, W, Z\})$/support$(\{C, D, W\})$＝0.10/0.10＝100％

Rules＝Rules$\bigcup\left\{(C, D, W)\Rightarrow(E, Z)_{\text{support}=10\%}^{\text{confidence}=100\%}\right\}$；

若 $h_m=\{W, Z\}$，

conf＝support(l_k)/support(l_k-h_m)＝support$(\{C, D, E, W, Z\})$/support$(\{C, D, E\})$＝0.10/0.10＝100％

Rules＝Rules$\bigcup\left\{(C, D, E)\Rightarrow(W, Z)_{\text{support}=10\%}^{\text{confidence}=100\%}\right\}$；

当 $m=3$ 时，

生成新的 $H_m=\{\{C, E, W\}, \{C, E, Z\}, \{C, W, Z\}, \{E, W, Z\}\}$，

若 $h_m=\{C, E, W\}$，

conf＝support(l_k)/support(l_k-h_m)＝support$(\{C, D, E, W, Z\})$/support$(\{D, Z\})$＝0.10/0.10＝100％

Rules＝Rules$\bigcup\left\{(D, Z)\Rightarrow(C, E, W)_{\text{support}=10\%}^{\text{confidence}=100\%}\right\}$；

若 $h_m=\{C, E, Z\}$，

conf＝support(l_k)/support(l_k-h_m)＝support$(\{C, D, E, W, Z\})$/support$(\{D, W\})$＝0.10/0.15＝66.7％

从 H_m 中删除$\{C, E, Z\}$，得 $H_m=\{\{C, E, W\}, \{C, W, Z\}, \{E, W, Z\}\}$，

若 $h_m=\{C, W, Z\}$，

conf＝support(l_k)/support(l_k-h_m)＝support$(\{C, D, E, W, Z\})$/support$(\{D, E\})$＝0.10/0.15＝66.7％

从 H_m 中删除$\{C, W, Z\}$，得 $H_m=\{\{C, E, W\}, \{E, W, Z\}\}$，

若 $h_m=\{E, W, Z\}$，

conf＝support(l_k)/support(l_k-h_m)＝support$(\{C, D, E, W, Z\})$/support$(\{C, D\})$＝0.10/0.10＝100％

Rules＝Rules$\bigcup\left\{(C, D)\Rightarrow(E, W, Z)_{\text{support}=10\%}^{\text{confidence}=100\%}\right\}$；

当生成新的 $H_m=\varnothing$，程序终止。

在实际应用中，用户需要根据实际情况设置最小支持度阈值和最小信任度阈值。一般而言，最小支持度阈值比例 4-2 中的要小，而最小信任度阈值比例 4-2 中的要大。

4.4 频繁模式增长算法

在对深度优先数据挖掘算法的研究工作中，Jiawei Han 等人没有采用潜在频繁项集的方法求解频繁项集，而是提出了称为频繁模式增长(FP_growth)的算法。

定义 4.1　频繁模式树(FP 树)是一个树形结构，定义如下：

1）包含一个标记为 null 的根结点，项目的前缀子树的集合构成根的孩子结点，以及一个频繁项目的表头；

2）项目前缀子树中的每个结点均包含三个部分：item-name 表示结点中记录的项目名字，count 为一个分支上达到该结点项目的交易数，item-name 指向 FP 树中下一个同名结点，如果没有这样的结点，值为 null；

3）频繁项目的表头中每项数据包含两部分：item-name 和 item-name 头指针，用于指向 FP 树中第一个同名的 item-name。

4.4.1　建树方法

【构建 FP 树算法】

```
输入:交易数据库 DB
     最小支持度阈值 minsup
输出:频繁模式树 FP 树
(1)单趟扫描数据库 DB,得到每个频繁项 F 及其支持度的集合;
(2)按项目支持度降序排列各个项目构成频繁项目的列表 L,创建 FP 树的根结点并标识为 null;
(3)for all transcations t∈DB do begin
(4)    按 L 中的次序对 t 中的频繁项排序,设 t 中排序后的频繁项目列表为[p|P],
       p 是第一个元素,P 是保留列表;
(5)insert_tree([p|P],T);
(6)end


insert_tree([p|P],T);
输入:频繁项列表为[p|P]
    T 为 FP 树的树根
输出:当前 FP 树 T
(1)if(N∈T&&N.item_name= p.item_name)then
(2)    N.count++ ;
(3)else
(4)    New(N);  N.count= 1;
(5)    树根 T 作为 N 的父结点,并将结点 N 连接到同名结点队列中;
(6)end
(7)P= P- p; //将 p 从项目列表中删除
(8)if (P! = null) then insert_tree(P, N);
```

在生成 FP 树的过程中，只需要扫描两次数据库 DB，分别用于获得频繁项目的集合和构造 FP 树。把一个交易 t 插入 FP 树中的时间代价为 $O(|t|)$，这里 $|t|$ 是交易 t 中包含频繁项目的个数。

【例 4-3】　针对图 4-1 的交易数据库，为使 FP 树规模小一些，将最小支持度阈值取为 40%，建立 FP 树。

解：单趟扫描交易数据库统计每个项目（1 项集）的频度。按项目的频度降序排列得到图 4-7 左部的表头。

读取 Tid＝130 的交易后，生成树枝{}－$Z(1)$－$C(1)$，并使表头分别指向 Z 和 C；读取

Tid＝140 的交易后，生成树枝{}－$Y(1)$－$W(1)$，并使表头分别指向 Y 和 W；读取 Tid＝150 的交易后，生成树枝{}－$Y(2)$－$Z(1)$－$C(1)$－$W(1)$，并修改 Y 的频度，将 Z、C 和 W 分别插入相应队列，参见图 4-8。扫描整个数据库后得到完整的 FP 树，如图 4-9 所示。

Tid	交易	排序后的频繁项	Tid	交易	排序后的频繁项
110	B		210	A, C, D, E, W, Z	A, Z, C, W
120	D, E, V		220	Y	Y
130	C, Z	Z, C	230	A, X, Y	A, Y
140	B, D, W, Y	Y, W	240	A, C, W	A, C, W
150	C, D, E, W, Y, Z	Y, Z, C, W	250	A, C, E, Z	A, Z, C
160	A, C, W, Z	A, Z, C, W	260	A, E, W	A, W
170	A, C, E, Z	A, Z, C	270	B, W, Y	Y, W
180	A, E, W, Z	A, Z, W	280	A, X, Y, Z	A, Y, Z
190	D, Y	Y	290	Y, Z	Y, Z
200	A, C, Y, Z	A, Y, Z, C	300	A, X, Y	A, Y

图 4-7   按项目频度排列交易数据的交易数据库

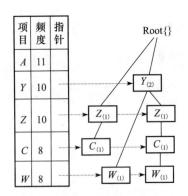

图 4-8   读取 Tid＝150 的交易后
得到的 FP 树

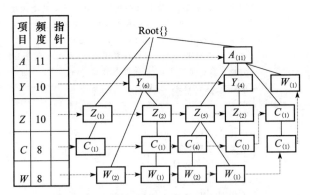

图 4-9   存放压缩频繁模式信息的 FP 树

4.4.2 用 FP 树挖掘频繁模式

构造出 FP 树后的挖掘工作就可以在压缩的数据结构上进行。下述有趣的性质有助于频繁模式挖掘。

性质 4.3 node-link 性质。对任意频繁项 a_i 而言，可以从 FP 树表头中 a_i 开始沿 node-link 获取所有可能包含 a_i 的频繁模式。

该性质直接来源于 FP 树的构造过程。沿 a_i 的 node-link 遍历一次 FP 树就能获取所有与 a_i 相关的模式信息。以图 4-9 中结点 Z 为例，可导出频繁模式（Z：10）和 FP 树的三条路径：$<Y:6, Z:2>$、$<A:11, Z:5>$ 和 $<A:11, Y:4, Z:2>$。它们表示串"Y, Z"、"A, Z"和"A, Y, Z"分别在数据库中出现 2 次、5 次和 2 次。研究与 Z 同时出现的串，只需讨论 Z 的前缀路径，如{$<Y:6>$，$<A:11>$，$<A:11, Y:4>$}。Z 的这些前缀路径形成它的子模式基，称为 Z 的条件模式基。由 Z 的条件模式基构成的 FP 树称为 Z 的条件 FP 树。

性质 4.4 前缀路径性质。计算路径 P 中关于结点 a_i 的频繁模式，只需要计算 P 中结点 a_i 的前缀子路径，且前缀路径中各结点的频度取值与 a_i 的频度相同。

例如图 4-9 中路径 $<Y:6, Z:2, C:1, W:1>$ 中的结点 C，计算 C 在此路径中的频繁模式时只需计算它的前缀路径 $<Y:6, Z:2>$，并把该前缀路径中各个结点的频度调整为 $<Y:1, Z:1>$。经调整频度后的路径称为 Z 的转换前缀路径。注意，a_i 的转换前缀路径与 a_i 一道构成一个小的模式数据库，称为转换条件模式基，记为"模式基 $\mid a_i$"。用与 a_i 相关的转换条件模式基创建一棵小的 FP 树，称为 a_i 的条件 FP 树，记为"FP 树 $\mid a_i$"。子模式挖掘可以在这棵小的 FP 树上进行。

由于 FP 树压缩了数据库内容，并且在将频繁项写入 FP 树结构时，保留了项集间的关联信息。这样，求解频繁项集的问题，就转化为递归地找出最短频繁模式并连接其后缀构成长频繁模式的问题。

【FP_growth 算法】

```
输入:FP 树
输出:频繁模式集合 α
(1) if(Tree 包含一个单一路径 P) then
(2)    for each 路径 P 中结点组合(记为 β) do
(3)       生成模式 β∪α,拥有支持度为 β 结点中的最小支持度;
(4) else for each 树的表头结点 aᵢ do begin
(5)          生成模式 β= aᵢ∪β 且 support= aᵢ. support;
(6)          构成 β 的条件模式基和 β 的条件 FP 树 Treeβ;
(7)             if(Treeβ≠∅) then
(8)                call FP_growth(Treeβ, β);
(9)    end;
(10)end
```

长度为 1 的频繁模式称为初始后缀模式。条件模式基是一个子数据集，由 FP 树中与后缀模式一起出现的前缀路径集组成。从初始后缀模式开始，构造它的条件模式基。然后构造 FP 树，并递归地在该树上进行挖掘。通过后缀模式与由 FP 树产生的频繁模式连接实现模式增长。为方便树的遍历，可以创建一个项目表头，通过头指针把树中同名结点连接成队列。

【例 4-4】 在图 4-9 的 FP 树上求解频繁模式，假设最小支持度阈值是 10%。

解： 因为最小支持度阈值是 10%，所以要求每个项目至少出现 2 次。

1) 从 FP 树的头表开始，按照每个频繁项的连接路径遍历 FP 树，列出能够到达此项的所有前缀路径，得到条件模式基，如图 4-10 所示。

项	条件模式基
W	$<Y:6>$, $<Y:6, Z:2, C:1>$, $<A:11, Z:5, C:4>$, $<A:11, Z:5>$, $<A:11, C:1>$, $<A:11>$
C	$<Z:1>$, $<Y:6, Z:2>$, $<A:11, Z:5>$, $<A:11, Y:4, Z:2>$, $<A:11>$
Z	$<Y:6>$, $<A:11>$, $<A:11, Y:4>$
Y	$<A:11>$

图 4-10　条件模式基

2) 调整条件模式基的频度值，并创建条件 FP 树，如图 4-11 所示。

项	条件模式基	条件 FP 树
W	$<Y:2>$，$<Y:1, Z:1, C:1>$，$<A:2, Z:2, C:2>$，$<A:1, Z:1>$，$<A:1, C:1>$，$<A:1>$	$\{(Z, C), (A, Z), (A, C), (Y)\}$ | W
C	$<Z:1>$，$<Y:1, Z:1>$，$<A:4, Z:4>$，$<A:1, Y:1, Z:1>$，$<A:1>$	$\{(A, Z)\}$ | C
Z	$<Y:2>$，$<A:5>$，$<A:2, Y:2>$	$\{(A), (Y)\}$ | Z
Y	$<A:4>$	$\{(A)\}$ | Y

图 4-11　条件 FP 树

递归构造 FP 树，同时增长其包含的频繁模式。如果条件 FP 树只包含一个路径，则直接生成所包含的频繁项集。

3）递归挖掘条件 FP 树生成频繁模式。

由 $\{(Z, C), (A, Z), (A, C), (Y)\}$ \| W 得 $\{Y, W\}$，$\{C, W\}$，$\{Z, C, W\}$，$\{A, C, W\}$，$\{Z, W\}$，$\{A, Z, W\}$，

由 $\{(A, Z)\}$ \| C 得 $\{Z, C\}$，$\{A, Z, C\}$，

由 $\{(A), (Y)\}$ \| Z 得 $\{A, Z\}$，$\{Y, Z\}$，

由 $\{(A)\}$ \| Y 得 $\{A, Y\}$，

再加上所有的频繁项 $\{A\}$、$\{Y\}$、$\{Z\}$、$\{C\}$ 和 $\{W\}$ 就构成了所有的频繁模式。这里所说的频繁模式就是频繁项集。

基于 FP 树的频繁项集挖掘算法是一种分治算法（divide and conquer algorithm）。所谓分治算法，就是把一个复杂的问题分成两个或更多的相同或相似的子问题，再把子问题分成更小的子问题，直到子问题可以直接求解为止，原问题的解就是子问题解的并集。FP 树将任务分解为若干个小任务，先递归地发现一些短模式，然后连接后缀形成更长的模式。

FP 树的优点如下：

1）完备性。不会打破每笔交易内项目之间的关联关系，包含了挖掘频繁模式所需的全部信息。

2）紧密性。剔除了不相关信息，不包含非频繁项。由于树中项目按支持度降序排列，支持度高的项在 FP 树中有更高的共享机会，所以树的构成更紧凑。

3）速度快。FP_growth 的基本操作是计数和建立 FP 树，不生成潜在集。由于使用紧缩的数据结构，避免了重复扫描数据库。性能分析表明 FP_growth 比 Apriori 快一个数量级。

当数据库规模很大时，构造基于内存的 FP 树是不切实际的。这时应该将数据库划分成投影数据库的集合，并在每个投影数据库上构造 FP 树，然后在这些 FP 树上挖掘频繁模式。

4.5　关联规则模型扩展

关联规则分析已经成为挖掘商业数据库的流行工具。用于搜寻数据库中频繁出现的变量 $X = (X_1, X_2, \cdots, X_p)$ 的联合值。通常，$X_j \in \{0, 1\}$，用于货篮数据分析。变量代表商场销售的商品，取值为 1 时表示该商品在交易中售出，反之取值为 0。一些变量联合取值为 1 的次数很多，表明频繁地同时购买这些商品。更一般的，关联规则分析的基本目的

是为特征向量 X 求解一个原型 X 值的集合 v_1, v_2, $\cdots$, v_L, 使得在这些值上计算的概率密度 $P_r(v_l)$ 相对较大。也就是说,该问题可以看做是"众数发现"或"凸点搜索"。对每个 $P_r(v_l)$ 的一个自然估计是 $X=v_l$ 的观测所占的比例。如果变量个数多,且变量的取值也多时,这种自然估计是很困难的。为有效地化简就需要适当地修改目标。我们的目标是寻找相对于样本量或支持度具有高概率的 X 空间区域,而不是寻找 $P_r(x)$ 大的 x 值。令 S_j 表示第 j 个变量所有可能值的集合,并且令 $s_j \subseteq S_j$ 为这些值的子集。修改后的目标为试图求解变量值的子集 s_1, s_2, $\cdots$, s_p, 使得每个变量同时在其对应的子集中取值的概率 $P_r\left[\bigcap\limits_{j=1}^{p}(X_j \in s_j)\right]$ 相对较大。子集的交集 $\bigcap\limits_{j=1}^{p}(X_j \in s_j)$ 称为合取规则。如果变量是数量型的,子集 s_j 是一些相邻的区间;如果是分类型的变量,子集可以给出明确的描述。

数据仓库和数据挖掘总是密切相连的。随着数据仓库和 OLAP 技术的发展,可以对大量数据进行整合和预处理,最终存入数据仓库中。有效的数据挖掘方法应该具备探索性的数据分析能力。用户往往希望能跨越数据库平台,选择各种相关的数据,在不同的细节层次上进行数据分析,并以多种形式表现知识。基于 OLAP 的挖掘就是在不同数据集、不同细节上挖掘知识,可以通过切片、切块、展开、过滤等操作发现规则,再加上一些可视化的知识表达工具,大大提高了数据挖掘的灵活性和能力。随着数据挖掘技术的发展,OLAP 和数据挖掘相结合的方法日趋成熟。多级和多维关联规则是基于数据仓库技术的两种主要的关联规则扩展模型。

4.5.1 多级关联规则

在很多应用中,由于多维数据空间上的数据稀少,在低层或原始抽象级别上很难发现数据项间的关联关系。Jiawei Han 等人在深入讨论多级概念及关系的基础上,指出关联性在高层概念上可以描述更一般意义的知识。多级关联规则可以在不同的抽象空间上描述多层抽象知识。

例如,一个商品销售的数据库。商品的概念级抽象如图 4-12 所示,购货交易数据如表 4-1 所示。

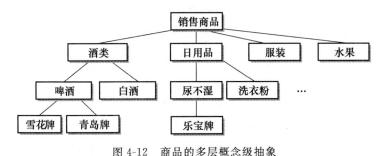

图 4-12   商品的多层概念级抽象

表 4-1   购货交易数据库

TID	购买商品	TID	购买商品
T1	雪花牌啤酒,乐宝牌尿不湿	T4	雪花牌啤酒,二锅头白酒
T2	乐宝牌尿不湿,碧浪牌洗衣粉	T5	青岛牌啤酒,珍珍牌尿不湿
T3	青岛牌啤酒,乐宝牌尿不湿	⋮	⋮

在图 4-12 中把概念分为 4 级，分别是 0、1、2、3 级。0 级是树根，表示整个概念最高级的抽象；第 1 级包括酒类、日用品、服装和水果等；第 2 级包括啤酒、白酒、尿不湿和洗衣粉等；第 3 级包括雪花牌啤酒、青岛牌啤酒、乐宝牌尿不湿等。一般来说，很难在原始数据级别中发现商家感兴趣的顾客购买模式。比如，如果在整个交易中购买"青岛牌啤酒"或"珍珍牌尿不湿"的交易仅占很小的比例，那就很难发现包含这些购买项的频繁项集。由于极少有人同时购买这两件商品，所以，项集{青岛牌啤酒，珍珍牌尿不湿}的支持度很低。但是，如果提升一个层次，在高一层抽象，把"青岛牌啤酒"抽象为"啤酒"，把"珍珍牌尿不湿"抽象为"尿不湿"，则项集{啤酒，尿不湿}就会有一个相对较高的支持度。类似的，同时购买"日用品"和"服装"的情况可以用项集{日用品，服装}表示。

由于面对数据时，同时考虑到一个以上的概念级别，可以在每个概念级别上挖掘关联规则。通常把在多个概念级别上生成的关联规则称为多级关联规则。

很多应用中的数据特征体现为极强的数据分布分散性，所以很难在数据最细节的层次上发现关联规则。引入概念层次后，就可以在较高的概念层次上完成数据挖掘任务。虽然在较高层次上得出的规则可能是更普通的信息，但未必适合所有用户，所以一个数据挖掘工具应该具备可以在多个抽象层次上挖掘知识，并容易完成在不同的抽象空间转换的能力。

对概念分层是一项重要的工作，可以由系统用户、领域专家、知识工程师人工完成分层工作，也可以根据数据分布的统计特征由计算机自动产生概念分层。

概念分层中的项目通常具有层次。每个底层（原始层）的项仅在很少一部分交易中出现，支持度较低，可能很难找到涉及它们的关联规则。然而，将低层向上概化到高层后，可能更容易发现高层概念的关联关系。和仅包含最低层数据的项集相比，在高层上的概念更可能满足最小支持度阈值要求。因此，在多个概念层比仅在原始层更容易找到数据项间的关联性，也就是说，某些特定概念层的规则可能更有意义。

考虑规则中涉及的概念层次，多级关联规则可以分为同级关联规则和级间关联规则两种。

多级关联规则沿用传统的"支持度和信任度"的框架，采用自上而下，深度优先的方法。即采用自顶向下的策略，由较抽象的概念层开始向下，到较低的具体概念层（如原始概念层），对每个概念层的频繁项集累加计数，直到再也找不到频繁项集为止。也就是说，在找出第 k 个概念层中所有频繁项集后，再开始寻找 $(k+1)$ 层的频繁项集，如此下去直到底层（原始数据层）。

Apriori 算法及其改进算法均可以应用到每一级频繁项集的发现上。有两种方法设置多级关联规则的最小支持度阈值，即在所有级别上采用统一的最小支持度阈值和不同级别采用不同的支持度阈值（例如，低级别上采用较小的最小支持度阈值，高级别上采用较大的支持度阈值，等等）。相比之下，后者更难实现。具体可以用如下几种策略来设置不同的支持度阈值。

（1）级间相互独立

在深度优先的检索中没有任何频繁项集的背景知识用于剪枝。对每个结点的处理与其父结点是否为频繁项集无关。

（2）级间单项过滤

算法考察第 i 级项目的充分必要条件为$(i-1)$级的相应父结点为频繁项集，也就是在一般关联关系的基础上研究更详尽的关联规则。

（3）级间项集过滤

如果考察第 i 级的 k 项集，当且仅当$(i-1)$级的相应父结点中 k 项集为频繁项集。

概念分层允许在不同抽象层上发现知识，所以多级关联规则在数据挖掘中能发挥较大的作用。但由于"祖先"关系的原因，有些规则可能是冗余的。

假设在概念分层中，"牛奶"是"酸奶"的祖先，若有规则：

$$牛奶 \Rightarrow 白面包[support = 3\%, confidence = 70\%]$$
$$酸奶 \Rightarrow 白面包[support = 1\%, confidence = 72\%]$$

则称第一个规则是第二个规则的祖先。

在这两个规则中，后一个规则不一定就是有用的。如果具有较小一般性的规则（第二个）不提供新的信息，就应当舍弃。第一个规则是第二个规则的祖先，将"酸奶⇒白面包"中的项"酸奶"用它在概念分层中的祖先"牛奶"替换，能够得到第一个规则"牛奶⇒白面包"。此时参考规则的祖先，如果支持度和信任度与"预期"的支持度和信任度近似，这条规则就是冗余的。假设"酸奶"大约占"牛奶"销售总量的三分之一，则可以期望第二个规则具有大约 70% 的信任度和 1%（即 $3\% \times 1/3$）的支持度。如果事实如上所述，那么第二个规则并不提供新的信息，同时它的一般性不如第一个规则。

如果同时挖掘到这两条规则，且后者不能提供更新的信息，就把后一个规则剔除。设规则 R_1 是规则 R_2 的祖先，如果通过修改 R_2 的前件使之提升到上一级概念抽象后，能够得到规则 R_1，则规则 R_2 就是冗余的，可以从规则集中把 R_2 删去。

4.5.2　多维关联规则

在多维数据库中，将每个不同的谓词层称为维。前面讨论的关联规则只涉及同一个属性的取值之间的关系，是针对单个属性或谓词的规则。比如用户购买的物品的规则：

$$购买(X, "啤酒") \Rightarrow 购买(X, "尿布")。$$

其中，X 是变量，代表购物的顾客。

这样的规则一般都是在交易数据库中挖掘出来的，称为单维或者维内关联规则。

在多维数据库中，可能出现涉及多个属性或谓词的关联规则。如：

$$年龄(X, "18\cdots25")(职业(X, "学生") \Rightarrow 购买(X, "iPhone 手机")$$

如果在规则的每一维上使用不同的断言，就把包含两个或两个以上断言的关联规则称为多维关联规则。如果规则中的断言不重复，就称这样的规则为维间关联规则（interdimension association rule）；如果规则中的断言可以重复，就称为混合维关联规则（hybrid-dimension association rule）。

数据库属性取值分为定性和定量两种。定性的属性有有限个可能取值；定量的属性不能给出确切范围的数量值。在数据挖掘之前，可以先对定量的属性离散化，以得到有限个取值。

定量属性的处理方法分为三种：1）把属性的值域划分为若干个离散区间，用区间值描述定量属性，这样就可以把定量的问题转化为定性的问题，也就是对定量属性做静态离散化处理，这样的关联规则称为基于静态离散化的关联规则；2）如果定量属性取离散值，为考虑数据分布，动态离散化进程。与之相关的关联规则称为数量关联规则；3）如果在离散化时考虑数据点间的距离，就将这样的数量关联规则称为基于距离的关联规则。

1. 基于静态离散化的多维关联规则

对定量属性按事先定义的概念层次进行离散化，用数值范围取代数量值。例如，收入的概念分层可以用区间值[30 K，40 K]、[50 K，100 K]等替换原来的属性数值。如果是定性属性，可以生成更高级别的概念。

随着数据仓库和 OLAP 技术的发展，用户感兴趣的维属性会在数据立方体的维上出现。数据立方体由维和事实定义。一个维是关于一个组织项要记录的透视或实体。事实是由数值度量的。通常将数据立方体看做 3D 几何结构。数据立方体由方体的格组成。方体是多维的数据结构，可以存放与任务相关的数据、聚类和分组信息。图 4-13 给出了一个方体的格，这是定义年龄、收入和购买的三维数据立方体。底层汇总的基本方体 3-D（3维，3-Dimensional）方体按年龄、收入和购买聚集了任务相关的数据；2-D 方体如按年龄和收入聚集等；0-D 存放最高层汇总，称为顶点方体，包含任务相关数据中交易的总数。

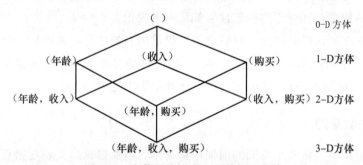

图 4-13   方体的格形成 3-D 数据立方体

数据立方体允许对数据进行多维建模，并为用户提供多维观察角度。数据立方体非常适合于挖掘多维关联规则，因为它包含描述多维数据结构的立方体格，有利于数据聚集和信息分组。

多维数据挖掘问题可以利用类似于 Apriori 的算法予以解决。在挖掘之前利用特定的概念分层对数值属性离散化。离散化的数值属性具有区间值，将每个区间看做一个类别，与定性属性等同看待。在关系数据库中，要找到所有频繁 k 项集需要 k 或 $(k+1)$ 次表扫描。在这里较适宜使用数据立方体，N 维立方体的每个单元对应一个项的集合，使用数据立方体可以提高数据挖掘效率。

2. 数量关联规则

数量关联规则是多维的，往往需要对定量属性动态离散化，以满足某种挖掘标准需要。所谓 2-D 数量关联规则是指左部有两个数值属性、右部有一个离散属性的数值关联规则，如 $A_{\text{QUAN1}} \wedge A_{\text{QUAN2}} \Rightarrow A_{\text{CAT}}$。若关心年龄和收入等数值属性和相应顾客喜欢什么档次的住房之间的关联关系，这种 2-D 数值关联规则的一个例子是：

$$\text{年龄}(X, \text{"}25\cdots35\text{"}) \wedge \text{收入}(X, \text{"}90K\cdots150K\text{"}) \Rightarrow \text{购买}(X, \text{"小户型住房"})$$

发现关联规则的步骤如下：

（1）分箱

定量属性的定义域范围较宽，可能有很多取值。分箱将定量属性的范围划分为区间，可以减少属性的取值数量。将区间看做箱，称这种划分过程为分箱。

常用的分箱策略有等宽分箱、等深分箱以及基于同质的分箱等。

（2）生成频繁项集

扫描包含每个分类计数的 2 维数组，找出满足最小支持度的频繁项集。利用相应的规则生成算法产生关联规则。

（3）聚类

将找到的关联规则映射到 2-D 栅格。扫描栅格搜索规则的矩形聚类，进一步聚合出现在规则聚类中的定量属性的箱，实现对定量属性动态离散化。对给定定量属性"年龄"和"收入"，发现规则右端条件为购买(X，"小户型住房")的 2-D 数量关联规则。

3. 基于距离的关联规则

数量关联规则先用分箱的方法将数值属性离散化，然后将结果区间聚合。由于分箱的方法未考虑数据点之间或区间之间的相对距离，因此不能体现区间数据的语义。

基于距离的分箱可以将临近的值分在同一区间内，通常不会产生无用的区间。基于距离的分箱在考虑稠密性（区间内的点数）的同时，又考虑一个区间内点的临近性，可以通过聚类来建立定量属性区间。因此，基于距离的分箱是更有意义的离散化方法。

在现实中，如果某种产品的价格大约为 50 元，而不是恰好 50 元，那么支持度和信任度框架就不能反映这种属性值的临近性。基于距离的关联规则挖掘紧扣区间数据的语义，同时允许数据值的临近，划分使得关联规则可以表达这种接近性。

基于距离的关联规则算法分两趟扫描。第一趟扫描使用聚类找出区间或簇；第二趟搜索频繁出现的簇组，得到基于距离的关联规则。在第一趟中，记 $S[X]$ 为 N 个元组（t_1，t_2，$\cdots$，t_N）在属性集 X 上的投影的集合。为评估元组的接近程度，定义一个直径度量。$S[X]$ 的直径是投影到 X 的元组中，两两距离的平均值，其值为：

$$d(S[X]) = \frac{\sum_{i=1}^{N} \sum_{j=1}^{N} \text{dist}_x(ti[X], tj[X])}{N(N-1)}$$

dist_x 是距离量度，如欧几里得距离或曼哈坦距离等。

$S[X]$ 的直径越小，元组投影到属性集 X 上时就越接近。因此，直径度量可用于评估簇的稠密性。其中，$d(C_X) \leqslant d_0^X$，$C_X \geqslant s$。簇 C_X 是定义在属性集 X 上的元组集合，这些元组满足稠密度阈值和频繁度阈值。频繁度阈值给出聚类中元组个数的下限。

第二趟扫描将簇组合成基于距离的关联规则。考虑形如 $C_X \Rightarrow C_Y$ 的基于距离的关联规则。设 X 是"年龄"属性集，Y 是"收入"属性集。簇 C_X 在属性集 Y 上的投影记作 $C_X[Y]$。如果要保证"年龄"的簇 C_X 和"收入"的簇 C_Y 之间有很强的蕴涵关系，$C_X[Y]$ 和 $C_Y[Y]$ 之间的距离就必须很小。$C_X[Y]$ 和 $C_Y[Y]$ 之间的距离越小，C_X 和 C_Y 之间的关联程度就越强，距离反映了 C_X 和 C_Y 之间的关联程度。

更一般形式的基于距离的关联规则为：

$$C_{X_1} C_{X_2} \cdots C_{X_X} \Rightarrow C_{Y_1} C_{Y_2} \cdots C_{Y_Y}$$

这里 X_1 和 Y_J 是互不相交的属性集，并且规则前件的每个簇与后件的每个簇应是强关联的，前件中的簇同时出现，后件中的簇也同时出现。用关联程度取代传统关联规则框架下的信任度，用密度阈值代替支持度阈值。

将 OLAP 用于挖掘多层、多维的关联规则是一个很自然的过程。因为 OLAP 本身就是一个多层多维分析工具，在没有使用数据挖掘技术之前，OLAP 只能做一些简单的统计工作，不能发现数据中一些深层次的关系和规则。将 OLAP 和数据挖掘技术结合在一起就形成了一个新的体系 OLAM(On-Line Analytical Mining)。

本章小结

人们常常戏称数据挖掘问题就是"啤酒和尿布问题"，这是关联规则挖掘中的一个典型成果。发现关联规则的工作最初是针对超市中的货篮数据进行分析而展开的。人们希望在海量的商业交易记录中发现感兴趣的数据关联关系，通过发现顾客放入货篮中的不同商品之间的关系来分析顾客的购买习惯，以便帮助商家作出决策。关联规则反映一个事物与其他事物之间的相互依存性和关联性。如果两个或者多个事物之间存在一定的关联关系，那么，其中一个事物就能够通过其他事物预测到。关联规则可以用于商品分类设计、降价经销分析、生产安排、货架摆放策略等。

支持度/信任度模型是关联规则的基本模型，Apriori 算法是发现关联规则的经典算法。该算法为优化搜索空间建立了候选频繁项集，并在候选项集中发现频繁项集。FP_growth 算法是一种不用潜在集的算法。它构建一棵 FP 树，既保留了数据之间的关联性，又压缩了数据集存储。挖掘关联规则的过程是在 FP 树上完成的。

跨平台，在不同的细节层次上进行数据分析，并以多种形式表现知识是数据挖掘技术追求的目标。多维和多级关联规则的挖掘方法有助于在不同的概念层和维空间上发现知识。

习题 4

1. 指出 Apriori 算法的性能瓶颈。

2. 指出采用 FP-tree 结构的优缺点，并评价 FP 算法的适用范围。

3. 数据库有 8 笔交易，如下表所示。设 minsup＝30%，minconf＝70%。

TID	日期	交易商品
T100	2013.1.12	{A, C, S, L}
T200	2013.1.12	{D, A, C, E, B}
T300	2013.1.12	{A, B, C}
T400	2013.1.13	{C, A, B, E}
T500	2013.1.13	{A, C, L}
T600	2013.1.14	{D, H, E, L}
T700	2013.1.15	{A, C, D, S}
T800	2013.1.15	{C, E, S, L}

分别使用 Apriori 算法和 FP_growth 算法找出频繁项集。写出得到的关联规则。

4. 一次课程考试后，已经记录下每个学生试卷上的每个小题的得分，也记录了每个小题考核的知识点。可否从关联规则模型中发现些什么？

5. 在一些应用中，我们十分关注某些低支持度的项目间的关联关系。如果支持度阈值设置过高，就不会得到我们期望的关联关系；如果支持度阈值设置过低，就会得到大量的关联规则，从而把我们期望的关联关系埋没其中。请设计一个发现这种关联规则的方案。

6. 在 Apriori 算法中用 apriori_gen() 生成潜在 2-项集 C_2 时受到的约束最少，所以常常是 L_2 远远小于 C_2。请提出方案解决这一问题。

7. 给定交易数据库 D1 和 D2，最小支持度阈值 ξ 和增长率 $\rho(>1)$。设 supD(X) 为项集 X 在数据集合 D 上的支持度。从 D1 到 D2 的 eEP 是项集 X，满足

(a) $supD1(X) \geqslant \xi$；

(b) $\dfrac{sup_{D2}(X)}{sup_{D1}(X)} \geqslant \rho$；

(c) X 的任何子集合都不同时满足 (a) 和 (b)。

修改挖掘频繁模式的 FP-Growth 算法，挖掘所有的从 D1 到 D2 的 eEP。

8. Apriori 算法使用子集支持度性质的先验知识。

(a) 证明频繁项集的所有非空子集必须也是频繁的。

(b) 证明项集 s 的任意非空子集 s' 的支持度至少和 s 的支持度一样大。

(c) Apriori 的一种变形将事务数据库 D 中的事务划分成 n 个不重叠的部分。证明在 D 中是频繁的任何项集至少在 D 的一个部分中是频繁的。

第5章 粗糙集

5.1 引言

在自然科学、社会科学和工程技术的诸多领域中，都不同程度地涉及对不确定因素和不完备（imperfect）信息的处理。例如，从实际系统中采集的数据常常包含噪声，数据本身不够精确甚至不完整，仅仅依靠纯数学上的假设很难回避或消除这种不确定性。多年来，研究人员一直在努力寻找科学地处理不完整性和不确定性问题的有效途径。如果正视并正确利用这种不确定性因素将有助于解决实际系统中的相关问题。

模糊集和基于概率方法的证据理论是处理不确定信息的两种方法，已应用于一些实际领域。但这些方法往往需要关于数据的附加信息或先验知识，如模糊隶属函数、基本概率指派函数和有关统计概率分布等，而这些信息在实际系统中往往并不容易得到。

1982年，波兰数学家 Z. Pawlak 提出一种新的处理含糊性（vagueness）和不确定性（uncertainty）问题的数学工具，奠定了粗糙集（rough set）理论的基础。

1991年，Z. Pawlak 教授出版了《Rough Sets——Theoretical Aspects of Reasoning about Data》。该书是第一本关于粗糙集理论的专著。

1992年在波兰召开了第一届国际粗糙集研讨会，以后每年都有以粗糙集理论为主题的国际研讨会。

1995年，第11期的 ACM Communication 将粗糙集列为在人工智能及认知科学领域中新涌现的研究课题，并发表了 Pawlak 等人的论文——《Rough Sets》。该文概括性地介绍了粗糙集理论的基本概念及粗糙集在部分领域的研究及进展。

相对于概率统计、证据理论、模糊集等处理含糊性和不确定性问题的数学工具而言，粗糙集理论既与它们有一定的联系，又有这些理论不可替代的优越性。粗糙集理论的主要优势之一就在于它不需要关于数据的任何预备的或额外的信息。

随着研究工作的不断深入，粗糙集理论已广泛应用于知识发现、机器学习、决策支持、模式识别、专家系统、归纳推理等领域。此外，该理论在医学、化学、材料学、地理学、管理学和金融等其他学科也得到成功的应用。

5.2　近似空间

在现有知识粒度下已经无法精确地表达某一概念，这就涉及不可分辨关系。不可分辨关系是等价关系的交集，具有自反性、对称性和可传递性，因此也是一个等价关系。利用不可分辨关系可以定义一个集合的上近似和下近似，从而刻画集合的粗糙性，反映事物的知识粒度。知识库和近似空间是一种知识表达方式。

5.2.1　近似空间与不可分辨关系

定义 5.1　设 R 是集合 A 上的一个二元关系，若满足：

自反性：对所有 $x \in A$，有 $<x, x> \in R$；

对称性：对所有 $x, y \in A$，若有 $<x, y> \in R$，则有 $<y, x> \in R$；

传递性：对所有 $x, y, z \in A$，若有 $<x, y> \in R$，$<y, z> \in R$，则有 $<x, z> \in R$；就称 R 是定义在集合 A 上的等价关系。

定义 5.2　所讨论对象的非空有限集合称为论域，记为 U。R 是 U 上的一个等价关系，称二元有序组 $AS = (U, R)$ 为近似空间（approximate space）。

定义 5.3　集合 A 的一个划分是集合 A 的非空子集的集合，用 $\{A_1, A_2, \cdots, A_k\}$ 表示，并满足如下条件：

(1) 对任意的 i 和 j（$1 \leqslant i \leqslant k$，$1 \leqslant j \leqslant k$，$i \neq k$）有 $A_i \bigcap A_j = \varnothing$；

(2) $\bigcup\limits_{i=1}^{k} A_i = A$。

近似空间构成论域 U 的一个划分。若 R 是 U 上的一个等价关系，用 $[x]_R$ 表示 x 的 R 等价类，用商集 U/R 表示 R 的所有等价类构成的集合。显然，R 的所有等价类构成 U 的一个划分，划分块与等价类相对应。通常用大写字母（如 P、Q、R 等）表示等价关系，用大写粗体字母（如 **P**、**Q**、**R** 等）表示等价关系族。

定义 5.4　已知等价关系族 **R**，设 $P \subseteq R$，且 $P \neq \varnothing$，则 **P** 中所有等价关系的交集称为 **P** 上的不可分辨关系（Indiscernibility Relation），记作 $IND(P)$，即有：

$$[x]_{\mathrm{IND}(P)} = \bigcap_{R \in P} [x]_R \tag{5-1}$$

显然，$\mathrm{IND}(P)$ 也是等价关系。

【**例 5-1**】　设论域 $U = \{x_1, x_2, x_3, x_4, x_5\}$，$\bm{R} = \{R_1, R_2, R_3\}$，$R_1, R_2, R_3$ 定义如下：

$$R_1 = \{<x_1, x_2>, <x_2, x_1>, <x_3, x_4>, <x_4, x_3>, <x_1, x_1>, <x_2, x_2>,$$
$$<x_3, x_3>, <x_4, x_4>, <x_5, x_5>\}$$

$$R_2 = \{<x_1, x_2>, <x_2, x_1>, <x_4, x_5>, <x_5, x_4>, <x_1, x_1>, <x_2, x_2>,$$
$$<x_3, x_3>, <x_4, x_4>, <x_5, x_5>\}$$

$$R_3 = \{<x_1, x_2>, <x_2, x_1>, <x_1, x_3>, <x_3, x_1>, <x_2, x_3>, <x_3, x_2>,$$
$$<x_4, x_5>, <x_5, x_4>, <x_1, x_1>, <x_2, x_2>, <x_3, x_3>,$$
$$<x_4, x_4>, <x_5, x_5>\}$$

若 $P = \{R_1, R_2\} \subseteq R$，则由定义 5.4 可知：

$$\text{IND}(P) = R_1 \cap R_2 = \{<x_1, x_2>, <x_2, x_1>, <x_1, x_1>, <x_2, x_2>,$$
$$<x_3, x_3>, <x_4, x_4>, <x_5, x_5>\}$$

$$\text{IND}(R) = R_1 \cap R_2 \cap R_3 = \{<x_1, x_2>, <x_2, x_1>, <x_1, x_1>, <x_2, x_2>,$$
$$<x_3, x_3>, <x_4, x_4>, <x_5, x_5>\}$$

用商集来间接描述不可分辨关系会更方便。

针对例 5-1 有：

$$U/R_1 = \{\{x_1, x_2\}, \{x_3, x_4\}, \{x_5\}\}$$
$$U/R_2 = \{\{x_1, x_2\}, \{x_3\}, \{x_4, x_5\}\}$$
$$U/R_3 = \{\{x_1, x_2, x_3\}, \{x_4, x_5\}\}$$

不可分辨关系 $\text{IND}(P)$ 和 $\text{IND}(R)$ 的等价类的集合分别为：

$$U/\text{IND}(P) = U/\{R_1, R_2\} = \{\{x_1, x_2\}, \{x_3\}, \{x_4\}, \{x_5\}\}$$
$$U/\text{IND}(R) = U/\{R_1, R_2, R_3\} = \{\{x_1, x_2\}, \{x_3\}, \{x_4\}, \{x_5\}\}$$

不可分辨关系是粗糙集理论中最基本、最重要的概念。若 $<x, y> \in \text{IND}(P)$，则称对象 x 与 y 是 P 不可分辨的，即 x、y 存在于不可分辨关系 $IND(P)$ 的同一个等价类中。依据等价关系族 P 形成的分类知识，无法区分 x 与 y。

$U/\text{IND}(P)$ 中的各等价类称为 P 基本集。粗糙集理论中，基本集是构成知识的基本模块。若集合 X 可以表示成某些基本集的并时，则称 X 是 P 可定义集，否则称为 P 不可定义集。

5.2.2　知识与知识库

分类方法可以看成知识，通常用于预测。在粗糙集理论中，知识库就是由分类方法的族集构成的。

等价关系对应论域 U 的一个划分，也就是关于论域中对象的一个分类。因此，用等价关系可以形成与之对应的论域知识。显然，不可分辨关系也对应论域 U 上的知识。

定义 5.5　称论域 U 的子集为 U 上的概念(concept)，概念的族集称为 U 上的知识，这里约定 $\varnothing$ 也是一个概念。

定义 5.6　设 U 为论域，R 为等价关系族，$P \subseteq R$ 且 $P \neq \varnothing$，则称不可分辨关系 $\text{IND}(P)$ 的所有等价类的集合(商集 $U/\text{IND}(P)$)为 U 的 P 基本知识，相应等价类称为知识 P 的基本概念。特别的，若等价关系 $Q \in R$，则称 U/Q 为 U 的 Q 初等知识，相应等价类称为 Q 初等概念。称 $K = (U, R)$ 为知识库(knowledge base)。

近似空间对应 U 的一个划分，表达了一种分类方法，这样，近似空间形成关于论域 U

的知识。U 上知识的族集构成关于 U 的知识库。显然，知识库是分类方法的集合。

P 基本概念与 P 基本集相对应。知识库 $K=(U，R)$ 的知识粒度可以由不可分辨关系 $\mathrm{IND}(R)$ 的等价类来体现。

显然，对所有 $P\subseteq R$，均有 $\mathrm{IND}(P)\supseteq\mathrm{IND}(R)$。也就是说，任给一个 R 基本概念，都可以找到一个 P 基本概念，使之包含给定的 R 基本概念。

【例5-2】　假设学生的集合 $U=\{x_1，x_2，x_3，x_4，x_5，x_6\}$，学生的基本信息见表 5-1。

设属性对应的等价关系 R_1，R_2，R_3 分别为：

表 5-1　学生基本信息表

属性\对象	性别	指导教师	论文成绩
x_1	男	张老师	优
x_2	女	李老师	良
x_3	女	李老师	良
x_4	女	王老师	优
x_5	男	张老师	优
x_6	女	张老师	中

$$R_1 = \{<x,y> \mid x 与 y 性别相同\}$$
$$R_2 = \{<x,y> \mid x 与 y 指导教师相同\}$$
$$R_3 = \{<x,y> \mid x 与 y 论文成绩相同\}$$

则

$$U/R_1 = \{\{x_1,x_5\},\{x_2,x_3,x_4,x_6\}\} 为关于性别的初等知识$$
$$U/R_2 = \{\{x_1,x_5,x_6\},\{x_2,x_3\},\{x_4\}\} 为关于指导教师的初等知识$$
$$U/R_3 = \{\{x_1,x_4,x_5\},\{x_2,x_3\},\{x_6\}\} 为关于论文成绩的初等知识$$

其中的等价类就是知识库 $K=(U，\{R_1，R_2，R_3\})$ 的初等概念。

若设 $P=\{R_2，R_3\}$，则基本知识 P 为 $U/\mathrm{IND}(P)=\{\{x_1，x_5\}，\{x_2，x_3\}，\{x_4\}，\{x_6\}\}$，其中的等价类为 P 基本概念。基本概念是初等概念的交集，如 $\{x_1，x_5\}=\{x_1，x_5，x_6\}\bigcap\{x_1，x_4，x_5\}$ 是 $P=\{R_2，R_3\}$ 的基本概念，表示"张老师指导的获优秀论文的学生"。

由定义 5.5 知，概念是对象的集合。例如，$\{x_4\}\bigcup\{x_2，x_3\}=\{x_2，x_3，x_4\}$ 是 R_2 的概念，表示"李老师或王老师指导的学生"。有些概念在知识库中对应空集，如，$\{x_2，x_3\}\bigcap\{x_1，x_4，x_5\}=\varnothing$，其含义是"李老师指导的学生中没有获得优秀论文的"。

$U/\mathrm{IND}(R)=\{\{x_1，x_5\}，\{x_2，x_3\}，\{x_4\}，\{x_6\}\}$ 表达了知识库的粒度情况。在现有知识粒度下，x_1 和 x_5 是不能加以区分的，同样不能区分的还有 x_2 和 x_3。

5.3　近似与粗糙集

5.3.1　基本概念

在现有知识库中受知识粒度所限，有些概念是含糊的，无法用已有知识精确表达。例如，在例 5-2 的知识库 $K=\{U，R\}$ 中，$\{x_1，x_2，x_3\}$ 是一个含糊的概念。原因在于凭借"性别"、"指导教师"、"论文成绩"等因素不能区分 x_1 和 x_5。在现有知识粒度下，只能界定出 $\{x_2，x_3\}$ 和 $\{x_1，x_2，x_3，x_5\}$ 两个与 $\{x_1，x_2，x_3\}$ 相近的概念。

由于 $U/R=\{\{x_1，x_5\}，\{x_2，x_3\}，\{x_4\}，\{x_6\}\}$ 对含糊概念 $\{x_1，x_2，x_3\}$ 来说，$\{x_2，$

x_3}是包含于该集合的最大可定义集，而{x_1，x_2，x_3，x_5}={x_1，x_5}$\bigcup$ {x_2，x_3}是包含该集合的最小可定义集。虽然{x_1，x_2，x_3}不能用 **K** 中的知识精确描述，但可以通过定义 **K** 中的一对精确概念近似地表示，这就是下近似集和上近似集。

定义 5.7   设集合 $X \subseteq U$，R 是一个等价关系，则称 $\underline{R}X$ 为 X 的 R 下近似集（lower approximation），这里，

$$\underline{R}X = \{x | x \in U \quad 且 \quad [x]_R \subseteq X\} \tag{5-2}$$

称 $\overline{R}X$ 为 X 的 R 上近似集（upper approximation），这里，

$$\overline{R}X = \{x | x \in U \quad 且 \quad [x]_R \bigcap X \neq \varnothing\} \tag{5-3}$$

称集合 $BN_R(X)=\overline{R}X-\underline{R}X$ 为 X 的 R 边界域；$POS_R(X)=\underline{R}X$ 为 X 的 R 正域；$NEG_R(X)=U-\overline{R}X$ 为 X 的 R 负域。

由定义 5.7 知，$\underline{R}X$ 是由必定属于 X 的对象组成的集合，$\overline{R}X$ 是由可能属于 X 的对象组成的集合，$BN_R(X)$ 是由既不能明确判断属于 X，也不能明确判断属于 $\sim X$（即 $U-X$）的对象组成的集合，$NEG_R(X)$ 则是由一定不属于 X 的对象组成的集合，如图 5-1 所示。下近似和上近似是粗糙集中非常重要的概念。

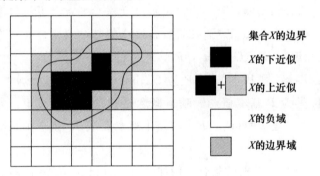

图 5-1   论域中的粗糙概念

定义 5.8   当 $BN_R(X)=\varnothing$ 时，即 $\underline{R}X=\overline{R}X$ 时，称 X 为 R 精确集（或 R 可定义集）。当 $BN_R(X)\neq\varnothing$ 时，即 $\underline{R}X\neq\overline{R}X$ 时，称 X 为 R 粗糙集（或 R 不可定义集）。

$\underline{R}X$ 是包含于 X 的最大 R 可定义集，$\overline{R}X$ 是包含 X 的最小 R 可定义集。若集合 X 是粗糙集，则 X 对应一个粗糙概念，只能通过一对精确概念（即下近似集和上近似集）"近似"地描述。

例如，在例 5-2 中的概念{x_1，x_2，x_3}是一个粗糙概念，它的 **R** 下近似为{x_2，x_3}，**R** 上近似为{x_1，x_2，x_3，x_5}。

因为对所有 $\boldsymbol{P}\subseteq\boldsymbol{R}$ 有 $IND(\boldsymbol{P})\supseteq IND(\boldsymbol{R})$，所以在知识库 $\boldsymbol{K}=(U,\boldsymbol{R})$ 中，可以采用不可分辨关系 $IND(\boldsymbol{R})$ 的等价类反映知识粒度。

对于给定集合 X，当 $\underline{R}X\neq\overline{R}X$ 时，称 X 是知识库 **K** 中的粗糙集，否则称为 **K** 中的精确集。这里，用 $\underline{R}X$ 代替 $\underline{IND(\boldsymbol{R})}(X)$，$\overline{R}X$ 代替 $\overline{IND(\boldsymbol{R})}(X)$。

【例 5-3】   设近似空间 $AS=(U,R)$ 的论域 $U=\{x_1,x_2,\cdots,x_{10}\}$，等价关系 R 的等

价类分别为 $E_1=\{x_1,\ x_5\}$，$E_2=\{x_2,\ x_6\}$，$E_3=\{x_3,\ x_4\}$，$E_4=\{x_7,\ x_8,\ x_9\}$，$E_5=\{x_{10}\}$。现需要定义如下集合：

$$X_1=\{x_1,x_2,x_5,x_6\},$$
$$X_2=\{x_1,x_2,x_3,x_4,x_{10}\},$$
$$X_3=\{x_1,x_2,x_7\},$$
$$X_4=\{x_1,x_2,x_3,x_4,x_9,x_{10}\}。$$

求这些集合的 R 下近似，R 上近似，R 边界域。

解：$\underline{R}X_1=E_1\bigcup E_2=\{x_1,\ x_2,\ x_5,\ x_6\}$，$\overline{R}X_1=E_1\bigcup E_2=\{x_1,\ x_2,\ x_5,\ x_6\}$，

$\mathrm{BN}_R(X_1)=\overline{R}X_1-\underline{R}X_1=\varnothing$，

$\underline{R}X_2=E_3\bigcup E_5=\{x_3,\ x_4,\ x_{10}\}$，$\overline{R}X_2=E_1\bigcup E_2\bigcup E_3\bigcup E_5=\{x_1,\ x_2,\ x_3,\ x_4,\ x_5,\ x_6,\ x_{10}\}$，

$\mathrm{BN}_R(X_2)\equiv\overline{R}X_2-\underline{R}X_2=\{x_1,\ x_2,\ x_5,\ x_6\}$，

$\underline{R}X_3=\varnothing$，$\overline{R}X_3=E_1\bigcup E_2\bigcup E_4=\{x_1,\ x_2,\ x_5,\ x_6,\ x_7,\ x_8,\ x_9\}$，

$\mathrm{BN}_R(X_3)=\overline{R}X_3-\underline{R}X_3=\{x_1,\ x_2,\ x_5,\ x_6,\ x_7,\ x_8,\ x_9\}$，

$\underline{R}X_4=E_3\bigcup E_5=\{x_3,\ x_4,\ x_{10}\}$，

$\overline{R}X_4=E_1\bigcup E_2\bigcup E_3\bigcup E_4\bigcup E_5=\{x_1,\ x_2,\ x_3,\ x_4,\ x_5,\ x_6,\ x_7,\ x_8,\ x_9,\ x_{10}\}=U$，

$\mathrm{BN}_R(X_4)=\overline{R}X_4-\underline{R}X_4=\{x_1,\ x_2,\ x_5,\ x_6,\ x_7,\ x_8,\ x_9\}$，

因为 $\mathrm{BN}_R(X_1)=\varnothing$，所以 X_1 是 R 精确集。而 $\mathrm{BN}_R(X_2)\neq\varnothing$，$\mathrm{BN}_R(X_3)\neq\varnothing$，$\mathrm{BN}_R(X_4)\neq\varnothing$，所以 X_2、X_3、X_4 是 R 粗糙集。

5.3.2　基本性质

定理 5.1　等价关系 R 的下近似和上近似满足下述性质：

（1）$\underline{R}X\subseteq X\subseteq\overline{R}X$

（2）$\underline{R}\varnothing=\overline{R}\varnothing=\varnothing$；$\underline{R}U=\overline{R}U=U$

（3）$\overline{R}(X\bigcup Y)=\overline{R}X\bigcup\overline{R}Y$；$\underline{R}(X\bigcap Y)=\underline{R}X\bigcap\underline{R}Y$

（4）$X\subseteq Y\Rightarrow\underline{R}X\subseteq\underline{R}Y$；$X\subseteq Y\Rightarrow\overline{R}X\subseteq\overline{R}Y$

（5）$\underline{R}(X\bigcup Y)\supseteq\underline{R}(X)\bigcup\underline{R}Y$；$\overline{R}(X\bigcap Y)\subseteq\overline{R}X\bigcap\overline{R}Y$

（6）$\underline{R}(\sim X)=\sim\overline{R}X$；$\overline{R}(\sim X)=\sim\underline{R}X$

（7）$\underline{R}(\underline{R}X)=\overline{R}(\underline{R}X)=\underline{R}X$；$\overline{R}(\overline{R}X)=\underline{R}(\overline{R}X)=\overline{R}X$

证明：（1）设 $x\in\underline{R}X$，则有 $[x]\subseteq X$，

而 $x\in[x]$，所以，x$\in X$，因此，$\underline{R}X\subseteq X$。

设 x$\in X$，则 $[x]\bigcap X\neq\varnothing$，所以 $x\in\overline{R}X$，因此 $X\subseteq\overline{R}X$。

（2）由（1）得，$\underline{R}\varnothing\subseteq\varnothing$，而 $\varnothing\subseteq\underline{R}\varnothing$，因此 $\underline{R}\varnothing=\varnothing$；

假设 $\overline{R}\varnothing\neq\varnothing$，则存在 x 使得 $x\in\overline{R}\varnothing$，即 $[x]\bigcap\varnothing\neq\varnothing$，

而$[x]\cap\varnothing=\varnothing$，与假设矛盾，因此，$\overline{R}\varnothing=\varnothing$。

由(1)知，$\underline{R}U\subseteq U$，又因当 $x\in U$，有$[x]\subseteq U$，所以 $x\in\underline{R}U$，即 $U\subseteq\underline{R}U$，因此，$\underline{R}U=U$；

由(1)得知 $\overline{R}U\supseteq U$，但 $\overline{R}U\subseteq U$，因此 $\overline{R}U=U$。

(3) $x\in\overline{R}(X\cup Y)\Leftrightarrow[x]\cap(X\cup Y)\neq\varnothing$

$$\Leftrightarrow([x]\cap X)\cup([x]\cap Y)\neq\varnothing$$

$$\Leftrightarrow[x]\cap X\neq\varnothing\vee[x]\cap Y\neq\varnothing$$

$$\Leftrightarrow x\in\overline{R}X\vee x\in\overline{R}Y$$

$$\Leftrightarrow x\in\overline{R}X\cup\overline{R}Y$$

因此，$\overline{R}(X\cup Y)=\overline{R}X\cup\overline{R}Y$。

$x\in\underline{R}(X\cap Y)\Leftrightarrow[x]\subseteq X\cap Y$

$$\Leftrightarrow[x]\subseteq X\wedge[x]\subseteq Y$$

$$\Leftrightarrow x\in\underline{R}X\cap\underline{R}Y$$

因此，$\underline{R}(X\cap Y)=\underline{R}X\cap\underline{R}Y$。

(4) 设 $X\subseteq Y$，则 $X\cap Y=X$，所以 $\underline{R}(X\cap Y)=\underline{R}X$，

由(3)知，$\underline{R}X\cap\underline{R}Y=\underline{R}X$，因此，$\underline{R}X\subseteq\underline{R}Y$；

设 $X\subseteq Y$，则 $X\cup Y=Y$，所以 $\overline{R}(X\cup Y)=\overline{R}X$，

由(3)知，$\overline{R}X\cup\overline{R}Y=\overline{R}X$，因此，$\overline{R}X\subseteq\overline{R}Y$。

(5) 因为 $X\subseteq X\cup Y$，$Y\subseteq X\cup Y$，所以 $\underline{R}X\subseteq\underline{R}(X\cup Y)$，$\underline{R}Y\subseteq\underline{R}(X\cup Y)$，

故 $\underline{R}X\cup\underline{R}Y\subseteq\underline{R}(X\cup Y)$；

因为 $X\cap Y\subseteq X$，$X\cap Y\subseteq Y$，所以 $\overline{R}(X\cap Y)\subseteq\overline{R}X$，$\overline{R}(X\cap Y)\subseteq\overline{R}Y$，

故 $\overline{R}(X\cap Y)\subseteq\underline{R}X\cap\underline{R}Y$。

(6) $x\in\underline{R}X\Leftrightarrow[x]\subseteq X$

$$\Leftrightarrow[x]\cap\sim X=\varnothing$$

$$\Leftrightarrow x\notin\overline{R}(\sim X)$$

$$\Leftrightarrow x\notin\overline{R}(\sim X)$$

$$\Leftrightarrow x\in\sim\overline{R}(\sim X)$$

所以，$\underline{R}X=\sim\overline{R}(\sim X)$；

将上式中 X 用$\sim X$替代，得 $\underline{R}(\sim X)=\sim\overline{R}(\sim(\sim X))$，

故 $\underline{R}X=\sim\overline{R}(\sim X)$。

(7) 由(1)得 $\underline{R}(\underline{R}X)\subseteq\underline{R}X$，当 $x\in\underline{R}X$ 时，有$[x]\subseteq X$，故 $\underline{R}[x]\subseteq\underline{R}X$，

又 $\underline{R}[x]=[x]$，则$[x]\subseteq\underline{R}X$，所以，$x\in\underline{R}(\underline{R}X)$，即 $\underline{R}X\subseteq\underline{R}(\underline{R}(X))$，

故 $\underline{R}(\underline{R}X)=\underline{R}X$；

由(1)知，$\overline{R}X\subseteq\overline{R}(\overline{R}X)$，当 $x\in\overline{R}(\overline{R}X)$时，有$[x]\overline{R}X\neq\varnothing$，

即存在 $y\in[x]$使得 $y\in\underline{R}X$，所以，$[y]\in X$，

由于 $[x]=[y]$，有 $[x]\in X$，即 $x\in \underline{R}X$，故 $\underline{R}X\supseteq \underline{R}(\underline{R}X)$，

因此，$\overline{R}(\underline{R}X)=\underline{R}X$；

由(1)可知，$\overline{R}X\subseteq \overline{R}(\overline{R}X)$，当 $x\in \overline{R}(\overline{R}X)$ 时，有 $[x]\bigcap \overline{R}X\neq\varnothing$，

故存在 $y\in[x]$ 且 $y\in \overline{R}X$，故 $[y]\bigcap X\neq\varnothing$，

而 $[x]=[y]$，所以 $[x]\bigcap X\neq\varnothing$，即 $x\in \overline{R}X$，因此，$\overline{R}X\supseteq \overline{R}(\overline{R}X)$，

故 $\overline{R}(\overline{R}X)=\overline{R}X$；

由(1)得 $\underline{R}(\overline{R}X)\subseteq \overline{R}X$，当 $x\in \overline{R}X$ 时，有 $[x]\bigcap X\neq\varnothing$，所以，$[x]\subseteq \overline{R}X$，

即 $x\in \underline{R}(\overline{R}X)$，因此有 $\underline{R}(\overline{R}X)\supseteq \overline{R}X$，

故 $\underline{R}(\overline{R}X)=\overline{R}X$。

5.4　描述粗糙集的特征的方法

粗糙集用上下近似来描述，粗糙程度受知识粒度影响。集合的定义与该集合的知识相联系，同样，集合成员关系也和知识有关。形式定义如下：

$$x \underline{\in}_R X \text{ 当且仅当 } x \in \underline{R}X$$
$$x \overline{\in}_R X \text{ 当且仅当 } x \in \overline{R}X$$

这里 $\underline{\in}_R$ 表示按等价关系 R，x 一定属于集合 X，而 $\overline{\in}_R$ 表示根据等价关系 R，x 可能属于 X，并分别称它们为下成员关系和上成员关系。成员关系依赖于知识粒度，一个对象是否属于一个集合依赖于与该集合相关的知识。

既然集合是粗糙的，两个集合的粗糙程度可以不同，但需要有一定的方法去描述和度量。下面讨论两种方法。

5.4.1　近似精度

定义 5.9　由等价关系 R 定义的集合 X 的近似精度为：

$$\alpha_R(X) = \frac{|\underline{R}X|}{|\overline{R}X|} \tag{5-4}$$

其中 $X\neq\varnothing$，$|X|$ 表示集合 X 的基数。

$\alpha_R(X)$ 反映了利用知识 R 近似表示 X 的完整程度。显然，$0\leqslant\alpha_R(X)\leqslant 1$。

- 当 $\alpha_R(X)=1$ 时，X 是 R 精确集，其边界域为空集；
- 当 $0\leqslant\alpha_R<1$ 时，X 是 R 粗糙集，边界域非空。

在粗糙集中，表示集合 X 不精确性的数值并不是人为给定的，而是通过现有知识中的两个精确集合 $\underline{R}X$ 和 $\overline{R}X$ 定义的。产生不精确性的原因在于论域的现有知识有限，随着知识粒度的细化，不精确性会随之降低。

定义 $\rho_R(X)=1-\alpha_R(X)$，称 $\rho_R(X)$ 为 X 的 R 粗糙度。粗糙度反映了利用知识 R 近似表示 X 的不完整程度。

【例 5-4】 论域 U，等价关系 R 及 $X_i(i=1，2，3，4)$ 的定义同例 5-3，求 X_i 的近似精度。

解： 根据例 5-3 中的结果有：

$$\alpha_R(X_1)=\frac{|\underline{R}X_1|}{|\overline{R}X_1|}=\frac{4}{4}=1$$

$$\alpha_R(X_2)=\frac{|\underline{R}X_2|}{|\overline{R}X_2|}=\frac{3}{7}$$

$$\alpha_R(X_3)=\frac{|\underline{R}X_3|}{|\overline{R}X_3|}=\frac{0}{7}=0$$

$$\alpha_R(X_4)=\frac{|\underline{R}X_4|}{|\overline{R}X_4|}=\frac{3}{10}$$

X_1 是精确集，$\alpha_R(X_1)=1$ 表明边界域是空的。其余三个集合的精确程度依次为 X_2、X_4 和 X_3，因为它们的近似精度值分别为 0.428、0.3 和 0。X_4 没有排除掉任何元素，X_3 没有完全确认任何元素。

数字特征表示粗糙集边界域的相对大小，但没有说明边界域的结构。因此，有必要讨论粗糙集的拓扑特征。

5.4.2　拓扑特征

定义 5.10　设 X 是一个 R 粗糙集，

(1) 称 X 是 R 粗糙可定义的，当且仅当 $\underline{R}(X)\neq\varnothing$ 且 $\overline{R}(X)\neq U$

(2) 称 X 是 R 内不可定义的，当且仅当 $\underline{R}(X)=\varnothing$ 且 $\overline{R}(X)\neq U$

(3) 称 X 是 R 外不可定义的，当且仅当 $\underline{R}(X)\neq\varnothing$ 且 $\overline{R}(X)=U$

(4) 称 X 是 R 全不可定义的，当且仅当 $\underline{R}(X)=\varnothing$ 且 $\overline{R}(X)=U$

粗糙集的拓扑结构具有一定的直观性。其直观意义在于：

(1) 若集合 X 是 R 粗糙可定义的，则可以确定 U 中某些元素是否属于 X 或 $\sim X$；

(2) 若 X 是 R 内不可定义的，则可以确定 U 中某些元素是否属于 $\sim X$，但对 U 中任一元素都无法确定其是否属于 X；

(3) 若 X 是 R 外不可定义的，则可以确定 U 中某些元素是否属于 X，但对 U 中任一元素都无法确定其是否属于 $\sim X$；

(4) 若 X 是 R 全不可定义的，则对 U 中任一元素 x，既无法确定 x 是否属于 X，也无法确定 x 是否属于 $\sim X$。

定理 5.2　粗糙集拓扑结构的性质：

(1) 集合 X 为 R 粗糙可定义（或 R 完全不可定义）当且仅当 $\sim X$ 为 R 粗糙可定义（或 R 完全不可定义）；

(2) 集合 X 为 R 外（内）不可定义当且仅当 $\sim X$ 为 R 内（外）不可定义。

证明：（1）设 X 为 R 粗糙可定义，则 $\underline{R}X \neq \varnothing$，$\overline{R}X \neq U$，

$\underline{R}X \neq \varnothing \Leftrightarrow$ 存在 $x \in X$，使得 $[x]_R \subseteq X$

$\qquad \Leftrightarrow [x]_R \cap \sim X = \varnothing$

$\qquad \Leftrightarrow \overline{R}(\sim X) \neq U$；

类似的，$\overline{R}X \neq U \Leftrightarrow$ 存在 $y \in U$，使得 $[y]_R \cap \overline{R}X = \varnothing$

$\qquad\qquad \Leftrightarrow [y]_R \subseteq \sim \overline{R}X$

$\qquad\qquad \Leftrightarrow [y]_R \subseteq \underline{R}(\sim X)$

$\qquad\qquad \Leftrightarrow \underline{R}(\sim X) \neq \varnothing$；

其余情况同理可证。

【**例 5-5**】 讨论例 5-3 中集合 X_1、X_2、X_3 和 X_4 的拓扑特征。

解：因为 $\underline{R}X_1 = \{x_1, x_2, x_5, x_6\} = \overline{R}X_1$，所以，$X_1$ 是 R 精确集。

因为 $\underline{R}X_2 = \{x_3, x_4, x_{10}\} \neq \varnothing$，$\overline{R}X_2 = \{x_1, x_2, x_3, x_4, x_5, x_6, x_{10}\} \neq U$，所以，$X_2$ 是 R 粗糙可定义集。

因为 $\underline{R}X_3 = \varnothing$，$\overline{R}X_3 = \{x_1, x_2, x_5, x_6, x_7, x_8, x_9\} \neq U$，所以，$X_3$ 是 R 粗糙内不可定义集。

因为 $\underline{R}X_4 = \{x_3, x_4, x_{10}\}$，$\overline{R}X_4 = \{x_1, x_2, x_3, x_4, x_5, x_6, x_7, x_8, x_9, x_{10}\} = U$，所以，$X_4$ 是 R 粗糙外不可定义集。

由于存在等价类 E_5，本例中不可能举出 R 全不可定义集的例子。

从以上讨论可以看出，粗糙集的数字特征（近似精度）和拓扑特征之间有一定的联系：若集合是内不可定义的或全不可定义的，则其近似精度为 0；若集合是外不可定义的或全不可定义的，则其补集的近似精度为 0。实际应用时，应综合考虑边界域的两种信息。

5.5　信息系统

知识的表达方式在智能数据处理中占有十分重要的地位。信息系统是一种知识表达方式，利用信息系统可以有效地表达知识库信息。在知识库中可能含有冗余的知识，知识约简研究知识库中哪些知识是必要的，以及在保持分类能力不变的前提下，删除冗余的知识。知识约简是粗糙集理论的核心内容之一，在数据挖掘领域具有重要的应用意义。

5.5.1　信息系统的定义

定义 5.11　信息系统是一个 4 元有序组，记为 $S = (U, A, V, f)$，其中论域 U 为所考虑对象的非空有限集合；A 为属性的非空有限集合；$V = \bigcup_{a \in A} V_a$，而 V_a 为属性 a 的值域；

$f: U \times A \rightarrow V$ 是一个信息函数，$\forall x \in U$，$a \in A$，$f(x, a) \in V_a$，对于给定对象 x，$f(x, a)$ 赋予对象 x 在属性 a 下的属性值。信息系统也可简记为 $S = (U, A)$。

信息系统的直观表示方法是数据表格。表格的行对应论域中的对象，列对应描述对象的属性。一个对象的全部信息由表中一行属性的值来反映。

设 $P \subseteq A$ 且 $P \neq \varnothing$，定义由属性子集 P 导出的二元关系如下：

$$\mathrm{IND}(P) = \{(x,y) \mid (x,y) \in U \times U \text{ 且 } \forall a \in P \text{ 有 } f(x,a) = f(y,a)\} \tag{5-5}$$

可以证明 $\mathrm{IND}(P)$ 是等价关系。

称 $\mathrm{IND}(P)$ 为由属性集 P 导出的不可分辨关系。若 $(x, y) \in \mathrm{IND}(P)$，则称 x 和 y 是 P 不可分辨的，即依据 P 中所含各属性无法将 x 和 y 区分开。

$U/\mathrm{IND}(P)$ 表示不可分辨关系 $\mathrm{IND}(P)$ 的所有等价类的集合，可简记为 U/P，它对应 U 上的一个划分，其中的等价类称为 P 基本集。$[x]_P$ 表示 x 的 P 等价类。

若定义由属性 $a \in A$ 导出的等价关系为：

$$\tilde{a} = \{(x,y) \mid (x,y) \in U \times U \quad \text{且} \quad f(x,a) = f(y,a)\} \tag{5-6}$$

则 $P \subseteq A$ 导出的不可分辨关系亦可定义为：

$$\mathrm{IND}(P) = \bigcap_{a \in P} \tilde{a} \tag{5-7}$$

给定信息系统 $S = (U, A)$，A 的每个属性对应一个等价关系，而属性子集对应不可分辨关系。信息系统与一个知识库相对应，因此一个数据表格可以看成一个知识库。

为简单起见，通常用属性集符号来代替等价关系，例如，用 P 代替 $\mathrm{IND}(P)$ 等。

【例 5-6】 设有信息系统 $S = (U, A)$，$U = \{x_1, x_2, x_3, x_4, x_5, x_6\}$，$A = \{a, b, c, d\}$，利用数据表格表示，如表 5-2 所示。

在信息系统 S 中，所有 A 基本集形成的集合为：

表 5-2　信息系统

U	a	b	c	d
x_1	0	0	0	0
x_2	0	2	1	1
x_3	0	1	0	0
x_4	1	2	1	2
x_5	1	0	0	1
x_6	1	2	1	2

$$U/A = U/\{a,b,c,d\} = \{\{1\},\{2\},\{3\},\{4,6\},\{5\}\}$$

可见，对象 x_4 和 x_6 在信息系统 S 中是不可分辨的。

若取属性集 $B = \{b, c\}$，则 B 基本集为 $\{x_1, x_5\}$，$\{x_2, x_4, x_6\}$，$\{x_3\}$

$$U/B = U/\{b,c\} = \{\{x_1,x_5\},\{x_2,x_4,x_6\},\{x_3\}\}$$

所说的对象 x_1 和 x_5 是 B 不可分辨的，是因为用属性 b 及属性 c 提供的信息不足以区分 x_1 和 x_5，同样，x_2、x_4、x_6 也是 B 不可分辨的。

如果在信息系统 S 上考虑集合 $X = \{x_2, x_3, x_4\}$，则有 $\underline{B}X = \mathrm{POS}_B(X) = \{x_3\}$，$\overline{B}X = \{x_2, x_3, x_4, x_6\}$，$\mathrm{BN}_R(X) = \{x_2, x_4, x_6\}$，$\mathrm{NEG}_B(X) = U - \overline{B}X = \{x_1, x_5\}$。集合是粗糙定义的。在不影响区分能力的情况下，可否减少信息系统的数据就涉及知识约简问题。

5.5.2　约简和核

约简与核是知识约简的两个基本概念。这两个概念构成信息系统属性约简的基础。

定义 5.12　设 $\boldsymbol{R}$ 是一个等价关系族，$R \in \boldsymbol{R}$，若有 $\mathrm{IND}(\boldsymbol{R}) = \mathrm{IND}(\boldsymbol{R} - \{R\})$，则称 R 为等价关系族 $\boldsymbol{R}$ 中可省的，否则称为不可省的。若 $\boldsymbol{R}$ 中任意一个等价关系 R 都是不可省的，则称 $\boldsymbol{R}$ 是独立的，否则称为依赖的。

定义 5.13　设 $\boldsymbol{Q} \subseteq \boldsymbol{P}$，若 $\boldsymbol{Q}$ 是独立的，且 $\mathrm{IND}(\boldsymbol{Q}) = \mathrm{IND}(\boldsymbol{P})$，则称 $\boldsymbol{Q}$ 是等价关系族 $\boldsymbol{P}$ 的一个约简（reduct）。$\boldsymbol{P}$ 中所有不可省关系的集合称为等价关系族 $\boldsymbol{P}$ 的核（core），记作 $\mathrm{CORE}(\boldsymbol{P})$。

显然，$\boldsymbol{P}$ 可以有多个约简，以 $\mathrm{RED}(\boldsymbol{P})$ 表示 $\boldsymbol{P}$ 的所有约简的集合。

定理 5.3　等价关系族 $\boldsymbol{P}$ 的核等于 $\boldsymbol{P}$ 的所有约简的交集，即有：

$$\mathrm{CORE}(\boldsymbol{P}) = \bigcap \mathrm{RED}(\boldsymbol{P}) \tag{5-8}$$

证明：（1）$\mathrm{CORE}(\boldsymbol{P}) \subseteq \bigcap \mathrm{RED}(\boldsymbol{P})$

设 $R \in \mathrm{CORE}(\boldsymbol{P})$，若 $R \notin \bigcap \mathrm{RED}(\boldsymbol{P})$，则存在某个 $\boldsymbol{Q} \in \mathrm{RED}(\boldsymbol{P})$ 使得 $R \notin \boldsymbol{Q}$，从而有 $\boldsymbol{Q} \subseteq \boldsymbol{P} - \{R\}$，$\mathrm{IND}(\boldsymbol{Q}) \supseteq \mathrm{IND}(\boldsymbol{P} - \{R\}) \supseteq \mathrm{IND}(\boldsymbol{P})$，而 $\mathrm{IND}(\boldsymbol{P}) = \mathrm{IND}(\boldsymbol{Q})$，又因为 $\boldsymbol{Q}$ 是 $\boldsymbol{P}$ 的一个约简，所以 $\mathrm{IND}(\boldsymbol{P} - \{R\}) = \mathrm{IND}(\boldsymbol{P})$，表明 R 在 $\boldsymbol{P}$ 中是不必要的，即 $R \notin \mathrm{CORE}(\boldsymbol{P})$，矛盾。所以，$R \in \bigcap \mathrm{RED}(\boldsymbol{P})$，故 $\mathrm{CORE}(\boldsymbol{P}) \subseteq \bigcap \mathrm{RED}(\boldsymbol{P})$。

（2）$\mathrm{CORE}(\boldsymbol{P}) \supseteq \bigcap \mathrm{RED}(\boldsymbol{P})$

设 $R \in \bigcap \mathrm{RED}(\boldsymbol{P})$，若 $R \notin \mathrm{CORE}(\boldsymbol{P})$，则 R 在 $\boldsymbol{P}$ 中是不必要的，即 $\mathrm{IND}(\boldsymbol{P}) = \mathrm{IND}(\boldsymbol{P} - \{R\})$。因为约简总是存在的，设 $\boldsymbol{P} - \{R\}$ 有一个约简 $\boldsymbol{P}_0$，由 $\boldsymbol{P}_0 \subseteq \boldsymbol{P} - \{R\}$ 得 $R \notin \boldsymbol{P}_0$。由于 $\boldsymbol{P} - \{R\}$ 的约简 $\boldsymbol{P}_0$ 满足

$$\mathrm{IND}(\boldsymbol{P}_0) = \mathrm{IND}(\boldsymbol{P} - \{R\})$$

如果 $\boldsymbol{P}' \subset \boldsymbol{P}_0$，则 $\mathrm{IND}(\boldsymbol{P} - \{R\}) \subset \mathrm{IND}(\boldsymbol{P}')$，即

（a'）$\mathrm{IND}(\boldsymbol{P}_0) = \mathrm{IND}(\boldsymbol{P})$

（b'）如果 $\boldsymbol{P}' \subset \boldsymbol{P}_0$，则 $\mathrm{IND}(\boldsymbol{P}) \subset \mathrm{IND}(\boldsymbol{P}')$

因为 $\boldsymbol{P}_0 \subseteq \boldsymbol{P} - \{R\} \subset \boldsymbol{P}$，又因为 $\boldsymbol{P}_0$ 是 $\boldsymbol{P}$ 的一个约简，故存在某个 $\boldsymbol{Q} \in \mathrm{RED}(\boldsymbol{P})$，使得 $\boldsymbol{P}_0 = \boldsymbol{Q}$，所以，$R \notin \boldsymbol{Q}$，故 $R \notin \bigcap \mathrm{RED}(\boldsymbol{P})$，矛盾。所以，$R \in \mathrm{CORE}(\boldsymbol{P})$，故 $\mathrm{CORE}(\boldsymbol{P}) \supseteq \bigcap \mathrm{RED}(\boldsymbol{P})$。

【例 5-7】　设有知识库 $\boldsymbol{K} = (U, \boldsymbol{R})$，其中 $U = \{x_1, x_2, \cdots, x_8\}$，$\boldsymbol{R} = \{R_1, R_2, R_3\}$，等价关系 R_1, R_2, R_3 的等价类定义如下：

$$U/R_1 = \{\{x_1, x_4, x_5, x_6\}, \{x_2, x_3\}, \{x_7, x_8\}\}$$

$$U/R_2 = \{\{x_1, x_2, x_5\}, \{x_4, x_6, x_7\}, \{x_3, x_8\}\}$$

$$U/R_3 = \{\{x_1, x_2, x_5\}, \{x_4, x_6\}, \{x_3, x_7\}, \{x_8\}\}$$

求约简和核。

解：由题意，

$U/\text{IND}(\pmb{R}) = \{\{x_1,x_5\},\{x_2\},\{x_3\},\{x_4,x_6\},\{x_7\},\{x_8\}\}$

$U/\text{IND}(\pmb{R}-\{R_1\}) = U/\{R_2,R_3\} = \{\{x_1,x_2,x_5\},\{x_3\},\{x_4,x_6\},\{x_7\},\{x_8\}\}$

$U/\text{IND}(\pmb{R}-\{R_2\}) = U/\{R_1,R_3\} = \{\{x_1,x_5\},\{x_2\},\{x_3\},\{x_4,x_6\},\{x_7\},\{x_8\}\}$

$U/\text{IND}(\pmb{R}-\{R_3\}) = U/\{R_1,R_2\} = \{\{x_1,x_5\},\{x_2\},\{x_3\},\{x_4,x_6\},\{x_7\},\{x_8\}\}$

因此 R_1 是 $\pmb{R}$ 中不可省的，R_2 或 R_3 是 $\pmb{R}$ 中可省的，故核为 R_1，即 $CORE(\pmb{R}) = \{R_1\}$。

显然，$(U,\{R_1，R_2\})$，$(U,\{R_1，R_3\})$ 与原有知识库 $\pmb{K}$ 表达的知识是等价的，但 $\{R_1，R_2\}$ 或 $\{R_1，R_3\}$ 是否为约简，还要看其是否是独立的。

$U/\{R_1，R_2\}\neq U/R_1$ 且 $U/\{R_1，R_2\}\neq U/R_2$，故 $\{R_1，R_2\}$ 是独立的。

因此，$\{R_1，R_2\}$ 是 $\pmb{R}$ 的一个约简。

同理，$\{R_1，R_3\}$ 也是 $\pmb{R}$ 的一个约简。

$\pmb{R}$ 有两个约简，分别为 $\{R_1，R_2\}$ 和 $\{R_1，R_3\}$。核 $CORE(\pmb{R}) = \{R_1，R_2\} \bigcap \{R_1，R_3\} = \{R_1\}$。

在信息系统中，可把知识约简转化为属性约简问题。这样，对例 5-6 可以进行属性约简。经计算得到的约简分别为 $\{a，b\}$ 和 $\{b，d\}$，$\{b\}$ 是核。

定理 5.3 揭示出核与约简的关系。由于计算所有约简是 NP 完全问题，因此，虽然该定理给出了所有约简与核的关系，但作为核的计算方法显然是不妥的。

定理 5.3 的意义在于，一方面，核可以作为所有约简的计算基础，并且计算是直接的；另一方面，核可以解释为知识库中最重要的部分，是知识约简时不能消去的知识。

5.5.3 分辨矩阵与分辨函数

利用约简的定义求解约简是不现实的。下面讨论利用分辨矩阵和分辨函数求解信息系统的约简和核。

定义 5.14 令 $S=(U，A，V，f)$ 为一信息系统，论域 U 中元素的个数 $|U|=n$，信息系统中属性的个数 $|A|=m$，S 的分辨矩阵 $\pmb{M}$ 定义为一个 n 阶对称矩阵，其 i 行 j 列处元素定义为：

$$m_{ij} = \{a \in A \mid f(x_i,a) \neq f(x_j,a)\} \quad i,j = 1,\cdots,n \tag{5-9}$$

即 m_{ij} 是能够区别对象 x_i 和 x_j 的所有属性的集合。

对于每一个 $a \in A$，指定布尔变量 $\bar{a}$，将信息系统的分辨函数定义为一个 m 元逻辑函数，形式如下：

$$\rho(\bar{a}_1,\bar{a}_2,\cdots,\bar{a}_m) = \wedge \{\vee\, m_{ij} \mid 1 \leqslant j < i \leqslant n, m_{ij} \neq \varnothing\} \tag{5-10}$$

即 ρ 为 $(\vee m_{ij})$ 的合取，而 $(\vee m_{ij})$ 为 m_{ij} 中各属性对应的逻辑变量的析取。

由于分辨矩阵是对称矩阵，在实际计算时，只需写出分辨矩阵的下三角部分即可。

【例 5-8】 针对例 5-6 中的信息系统，写出分辨矩阵及分辨函数。

解： 分辨矩阵如下（为方便起见，用表 5-3 来表示分辨矩阵）。

表 5-3 分辨矩阵

	x_1	x_2	x_3	x_4	x_5	x_6
x_1						
x_2	b, c, d					
x_3	b	b, c, d				
x_4	a, b, c, d	a, d	a, b, c, d			
x_5	a, d	a, b, c	a, b, d	b, c, d		
x_6	a, b, c, d	a, d	a, b, c, d	$-$	b, c, d	

分辨函数为：

$$\rho(a,b,c,d) = (b \vee c \vee d) \wedge (b) \wedge (a \vee b \vee c \vee d) \wedge (a \vee d) \wedge (a \vee b \vee c \vee d) \wedge$$
$$(b \vee c \vee d) \wedge (a \vee d) \wedge (a \vee b \vee c) \wedge (a \vee d) \wedge (a \vee b \vee c \vee d) \wedge (a \vee b \vee d) \wedge$$
$$(a \vee b \vee c \vee d) \wedge (b \vee c \vee d) \wedge (b \vee c \vee d)$$

5.5.4 信息系统约简

分辨函数是一个逻辑函数。逻辑代数是 1847 年英国数学家 George Boole 提出的。逻辑的实质就是因果关系，表达事务发生的条件和结果之间的规律。为对这一逻辑关系进行数学表达和演算，把逻辑变量和逻辑函数引入逻辑代数。逻辑变量和逻辑函数的取值只能是 0(假值)和 1(真值)。根据逻辑代数中的与($\wedge$)、或($\vee$)、非($\sim$)三种基本运算，可以导出一些基本定律。

(1) 0-1 律

$$A \wedge 0 = 0$$
$$A \vee 1 = 1$$

(2) 自等律

$$A \wedge 1 = A$$
$$A \vee 0 = A$$

(3) 交换律

$$A \wedge B = B \wedge A$$
$$A \vee B = B \vee A$$

(4) 结合律

$$A \wedge (B \wedge C) = (A \wedge B) \wedge C$$
$$A \vee (B \vee C) = (A \vee B) \vee C$$

(5) 分配率

$$A \wedge (B \vee C) = (A \wedge B) \vee (A \wedge C)$$
$$A \vee (B \wedge C) = (A \vee B) \wedge (A \vee C)$$

(6) 互补律

$$A \wedge \sim A = 0$$

$$A \lor \sim A = 1$$

(7) 重叠律

$$A \land A = A$$
$$A \lor A = A$$

(8) 反演律

$$\sim (A \land B) = \sim A \lor \sim B$$
$$\sim (A \lor B) = \sim A \land \sim B$$

(9) 对合律

$$\sim\sim A = A$$

为了便于对逻辑函数化简,人们对上述基本定律进行推广得到如下常用公式。

(1) 吸收律 I

$$A \lor (\sim A \land B) = A \lor B$$
$$A \land (\sim A \lor B) = A \land B$$

(2) 吸收律 II

$$A \lor (A \land B) = A$$
$$A \land (A \lor B) = A$$

(3) 扩展的互补律

$$(A \land B) \lor (A \land \sim B) = A$$
$$(A \lor B) \land (A \lor \sim B) = A$$

(4) 包含律

$$(A \land B) \lor (\sim A \land C) \lor (B \land C) = (A \land B) \lor (\sim A \land C)$$
$$(A \lor B) \land (\sim A \lor C) \land (B \lor C) = (A \lor B) \land (\sim A \lor C)$$

如果一个逻辑表达式 E 仅有逻辑变量和常量通过析取和合取运算来表达,就称 E 是一个范式。如果 E 是由一些析取式组成的合取所构成的范式,就称 E 为合取范式。如果 E 是由一些合取式组成的析取所构成的范式,就称 E 为析取范式。如果 E 是一个析取范式且包含最少数目的合取式,就称 E 为极小析取范式。

分辨函数的极小析取范式中的每一个合取式对应一个约简,所有合取式构成属性集的所有约简。约简是与整个属性集具有同样区分能力的属性极小子集。

核是分辨矩阵中所有单个元素组成的集合,即

$$\text{CORE}(A) = \{a \in A \,|\, m_{ij} = \{a\}, 1 \leqslant i, j \leqslant n\} \tag{5-11}$$

【例 5-9】 求例 5-6 中的信息系统约简与核。

解: 由例 5-7 得到的分辨函数 $\rho(a, b, c, d)$,

$$\rho(a,b,c,d) = (b \lor c \lor d) \land (b) \land (a \lor b \lor c \lor d) \land (a \lor d) \land$$
$$(a \lor b \lor c \lor d) \land (b \lor c \lor d) \land (a \lor d) \land (a \lor b \lor c) \land (a \lor d) \land$$
$$(a \lor b \lor c \lor d) \land (a \lor b \lor d) \land (a \lor b \lor c \lor d) \land (b \lor c \lor d) \land (b \lor c \lor d)$$
$$= (b \lor c \lor d) \land (b) \land (a \lor b \lor c \lor d) \land (a \lor d) \land (a \lor b \lor c) \land$$

$$(a \vee b \vee d) = (b \vee c \vee d) \wedge (b) \wedge (a \vee b \vee c) \wedge (a \vee d) \wedge (a \vee b \vee d)$$
$$= (b) \wedge (a \vee b \vee c) \wedge (a \vee d)$$
$$= (b) \wedge (a \vee d)$$
$$= (a \wedge b) \vee (b \wedge d)$$

因此，该信息系统有两个约简$\{a，b\}$和$\{b，d\}$，核是$\{b\}$。得到两个约简的数据表格如表 5-4 所示。

表 5-4　两个约简的数据表

U	a	b	U	b	d
x_1	0	0	x_1	0	0
x_2	0	2	x_2	2	1
x_3	0	1	x_3	1	0
x_4	1	2	x_4	2	2
x_5	1	0	x_5	0	1
x_6	1	2	x_6	2	2

5.6　决策表

决策表是根据已知条件对对象进行分类或划分。决策优劣与用于决策的条件有关，主要取决于决策目标对条件属性的依赖程度，或者说决策属性与条件属性之间的相关程度。

5.6.1　相对约简与知识依赖性

相对约简和相对核的概念反映了一个分类与另一个分类的关系。它们是决策表属性约简的基础和理论依据。

定义 5.15　设 P 和 Q 为论域 U 上的等价关系，Q 的 P 正域记作 $POS_P(Q)$，定义为：

$$\mathrm{POS}_P(Q) = \bigcup_{X \in U/Q} \underline{P}X \tag{5-12}$$

Q 的 P 正域是 U 中所有可以根据分类（知识）U/P 的信息准确分类到关系 Q 的等价类中去的对象构成的集合。

定义 5.16　设 P 和 Q 为论域 U 上的等价关系族，$R \in P$，若

$$\mathrm{POS}_{\mathrm{IND}(P)}(\mathrm{IND}(Q)) = \mathrm{POS}_{\mathrm{IND}(P-\{R\})}(\mathrm{IND}(Q)) \tag{5-13}$$

则称 R 为 P 中 Q 可省的，否则称 R 为 P 中 Q 不可省的。

若 P 中的任一关系 R 都是 Q 不可省的，则称 P 是 Q 独立的，或称 P 相对于 Q 独立。

常常用简单的写法 $\mathrm{POS}_P(Q)$ 代替 $\mathrm{POS}_{\mathrm{IND}(P)}(\mathrm{IND}(Q))$。

定义 5.17　设 $S \subseteq P$，称 S 为 P 的 Q 约简，当且仅当 S 是 P 的 Q 独立子族，且 $\mathrm{POS}_S(Q) = \mathrm{POS}_P(Q)$。$P$ 中所有 Q 不可省的原始关系构成的集合称为 P 的 Q 核，记作 $\mathrm{CORE}_Q(P)$。P 的所有 Q 约简构成的集合记作 $\mathrm{RED}_Q(P)$，P 的 Q 约简称为相对约简，P 的 Q 核称为相对核。

定理 5.4　P 的 Q 核等于 P 的所有 Q 约简的交集

$$\text{CORE}_Q(P) = \bigcap \text{RED}_Q(P) \tag{5-14}$$

证明：类似于定理 5.3 的证明，这里从略。

P 的 Q 核是知识 P 的本质部分。为了保证将对象分类到 Q 的概念中去的分类能力不变，Q 核知识是不可消去的。

知识 P 的 Q 约简是 P 的子集，该子集是 Q 独立的，且具有与知识 P 相同的把对象分类到 Q 的概念中去的能力。

为简单起见，常用 U/P 代替 $U/\text{IND}(P)$。

【例 5-10】　设 $K=(U, P)$ 为知识库，$U=\{x_1, x_2, \cdots, x_8\}$，$P=\{R_1, R_2, R_3\}$。等价关系 R_1，R_2，R_3 的等价类集合如下：

$$U/R_1 = \{\{x_1, x_2, x_3, x_4\}, \{x_5, x_6, x_7, x_8\}\}$$

$$U/R_2 = \{\{x_1, x_3, x_4, x_7\}, \{x_2, x_6\}, \{x_5, x_8\}\}$$

$$U/R_3 = \{\{x_1, x_5, x_8\}\{x_2, x_3, x_4\}, \{x_6, x_7\}\}$$

由等价关系族 Q 导出的不可分辨关系的等价类集合为

$$U/Q = U/\text{IND}(Q) = \{\{x_1, x_3, x_4\}, \{x_2, x_5, x_6\}, \{x_7, x_8\}\}$$

求 P 的 Q 约简及 P 的 Q 核。

解：等价关系族 P 导出的不可分辨关系 $\text{IND}(P)$ 的等价类为：

$$U/P = U/\text{IND}(P) = \{\{x_1\}, \{x_2\}, \{x_3, x_4\}, \{x_5, x_8\}, \{x_6\}, \{x_7\}\}$$

Q 的 P 正域为：

$$\text{POS}_P(Q) = \{x_1\} \bigcup \{x_2\} \bigcup \{x_3, x_4\} \bigcup \{x_6\} \bigcup \{x_7\} = \{x_1, x_2, x_3, x_4, x_6, x_7\}$$

下面求出 P 中不可省的关系：

$$U/(P-\{R_1\}) = U/\{R_2, R_3\} = \{\{x_1\}, \{x_2\}, \{x_3, x_4\}, \{x_5, x_8\}, \{x_6\}, \{x_7\}\}$$

$$U/(P-\{R_2\}) = U/\{R_1, R_3\} = \{\{x_1\}, \{x_2, x_3, x_4\}, \{x_5, x_8\}, \{x_6, x_7\}\}$$

$$U/(P-\{R_3\}) = U/\{R_1, R_2\} = \{\{x_1, x_3, x_4\}, \{x_2\}, \{x_5, x_8\}, \{x_6\}, \{x_7\}\}$$

$$\text{POS}_{(P-\{R_1\})}(Q) = \{x_1\} \bigcup \{x_2\} \bigcup \{x_3, x_4\} \bigcup \{x_6\} \bigcup \{x_7\}$$

$$= \{x_1, x_2, x_3, x_4, x_6, x_7\} = \text{POS}_P(Q)$$

$$\text{POS}_{(P-\{R_2\})}(Q) = \{x_1\} \neq \text{POS}_P(Q)$$

$$\text{POS}_{(P-\{R_3\})}(Q) = \{x_1, x_3, x_4\} \bigcup \{x_2\} \bigcup \{x_6\} \bigcup \{x_7\} = \{x_1, x_2, x_3, x_4, x_6, x_7\}$$

$$= \text{POS}_P(Q)$$

可见 R_2 是 P 中 Q 不可省的，而 R_1 和 R_3 是 P 中 Q 可省的，故 $\text{CORE}_Q(P)=\{R_2\}$。

由于 $\text{POS}_{\{R_1, R_2\}}(Q)=\{x_1, x_2, x_3, x_4, x_6, x_7\}$

$$\text{POS}_{R_1}(Q) = \varnothing$$

$$\text{POS}_{R_2}(Q) = \{x_2, x_6\}$$

故 $\{R_1, R_2\}$ 是独立的，因此，$\{R_1, R_2\}$ 是 P 的一个 Q 约简。

同理，$\{R_2，R_3\}$ 也是一个 P 的 Q 约简。

一般约简是在保障对论域中对象的分类能力不变的前提下消去冗余知识，而相对约简是在不改变将对象划分到另一个分类中去的分类能力的前提下消去冗余知识。

知识库中的知识的重要程度可以各不相同，有些知识可以由其他知识部分或完全导出。这就是知识之间的依赖关系。

定义 5.18　设 $K=(U，R)$ 为知识库，$P，Q \subseteq R$，

（1）知识 Q 依赖于知识 P，记作 $P \Rightarrow Q$，当且仅当 $\mathrm{IND}(P) \subseteq \mathrm{IND}(Q)$；

（2）知识 P 与知识 Q 等价，记作 $P \equiv Q$，当且仅当 $P \Rightarrow Q$，且 $Q \Rightarrow P$；

（3）知识 P 与知识 Q 独立，记作 $P \neq Q$，当且仅当 $P \Rightarrow Q$ 与 $Q \Rightarrow P$ 均不成立。

当知识 Q 依赖于知识 P 时，也称知识 P 可推导出知识 Q。$P \equiv Q$ 当且仅当 $\mathrm{IND}(P)=\mathrm{IND}(Q)$。

知识的依赖性是有一定程度的。比如，知识 P 可部分地推导出知识 Q，也就是知识 Q 部分依赖于知识 P。定义 5.19 给出度量依赖程度的方法。

定义 5.19　设 $K=(U，R)$ 为一个知识库，且 $P，Q \subseteq R$，令

$$k = \gamma_P(Q) = |POS_P(Q)| / |U| \tag{5-15}$$

称知识 Q 依赖于知识 P，依赖度为 k，记作 $P \Rightarrow_k Q$。

显然 $0 \leqslant k \leqslant 1$，

- 当 $k=1$ 时，称知识 Q 完全依赖于知识 P，$P \Rightarrow_1 Q$ 也简记为 $P \Rightarrow Q$；
- 当 $0 < k < 1$ 时，称知识 Q 部分依赖于知识 P；
- 当 $k=0$ 时，称知识 Q 完全独立于 P。

依赖度 k 反映了根据知识 P 将对象分类到知识 Q 的基本概念中去的能力。

当 $P \Rightarrow_k Q$ 时，论域中共有 $k|U|$ 个属于 Q 的 P 正域的对象，这些对象可以依据知识 P 分类到知识 Q 的基本概念中去。

【例 5-11】　$U=\{x_1，x_2，\cdots，x_8\}$，$U/P=\{\{x_1\}，\{x_2\}，\{x_3，x_4\}，\{x_5，x_6\}，\{x_7，x_8\}\}$，$U/Q=\{\{x_1，x_2\}，\{x_3，x_4\}，\{x_5，x_6\}，\{x_7\}，\{x_8\}\}$，求 $\gamma_P(Q)$。

解： $POS_P(Q)=\{x_1\} \bigcup \{x_2\} \bigcup \{x_3，x_4\} \bigcup \{x_5，x_6\}=\{x_1，x_2，x_3，x_4，x_5，x_6\}$

$\gamma_P(Q)=6/8=0.75$

即知识 Q 相对于知识 P 的依赖度为 0.75。

5.6.2　决策表及其约简

定义 5.20　设 $S=(U，A，V，f)$ 为信息系统，若 A 可划分为条件属性集 C 和决策属性集 D，即 $C \bigcup D=A$，$C \bigcap D=\varnothing$，则称信息系统为决策表（decision table）。$\mathrm{IND}(C)$ 的等价类称为条件类，$\mathrm{IND}(D)$ 的等价类称为决策类。

定义 5.21　决策表的分类：

（1）称决策表是一致的，当且仅当 D 依赖于 C，即 $C \Rightarrow D$；

（2）称决策表是不一致的，当且仅当 $C \Rightarrow_k D (0 < k < 1)$。

【例 5-12】 设论域 $U = \{x_1, x_2, \cdots, x_7\}$，属性集 $A = C \cup D$，条件属性集 $C = \{a, b, c, d\}$，决策属性集 $D = \{e\}$，决策表如表 5-5 所示。

表 5-5　决策表

U	a	b	c	d	e
x_1	1	0	2	1	1
x_2	1	0	2	0	1
x_3	1	2	0	0	2
x_4	1	2	2	1	0
x_5	2	1	0	0	2
x_6	2	1	1	0	2
x_7	2	1	2	1	1

由决策表可知：

$$U/C = \{\{x_1\}, \{x_2\}, \{x_3\}, \{x_4\}, \{x_5\}, \{x_6\}, \{x_7\}\}$$

$$U/D = \{\{x_1, x_2, x_7\}, \{x_3, x_5, x_6\}, \{x_4\}\}$$

$$\mathrm{POS}_C(D) = \{x_1, x_2, x_3, x_4, x_5, x_6, x_7\}$$

$$k = \frac{|\mathrm{POS}_C(D)|}{|U|} = 1$$

故该决策表是一致决策表。

定义 5.22 决策表的分辨矩阵是一个对称的 n 阶方阵，其元素定义为：

$$m_{ij}^* = \begin{cases} \{a \mid a \in C \text{ 且 } f(x_i, a) \neq f(x_j, a)\} & \text{当 } (x_i, x_j) \notin \mathrm{IND}(D) \\ \varnothing & \text{当 } (x_i, x_j) \in \mathrm{IND}(D) \end{cases} \tag{5-16}$$

在构建决策表的分辨矩阵时要注意，只有在 x_i、x_j 不属于同一个决策类的前提下，m_{ij}^* 是可以区分 x_i、x_j 的所有属性的集合；若 x_i、x_j 属于同一个决策类，则分辨矩阵中元素 m_{ij}^* 为 $\varnothing$。

C 的 D 核是分辨矩阵中所有单个元素的 m_{ij} 的并，即

$$\mathrm{CORE}_D(C) = \{a \in C \mid m_{ij}^* = \{a\} \quad 1 \leqslant i, j \leqslant n\} \tag{5-17}$$

定义 5.23 决策表的分辨函数定义如下：

$$\rho^* = \wedge \{\vee m_{ij}^*\} \tag{5-18}$$

函数 ρ^* 的极小析取范式中各个合取式分别对应 C 的 D 约简，根据定义 5.22，C 的 D 约简可理解为：

若 $C' \subseteq C$，对所有 $m_{ij}^* \neq \varnothing$，有 $C' \cap m_{ij}^* \neq \varnothing$，且 C' 是极小子集，则 C' 是 C 的 D 约简（相对约简）。

【例 5-13】 对例 5-12 中的决策表进行约简。

解：决策表的分辨矩阵如表 5-6 所示。

表 5-6　决策表的分辨矩阵

U	x_1	x_2	x_3	x_4	x_5	x_6	x_7
x_1							
x_2	—						
x_3	b, c, d	b, c					
x_4	b	b, d	c, d				
x_5	a, b, c, d	a, b, c	—	a, b, c, d			
x_6	a, b, c, d	a, b, c		a, b, c, d	—		
x_7	—	—	a, b, c, d	a, b	c, d	c, d	

分辨函数如下：

$$\rho^* = (b \lor c \lor d) \land b \land (a \lor b \lor c \lor d) \land (a \lor b \lor c \lor d) \land (b \lor c) \land$$
$$(b \lor d) \land (a \lor b \lor c) \land (a \lor b \lor c) \land (c \lor d) \land (a \lor b \lor c \lor d) \land$$
$$(a \lor b \lor c \lor d) \land (a \lor b \lor c \lor d) \land (a \lor b) \land (c \lor d) \land (c \lor d)$$
$$= b \land (b \lor c \lor d) \land (a \lor b \lor c \lor d) \land (b \lor c) \land (b \lor d) \land (a \lor b \lor c) \land$$
$$(a \lor b) \land (c \lor d) = b \land (b \lor c \lor d) \land (b \lor c) \land (b \lor d) \land (a \lor b) \land (c \lor d)$$
$$= b \land (b \lor c) \land (a \lor b) \land (c \lor d)$$
$$= b \land (c \lor d)$$
$$= (b \land c) \lor (b \land d)$$

故 C 的 D 约简共有两个，分别为 $\{b, c\}$ 和 $\{b, d\}$，C 的 D 核为 $\{b\}$。

这样，决策表 5-5 可以约简为表 5-7 及表 5-8。

表 5-7　约简的决策表之一

U	b	c	e
x_1	0	2	1
x_2	0	2	1
x_3	2	0	2
x_4	2	2	0
x_5	1	0	2
x_6	1	1	2
x_7	1	2	1

表 5-8　约简的决策表之二

U	b	d	e
x_1	0	1	1
x_2	0	0	1
x_3	2	0	2
x_4	2	1	0
x_5	1	0	2
x_6	1	0	2
x_7	1	1	1

【例 5-14】　表 5-9 给出一个打网球的数据集，决策属性 PlayTennis 有两个不同值 $\{yes，no\}$，试对这个决策表化简。

表 5-9　打网球的训练样本集

日期	天气（Outlook）	温度（Temperature）	湿度（Humidity）	风力（Wind）	是否打球（PlayTennis）
D_1	晴	热	高	弱	否
D_2	晴	热	高	强	否
D_3	多云	热	高	弱	是
D_4	雨	适中	高	弱	是
D_5	雨	凉爽	适当	弱	是
D_6	雨	凉爽	适当	强	否
D_7	多云	凉爽	适当	强	是
D_8	晴	适中	高	弱	否
D_9	晴	凉爽	适当	弱	是
D_{10}	雨	适中	适当	弱	是
D_{11}	晴	适中	适当	强	是
D_{12}	多云	适中	高	强	是
D_{13}	多云	热	适当	弱	是
D_{14}	雨	适中	高	强	否

解： 由决策表可知：

$$U/C = \{\{D_1\},\{D_2\},\{D_3\},\{D_4\},\{D_5\},\{D_6\},\{D_7\},\{D_8\},\{D_9\},\{D_{10}\},$$
$$\{D_{11}\},\{D_{12}\},\{D_{13}\},\{D_{14}\}\}$$

$$U/D = \{\{D_3,D_4,D_5,D_7,D_9,D_{10},D_{11},D_{12},D_{13}\},\{D_1,D_2,D_6,D_8,D_{14}\}\}$$

$$\text{POS}_C(D) = \{\{D_1\},\{D_2\},\{D_3\},\{D_4\},\{D_5\},\{D_6\},\{D_7\},\{D_8\},\{D_9\},$$
$$\{D_{10}\},\{D_{11}\},\{D_{12}\},\{D_{13}\},\{D_{14}\}\}$$

$$k = \frac{|\text{POS}_C(D)|}{|U|} = 1$$

故该决策表是一致决策表。

决策表的分辨矩阵如表 5-10 所示。

表 5-10   决策表的分辨矩阵

U	D_1	D_2	D_3	D_4	D_5	D_6	D_7	D_8	D_9	D_{10}	D_{11}	D_{12}	D_{13}	D_{14}
D_1														
D_2	—													
D_3	O	O, W												
D_4	O, T	O, T, W	—											
D_5	O, T, H	O, T, H, W	—	—										
D_6	—	—	O, T, H, W	T, H, W	W									
D_7	O, T, H, W	O, T, H	—	—	—	O								
D_8	—	—	O, T	O, T	O, T, H	—	O, T, H, W							
D_9	T, H	T, H, W	—	—	—	O, W	—	T, H						
D_{10}	O, T, H	O, T, H, W	—	—	—	T, W	—	O, T, H						
D_{11}	T, H, W	T, H	—	—	—	O, T	—	H, W	—					
D_{12}	O, T, W	O, T	—	—	O, T, H	—	O, W	—	—					
D_{13}	O, H	O, H, W	—	—	O, T, W	—	O, T, H	—	—	—	—			
D_{14}	—	—	O, T, W	W	T, H, W	—	O, T, H	—	O, T, H, W	H, W	O, H	O	O, T, H, W	

分辨函数如下：

$\rho^* = O \wedge (O \vee W) \wedge (O \vee T) \wedge (O \vee W \vee T) \wedge (O \vee T \vee H) \wedge (O \vee T \vee H \vee W) \wedge$
$(O \vee T \vee H \vee W) \wedge (T \vee H \vee W) \wedge W \wedge (O \vee T \vee H \vee W) \wedge$
$(O \vee T \vee H) \wedge O \wedge (O \vee T) \wedge (O \vee T) \wedge (O \vee T \vee H) \wedge (O \vee T \vee H \vee W) \wedge$
$(T \vee H) \wedge (T \vee H \vee W) \wedge (O \vee W) \wedge (T \vee H) \wedge (O \vee T \vee H) \wedge$

$(O \lor T \lor H \lor W) \land (T \lor W) \land (O \lor T \lor H) \land (T \lor H \lor W) \land (T \lor H) \land$
$(O \lor T) \land (H \lor W) \land (O \lor T \lor W) \land (O \lor T) \land (O \lor T \lor H) \land (O \lor W) \land$
$(O \lor H) \land (O \lor H \lor W) \land (O \lor T \lor W) \land (O \lor T \lor H) \land (O \lor T \lor W) \land W \land$
$(T \lor H \lor W) \land (O \lor T \lor H) \land (O \lor T \lor H \lor W) \land (H \lor W) \land (O \lor H) \land O \land$
$(O \lor T \lor H \lor W)$

$= O \land (O \lor W) \land (O \lor T) \land (O \lor W \lor T) \land (O \lor T \lor H) \land (O \lor T \lor H \lor W) \land$
$(T \lor H \lor W) \land W \land (T \lor H) \land (T \lor W) \land (H \lor W) \land (O \lor T \lor W) \land (O \lor H)$

$= O \land W \land (T \lor H)$

$= (O \land W \land T) \lor (O \land W \land H)$

由此得到两个约简的决策表，见表 5-11 和表 5-12。

表 5-11　打网球的决策表约简之一

日期	天气（Outlook）	温度（Temperature）	风力（Wind）	是否打球（PlayTennis）
D_1	晴	热	弱	否
D_2	晴	热	强	否
D_3	多云	热	弱	是
D_4	雨	适中	弱	是
D_5	雨	凉爽	弱	是
D_6	雨	凉爽	强	否
D_7	多云	凉爽	强	是
D_8	晴	适中	弱	否
D_9	晴	凉爽	弱	是
D_{10}	雨	适中	弱	是
D_{11}	晴	适中	强	是
D_{12}	多云	适中	强	是
D_{13}	多云	热	弱	是
D_{14}	雨	适中	强	否

表 5-12　打网球的决策表约简之二

日期	天气（Outlook）	湿度（Humidity）	风力（Wind）	是否打球（PlayTennis）
D_1	晴	高	弱	否
D_2	晴	高	强	否
D_3	多云	高	弱	是
D_4	雨	高	弱	是
D_5	雨	适当	弱	是
D_6	雨	适当	强	否
D_7	多云	适当	强	是
D_8	晴	高	弱	否
D_9	晴	适当	弱	是
D_{10}	雨	适当	弱	是
D_{11}	晴	适当	强	是
D_{12}	多云	高	强	是
D_{13}	多云	适当	弱	是
D_{14}	雨	高	强	否

5.6.3 近似约简算法

约简反映了一个信息系统的本质信息，求解一个信息系统的全部约简或计算出最佳约简都属于 NP 难问题。例如，当决策表中的数据量很大时，应用 5.6.2 节的粗糙集约简算法就十分耗时，因此，人们开始讨论近似约简算法。在有限的时间内求出尽可能短、尽可能好的约简是个启发式搜索问题。

基于属性重要性的约简算法以属性的核作为出发点，同时允许把用户的偏好也作为约简的一部分，因而算法具有较高的准确性和较强的伸缩性。但是算法的计算时间比较长，尤其当 $|U|$ 很大时，算法的时间会急剧增加。

基于不可分辨矩阵的约简算法把频度作为启发信息，以分辨矩阵作为算法的支撑点，空间耗费比较大。虽然在数据量比较小时，算法的执行时间比基于属性重要性的约简算法快得多，但由于要对分辨矩阵进行排序，当 $|U|$ 很大时，时间开销相当惊人，而且得出的结果往往是约简的超集。

一个属性在分辨矩阵中出现的频率反映了它区别对象的能力。如果属性出现的频率高，就可能是约简中的成员。用户偏好的属性集合就是用户认为比较重要的属性构成的集合。

RedFreSigni 算法是同时满足属性重要性和频度的启发式约简算法。该算法的基本思想是把核和用户偏好集同时作为属性近似约简的一部分，并以频度作为选择属性的启发信息。

假设决策系统 $S=(U, C\bigcap D)$，其中，U 为对象集合，C 为条件属性集合，D 为决策属性集合（决策属性只能有一个）。

```
[算法] RedFreSigni
输入:用户偏好的属性集合 UP,即用户认为比较重要的属性集合。
输出:条件属性集合 C 的约简 RED。
(1) count(ai)= 0 , for i= 1 , …,n
(2) 生成分辨矩阵 M,同时计算频度信息 count(ai);
(3) 由分辨矩阵 M 生成属性集的核 CORE;
(4) RED= CORE∪UP;
(5) AR= C - RED;
(6) 按照属性的频度值对属性集 AR 排序;
(7) 计算: depRED= K(RED,D);
(8) 计算:depC= K(C,D);
(9) while( depRED ≠depC ) begin
(10)    从 AR 中选择属性频度值最大的属性 ai;
(11)    RedOld= RED;
(12)    RED= RED∪{ ai};
(13)    AR= AR- { ai};
(14)    计算依赖度:depREDOld= K(REDOld, D) ;
(15)    计算依赖度:depRED= K(RED, D) ;
(16)    if(depRED= depREDOld) then begin
(17)        RED= RED- { ai} ;
(18)        depRED= depREDOld ; endif
(19) endwhile ;
```

```
(20) return RED ;
```

5.6.4 决策规则

粗糙集理论的主要应用之一就是利用决策表生成决策规则。决策规则的作用是为已有对象分类，或预测新对象可能分属的类别。

设 $S=(U, A, V, f)$ 是决策表，$A=C \cup D$，C 为条件属性集，D 为决策属性集。令 X_i 和 Y_j 分别表示条件类和决策类。

$\text{Des}(X_i)$ 表示条件类 X_i 的描述，定义为：

$$\text{Des}(X_i) = \{(a,\nu_a) \mid f(x,a) = \nu_a, \forall a \in C\} \tag{5-19}$$

$\text{Des}(Y_j)$ 表示决策类 Y_j 的描述，定义为：

$$\text{Des}(Y_j) = \{(a,\nu_a) \mid f(x,a) = \nu_a, \forall a \in D\} \tag{5-20}$$

决策规则定义为：

$$T_{ij} : \text{Des}(X_i) \rightarrow \text{Des}(Y_j), \text{当 } X_i \cap Y_j \neq \varnothing \tag{5-21}$$

规则 T_{ij} 的确定性因子 $\mu(X_i, Y_j) = \dfrac{|Y_j \cap X_i|}{|X_i|}$，显然 $0 < \mu \leqslant 1$。

当 $\mu(X_i, Y_j) = 1$ 时，T_{ij} 是确定的规则；当 $0 < \mu < 1$ 时，T_{ij} 是不确定的规则，此时 $\mu(X_i, Y_j)$ 反映 X_i 中的对象可分类到 Y_j 中的比例。

决策表中所有决策规则的集合称为决策算法。

在从决策表中提取决策规则时，如果多个对象的信息（属性值）完全相同，则只保留其中之一（因为它们反映相同的决策规则），然后求条件属性的相对约简，得到约简的决策表。约简后的决策表具有更少的条件属性，但具有和原决策表相同的知识。

重复的行表达同一决策规则，可以将其移去，这里的行不表示任何实际对象的描述。

最后对每条决策规则进行约简，并利用决策逻辑方法求出极小化的决策算法。

例如，由约简决策表（参见表 5-11）生成的决策规则为：

$$(O,晴) \wedge (T,热) \wedge (W,弱) \rightarrow (P,否)$$
$$(O,晴) \wedge (T,热) \wedge (W,强) \rightarrow (P,否)$$
$$(O,多云) \wedge (T,热) \wedge (W,弱) \rightarrow (P,是)$$
$$(O,雨) \wedge (T,适中) \wedge (W,弱) \rightarrow (P,是)$$
$$(O,雨) \wedge (T,凉爽) \wedge (W,弱) \rightarrow (P,是)$$
$$(O,雨) \wedge (T,凉爽) \wedge (W,强) \rightarrow (P,否)$$
$$(O,多云) \wedge (T,凉爽) \wedge (W,强) \rightarrow (P,是)$$
$$(O,晴) \wedge (T,适中) \wedge (W,弱) \rightarrow (P,否)$$
$$(O,晴) \wedge (T,凉爽) \wedge (W,弱) \rightarrow (P,是)$$
$$(O,晴) \wedge (T,适中) \wedge (W,强) \rightarrow (P,是)$$
$$(O,多云) \wedge (T,适中) \wedge (W,强) \rightarrow (P,是)$$
$$(O,雨) \wedge (T,适中) \wedge (W,强) \rightarrow (P,否)$$

用粗糙集理论求取决策规则与关联规则的挖掘一样，也会产生大量的决策规则，有些决策规则是用户感兴趣的，有些是用户不感兴趣的，甚至是冗余的。下面讨论如何从大量的决策规则中抽取用户感兴趣的，或者如何从大量的规则中抽取具有普遍意义的决策规则。为此，在用粗糙集理论求解决策规则的过程中，类似于关联规则引入支持度和信任度的概念。基于用户支持度和信任度的规则生成算法 GenerateRule 如下。

```
算法：GenerateRule
输入：决策系统 S 的约简 RED；
用户设定的最小支持度阈值：α；
用户设定的最小置信度阈值：β。
输出：决策系统 S 的规则集 RUL E。
(1) RULE= ∅；
(2) 计算条件等价类：ConditionEC；
(3) 计算决策等价类：DecisionEC；
(4) FOR each E ∈ ConditionEC  DO  BEGIN
(5)   desE= DES( E，RED)；
(6)   FOR each X DecisionEC  DO  BEGIN
(7)     des X= DES(X，D)；
(8)     IF( E∩X ≠∅) Then
(9)       IF(bel（desE，des X）> β) and（sup（des E，des X)）> α) Then
(10)         RULE= RULE∪{ des E→des X }；
(11)   END
(12) END
(13) Return RUL E
```

本章小结

粗糙集理论建立在完善的数学基础之上，作为处理含糊性和不确定性问题的数学工具，该理论可以和概率统计、模糊数学、证据理论、人工神经网络、遗传算法等理论结合应用。粗糙集理论提供了可应用于许多人工智能分支的有效方法。粗糙集的方法可方便地在并行处理机上实现程序化。

高效的约简算法是粗糙集理论应用于数据挖掘与知识发现领域的基础。虽然已有一些相关研究成果，但寻求快速的约简算法及其增量版本仍是主要研究课题之一。另外，粗糙集如何处理大数据集也需探索相应的解决方法。

本章介绍了数据挖掘的技术之一——粗糙集理论，它可应用于揭示不精确数据间的关系，发现对象和属性间的依赖，评价属性对分类的重要性，去除冗余数据，从而对信息系统进行约简，生成决策规则。

粗糙集理论不仅可应用于大数据集，也可应用于统计学不便处理的小数据集。粗糙集是基于离散结构的技术，要求属性值的离散化。粗糙集提供近似和分类等问题的粒度计算。

通过核和约简计算，粗糙集可以用于特征约简/特征提取，属性关联分析。粗糙集是计算密集的，特别是约简的计算是一个 NP 完全问题。近似约简是一种有效的方法。

习题 5

1. 描述粗糙集的特征的方法有哪些?

2. 粗糙集用来处理不确定信息, 不确定性按性质划分为哪些?

3. 粗糙集的特点和优势有哪些?

4. 属性约简的算法的思路和基本原则是什么?

5. 设论域 $U=\{x_0, x_1, \cdots, x_{10}\}$, 且等价关系 R 对应如下等价类: $E_1=\{x_1, x_2\}$, $E_2=\{x_3, x_6, x_9\}$, $E_3=\{x_0, x_4, x_5\}$, $E_4=\{x_7, x_{10}\}$, $E_4=\{x_8\}$。

   (1) 假设集合 $X=\{x_0, x_1, x_2, x_3\}$, 求 $\overline{R}X$、$\underline{R}X$ 及 $\alpha_R(X)$;

   (2) $Y=\{x_1, x_2, x_3\ x_4, x_5, x_6, x_7, x_{10}\}$, 说明集合 Y 的拓扑特征。

6. 设有知识库 $\boldsymbol{K}=(U, \boldsymbol{R})$, 其中 $U=\{x_1, x_2, \cdots, x_7\}$, $\boldsymbol{R}=\{R_1, R_2, R_3\}$, 等价关系 R_1, R_2, R_3 的等价类如下:

$$U/R_1=\{\{x_1,x_5,x_6\},\{x_2,x_3\},\{x_4,x_7\}\}$$
$$U/R_2=\{\{x_1,x_2,x_5\},\{x_6,x_7\},\{x_3,x_4\}\}$$
$$U/R_3=\{\{x_1,x_2,x_5\},\{x_6\},\{x_3, x_7\},\{x_4\}\}$$

   求约简和核。

7. 设 $\boldsymbol{K}=(U, \boldsymbol{P})$ 为一个知识库, $U=\{x_1, x_2, \cdots, x_6\}$, $\boldsymbol{P}=\{R_1, R_2, R_3\}$。等价关系 R_1, R_2, R_3 的等价类集合如下:

$$U/R_1=\{\{x_1,x_2\},\{x_3,x_4,x_5,x_6\}\}$$
$$U/R_2=\{\{x_1,x_3,x_4\},\{x_2,x_6\},\{x_5\}\}$$
$$U/R_3=\{\{x_1,x_5,x_6\},\{x_2,x_3,x_4\}\}$$

   等价关系族 Q 所导出的不可分辨关系的等价类集合为:

   $U/\boldsymbol{Q}=U/\mathrm{IND}(\boldsymbol{Q})=\{\{x_1, x_3, x_4\}, \{x_2, x_5, x_6\}\}$

   求 $\boldsymbol{P}$ 的 $\boldsymbol{Q}$ 约简及 $\boldsymbol{P}$ 的 $\boldsymbol{Q}$ 核。

8. 已知 $U=\{x_1, x_2, \cdots, x_8\}$, $U/\boldsymbol{P}=\{\{x_1, x_2, x_3, x_4\}, \{x_5, x_6\}, \{x_7, x_8, x_{10}\}, \{x_9\}\}$, $U/\boldsymbol{Q}=\{\{x_1, x_2\}, \{x_3, x_4\}, \{x_5, x_6\}, \{x_7, x_8\}, \{x_9, x_{10}\}\}$, 求 $\gamma_P(\boldsymbol{Q})$。

9. 设有信息系统 $S=(U, A)$, $U=\{x_1, x_2, x_3, x_4, x_5, x_6\}$, $A=\{a, b, c\}$, 利用数据表格表示如下:

U	性别 a	年级 b	专业 c
x_1	男	三	机械
x_2	男	二	软件
x_3	男	一	机械
x_4	女	二	软件
x_5	女	三	机械
x_6	女	二	软件

利用分辨矩阵及分辨函数求约简及核。

10. 设论域 $U=\{x_1, x_2, \cdots, x_6\}$，属性集 $A=C\cup D$，条件属性集 $C=\{a, b, c\}$，决策属性集 $D=\{d\}$，决策表如下：

学生 \ 表现	社团活动 a	成绩 b	学术论文 c	奖学金 d
x_1	参加	优	2	一等
x_2	参加	优	2	一等
x_3	参加	中	0	二等
x_4	未参加	中	1	无
x_5	未参加	良	0	二等
x_6	未参加	良	1	二等

决策表是否为一致决策表？利用分辨矩阵对决策表进行约简。

11. 设论域 $U=\{x_1, x_2, \cdots, x_8\}$，属性集 $A=C\cup D$，决策属性集 $D=\{流感\}$，其他为条件属性，决策表如下：

U	头痛	肌肉痛	体温	流感
x_1	是	是	正常	否
x_2	是	是	高	是
x_3	是	是	很高	是
x_4	否	是	正常	否
x_5	否	否	高	否
x_6	否	是	很高	是
x_7	否	否	高	是
x_8	否	是	很高	否

决策表是否为一致决策表？利用分辨矩阵对决策表进行约简。

6.1 引言

分类是数据挖掘的重要手段之一。分类的目的是构造一个分类函数或分类模型（也称分类器），利用这个分类器对现有数据进行类别划分，或对将来的数据进行类别预测。分类器的数据源常常来自数据库，目标是划分或类别的集合。使用分类器时可以得到数据库中的元组到分类类别的映射。分类器主要用于预测和决策，在商业、科研、工业等领域具有广泛的应用前景。

决策树是一种重要的分类器，采用树形结构。树的叶子结点表示类别，即分类属性（决策属性）的取值；树的内部结点是条件属性或条件属性的集合；一个内部结点为其每个条件属性值或每个组合的条件属性值构成一个树枝，连接树的下一层结点；从树根到叶子结点的一条路径称为一个决策规则。

构造决策树的过程是机器学习的过程。决策树学习是以事例为基础的归纳学习算法，是应用最广泛的逻辑方法之一。典型的生成决策树的方法是采用自顶向下的方式在部分搜索空间中搜索解决方案。它可以确保求出一个简单的决策树，但未必是最简单的。它着眼于从一组无次序、无规则的事例中推导出决策树表示形式的分类规则，形成分类器和预测模型。该分类器可以对未知数据进行分类或预测，完成数据挖掘任务。

Hunt 等人于 1966 年提出的概念学习系统（Concept Learning System，CLS）是最早的决策树算法，以后的许多决策树算法都是对 CLS 算法的改进或由 CLS 衍生而来。自 J. R. Quinlan 于 1986 年提出了著名的迭代两分器 ID3（Interactive Dicremiser versions 3）方法后，决策树方法在机器学习、知识发现领域得到了进一步应用及巨大的发展，在人工智能领域也有着相当重要的理论意义与实用价值。Quinlan 以 ID3 为蓝本于 1993 年提出 C4.5，它是一个能处理连续属性的算法。其他决策树方法还有 ID3 的增量版本 ID4 和 ID5 等。强调在数据挖掘中有伸缩性的决策树算法有探索监督学习（Supervised Learning in Quest，SLIQ）、可扩展的并行决策树（Scalable PaRallelizable Induction of decision Trees，SPRINT）、雨林（rainforest）算法等。

用决策树进行分类分为两个步骤：第一步是在训练集上学习和训练，建立决策树模型；第二步是利用第一步得到的决策树模型对未知的数据进行分类。显然，关键在于构建决策树模型。

可以把构建决策树模型的任务划分为两个阶段：第一个阶段是建树，选取部分训练数据，按广度优先递归算法建立决策树，直到每个叶子结点中的训练数据属于同一个类别或满足某种条件为止；第二个阶段是剪枝，利用剩余的训练数据检验生成的决策树模型，对决策树进行剪枝和增加结点，直到决策树模型满足精度要求。这两个阶段相辅相成，前者是通过递归学习，最终得到一棵决策树，而后者则是为了降低噪声数据对分类正确率的影响。

6.2　构建决策树的理论问题

决策树学习是在训练数据集上总结规律，形成一棵树形结构。从树根到叶子结点的路径形成决策规则。

【例 6-1】　表 6-1 给出一个打网球的训练样本集 S，分类属性 PlayTennis 有两个不同值{是，否}。

表 6-1　打网球的训练样本集

日期	天气（Outlook）	温度（Temperature）	湿度（Humidity）	风力（Wind）	是否打球（PlayTennis）
D_1	晴	热	高	弱	否
D_2	晴	热	高	强	否
D_3	多云	热	高	弱	是
D_4	雨	适中	高	弱	是
D_5	雨	凉爽	适当	弱	是
D_6	雨	凉爽	适当	强	否
D_7	多云	凉爽	适当	强	是
D_8	晴	适中	高	弱	否
D_9	晴	凉爽	适当	弱	是
D_{10}	雨	适中	适当	弱	是
D_{11}	晴	适中	适当	强	是
D_{12}	多云	适中	高	强	是
D_{13}	多云	热	适当	弱	是
D_{14}	雨	适中	高	强	否

通过学习，创建一棵决策树如图 6-1 所示。下面是其中的一条决策规则：

if(Outlook= 晴 ∧ Humidity= 适当)then PlayTennis= 是

　　显然，我们可以得到结构不同的决策树。例如，用 Humidity 作为树的根结点，而不是用 Outlook 等。所以，如何为决策树的每个非叶子结点选择属性是一个亟待解决的问题。

　　构建决策树的目标是要得到分类精度或预测精度高的决策树。看下面的例子。

　　【例 6-2】　在图 6-2 中展示的二维数据点分为"o"和"＋"两种类别。1 200 个标记为"o"的数据点由 3 个独立的高斯分布产生；1 800 个标记为"＋"的数据点由均匀分布产生。从数据集中随机选取 30％的数据用于训练决策树。

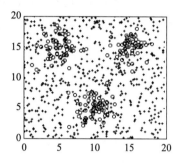

图 6-1　关于打网球的决策树　　　　　　图 6-2　"o"和"＋"构成的二分类数据集

　　首先生成一棵充分生长的决策树（使其训练误差达到 0），然后对这棵树进行不同程度的剪枝，得到大量的不同复杂程度的决策树。图 6-3 是其中两棵规模不同的决策树。

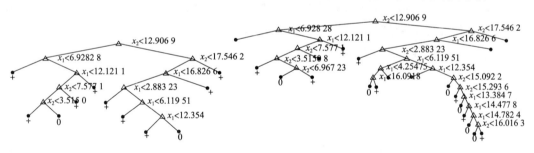

图 6-3　具有不同复杂度的决策树

　　面临的问题是：构建复杂的决策树还是简洁的决策树更有利于提高分类精度？

6.2.1　为当前结点选择属性

1. 信息论基础

　　近代信息论（也称狭义信息论），是 C. E. Shannon 为解决信息传递（通信）过程中的问题建立的一系列理论。自从 1948 年发表开创性的论文，信息论经历了理论的确立、发展和逐步完善的过程，其内容包括信息理论、编译码技术和密码学三个部分。目前，已经广泛应用于通信技术以及其他领域。

　　传递信息系统由发送端（信源）和接收端（信宿）以及连接两者的通道（信道）三部分组成。描述在随机干扰环境中通信时，将信源和干扰（噪声）均理解为某种随机过程或随机序列。因此，在实际通信之前，信宿不可能确切了解信源的状态以及将要发送的具体信息。把这种情形称为信源状态对于信宿具有不定性。这种不定性存在于通信之前，也叫做先验不确定性。

开始通信后，如果信宿收到来自信源的信息，就会逐渐减少或消除这种先验不确定性。如果干扰不会影响信息传递，信宿就能接收到信源发出的全部信息，此时，就完全消除了信宿的先验不确定性。通常情况下，干扰会使信宿收到的信息不完全，此时就不能全部消除先验不确定性。将通信结束后，信宿仍然存在的不确定性称为后验不确定性。

显然，后验不确定性总要小于先验不确定性。如果后验不确定性与先验不确定性相等，就说明信宿根本没有收到信息；如果后验不确定性为零，这表明信宿收到了全部信息。

信息是反映世界(包括自然界和人类社会)诸种事务多样性的一种概念。信息可以减少或消除不确定性，因此，信息的大小可由它消除不确定性的程度来度量。

在统计热力学中有著名的熵(entropy)增加原理。所谓熵，是对热力学系统的混乱程度的度量。系统的混乱程度越低，熵越小。任何系统的演化中，如果不施加能量，熵只能增加而不会减少。

在信息论中借用了熵的概念，用于衡量一个随机变量取值的不确定性程度。从数学概念上看，随机变量就是信息，信息量可被确定为相应随机变量的数学期望。

C. E. Shannon 的信息量不考虑事件发生的时间、地点、内容以及人们对该事件的态度和反应，而只顾及事件发生的状态数目和每种状态发生的可能性大小，这就使信息度量具有普遍意义及相当广泛的实用性。

定义 6.1 设 X 是取有限个值的离散随机变量，它取 x_i 值的概率为 $P(x_i)(i=1, 2, \cdots, n)$，那么定义

$$E(X) = -\sum_{i=1}^{n} P(x_i)\log P(x_i) \tag{6-1}$$

称 $E(X)$ 为随机变量 X 的熵。

熵是信息理论中的重要概念。例如，在随机试验之前，人们只了解各取值的概率分布，而完成随机试验后，随机变量的取值就确定了，不确定性消失了。也就是说，人们通过随机试验获得了信息，且该信息的数量恰好等于随机变量的熵。

在信息理论中，不确定性越小，熵就越小，相应的信息量就越小。信息熵只能减少，不能增加，这就是信息不增加原理。

2. 信息增益与属性选择

熵也可以量度数据集合的不纯度(impurity)或者说不规则(irregularity)程度。这里的不规则程度指的是集合中数据元素之间依赖关系的强弱。

用于训练决策树的数据集是通过属性-值刻画的。属性 X 的纯度可以用熵 $E(X)$ 来衡量。属性 X 的熵 $E(X)$ 越小，表明数据在属性 X 值域上的分布越不均匀，也就是这个数据集合的 X 属性值越纯。如果所有数据都取同一个属性值，那么这个属性的熵就是 0。属性

的熵越大，就说明该属性域上的数据分布越均匀，可以说，这个属性也就越不纯。

定义 6.2　设 S 是 n 个数据样本的集合，将样本集划分为 c 个不同的类 $C_i (i=1, 2, \cdots,$
$c)$，每个类 C_i 含有的样本数目为 n_i，则 S 划分为 c 个类的信息熵为：

$$E(S) = -\sum_{i=1}^{c} p_i \log_2(p_i) \tag{6-2}$$

其中，p_i 为 S 中的样本属于第 i 类 C_i 的概率，即 $p_i = n_i/n$。

采用以 2 为底的对数，原因在于信息采用二进制编码，用二进制位数可以度量编码长
度。熵可以表达在变长编码格式下的平均编码长度。

当样本属于每个类的概率相等时，即对任意 i 有 $p_i =$
$1/c$ 时，$E(S)$ 取到最大值 $\log_2 c$，表明用于分类的信息最
多；而当所有样本属于同一个类时，S 的熵为 0，表明不
存在对样本分类有用的信息。

图 6-4 是 $c=2$ 时的二分类熵函数随 p_i 从 0 到 1 变化
的曲线。

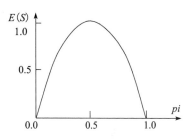

图 6-4　二分类的熵函数曲线

分类问题的本质是通过对混乱的数据做划分，使得每
一部分数据尽可能地纯。决策树的每个结点用于对数据做一次划分，每次划分得越纯，就
会使决策树越简洁。

定义 6.3　用 Values(A) 表示属性 A 的所有不同值的集合，S_v 是 S 中属性 A 的值为 v
的样本子集，即 $S_v = \{s \in S \wedge A(s)=v\}$，在选择属性 A 后的每一个分支结点上，对该结点
的样本集 S_v 分类的熵为 $E(S_v)$。选择 A 导致的期望熵定义为：

$$E(S,A) = \sum_{v \in \text{Values}(A)} \frac{|S_v|}{|S|} E(S_v) \tag{6-3}$$

其中，$E(S_v)$ 是将 S_v 中的样本划分到 c 个类的信息熵。

定义 6.4　属性 A 相对样本集合 S 的信息增益 Gain(S，A) 定义为：

$$\text{Gain}(S,A) = E(S) - E(S,A) \tag{6-4}$$

属性的信息增益体现出用该属性对样本分类而导致的熵的期望值下降。Gain(S，A)
越大，说明选择测试属性 A 对分类提供的信息越多。

3. 其他属性选择方法

利用信息增益作为属性选择的标准就意味着倾向于属性值数目较多的属性，但是取值
较多的属性不一定是最有利于分类的属性。

为避免过度倾向于取值多的属性，可以用信息增益率（information gain ratio）的方法
选择测试属性。

定义 6.5　设样本集 S 按离散属性 A 的 n 个不同的取值划分为 S_1，S_2，$\cdots$，S_n 共 n
个子集，则用 A 对 S 进行划分的信息增益率为：

$$\text{GainRatio}(S,A) = \frac{\text{Gain}(S,A)}{\text{SplitInformation}(S,A)} \tag{6-5}$$

其中，$\text{SplitInformation}(S, A) = -\sum_{i=1}^{n} \frac{|S_i|}{|S|} \log_2 \left(\frac{|S_i|}{|S|} \right)$。

信息增益率等于信息增益对分割信息量（split information）的比值。

Gini 指数是意大利经济学家 Corrado Gini 于 1922 年提出的，用于定量地测定收入分配差异程度，其值在 0 和 1 之间。越接近 0 就越表明收入分配趋向平等，反之，越表明收入分配趋向不平等。按照国际一般标准，0.4 以上的 Gini 指数表示收入差距较大，当 Gini 指数达到 0.6 时，则表示收入悬殊。

定义 6.6 如果集合 T 包含 N 个类别的记录，那么 Gini 指数就是

$$\text{Gini} = 1 - \sum_{j=1}^{N} p_j^2 \tag{6-6}$$

如果集合 T 在 X 的条件下分成两部分 N_1 和 N_2，那么这个分割的 Gini 指数就是

$$\text{Gini}_{\text{split}(X)}(T) = \frac{N_1}{N}\text{Gini}(T_1) + \frac{N_2}{N}\text{Gini}(T_2)$$

6.2.2 过拟合问题

定义 6.7 分类模型在训练样本集合上的误分类比例称为训练误差（training error），也叫做再代入误差（resubstitution error）。

定义 6.8 分类模型在未知样本上的期望误差称为泛化误差（generalization error）。

显然，一个好的分类模型应该在具有低训练误差的同时，也具有低泛化误差。

用例 6-2 来讨论训练误差和泛化误差之间的关系，把余下 70% 的数据用于测试，即在实验中采用测试误差代替泛化误差。图 6-5 展现了不同结点数的决策树对应的训练误差和测试误差。结点数量反映出决策树的复杂程度。可以看出，随着决策树的结点数量增加，训练误差单调下降，而泛化误差下降到一定程度后又会反弹。

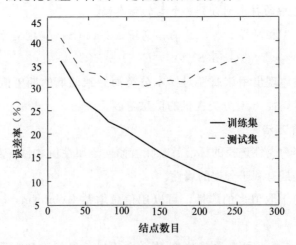

图 6-5 训练误差与泛化误差

定义 6.9 给定一个假设空间 H，假设 $h \in H$，如果存在假设 $h' \in H$，h 的训练误差比 h' 小，但 h' 的泛化误差比 h 小，则称假设 h 过度拟合训练样本集。

如果决策树 A 拟合训练数据较好，但与拟合训练数据相对较差的决策树 B 相比，A 具有更高的泛化误差，则称决策树 A 过拟合。

当决策树生长不充分时，训练误差和泛化误差都较大，称此情况为模型拟合不足 (model underfitting)，原因在于此时模型尚未学习到数据真实结构，随着决策树中结点数的增多，训练误差和泛化误差都随之下降。但是，如果决策树的规模过于复杂，训练误差会继续下降，而泛化误差却开始增大，这种现象称为模型过拟合 (model overfitting)。

结点少的决策树具有较高训练误差，但具有较低的测试误差，而结点多的决策树会出现过拟合。

实际上，可以让决策树充分扩展，直至拟合训练集中的所有数据为止。这种完全拟合训练数据的决策树的训练误差为零。但是这棵决策树在拟合全部训练数据的同时可能拟合了一些噪声数据，这些拟合噪声数据的结点不能很好地泛化到测试样本，从而降低了决策树的性能。

在创建决策树时，由于训练样本数量太少或训练数据中存在噪声，都会导致一些树枝体现训练样本集中的异常现象，由此建立的决策树会过拟合训练样本集。过拟合将导致作出的假设泛化能力过差。

过拟合和拟合不足是两种与模型复杂度相关的异常现象。当生成决策树时，不仅关注它的训练误差，而且更在意它的泛化误差。拟合不足和拟合过度的内在联系与偏倚 (bias) 和方差 (variances) 有关，如图 6-6 所示。

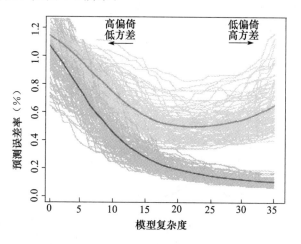

图 6-6　偏倚、方差与模型复杂度的关系

偏倚是系统误差。测量误差、样本误差等都可能导致偏倚。它是通过增加样本容量也无法降低的误差，即使给定样本容量为无穷，偏倚依然存在。通过计算某些参数的估计值的数学期望和真实值之差得出偏倚：

$$\text{Bias} = E(\overline{p}) - p \tag{6-7}$$

方差是由于给定有限样本所导致的附加误差，反映随机变量和均值之间的偏离程度。式 (6-8) 为总体方差的无偏估计，式 (6-9) 为总体方差的有偏估计。

$$\text{Var}^2 = \frac{\left(\sum_i (\overline{p}_i - p_i)^2\right)}{N-1} \tag{6-8}$$

$$\text{Var}^2 = \frac{\left(\sum_i (\overline{p}_i - p_i)^2\right)}{N} \tag{6-9}$$

无偏性并不意味着对于任何样本都能给出准确的估计值，而只能说估计有时偏大，有时偏小，但"平均讲"偏差为 0。因此，无偏性可以解释为不存在系统偏差。有偏估计量具有非 0 偏倚，而无偏估计具有 0 偏倚。至于无偏性在实用中是否有意义，由问题的性质决定。只有同一估计在同一问题中反复使用多次，且从实际效果看正负偏差可以抵消时，无偏性才有意义。从理论上讲，无偏性在数学上更容易处理。

MSE(mean square error，均方误差)是指参数估计值与参数真值之差的平方的期望值，是衡量"平均误差"的一种较方便的方法。

$$\text{MSE}(\overline{p}) = E(\overline{p} - p)^2 = \text{Var}(\overline{p}) + \text{Bias}^2(\overline{p}) \tag{6-10}$$

MSE 可用于评价数据的变化程度，MSE 的值越小，说明模型的精确度越高。

由式(6-10)体现偏倚与方差之间的关系。如果给定 MSE，偏倚大，方差就会小，反之亦然。在构建决策树时，可以用偏倚和方差度量模型与问题的"匹配"程度。偏倚度量模型与问题"匹配"的准确度，高偏倚意味着更差的匹配；方差度量"匹配"的精确度，高方差意味着更弱的匹配。最小化 MSE 可以得到具有恰当偏倚和方差的模型。图 6-7 中 y 轴表示偏倚/方差/MSE 的值，x 轴表示模型复杂度/数据规模。

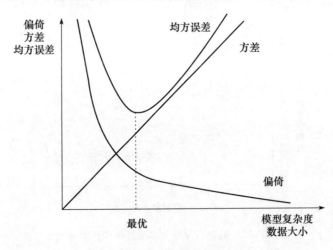

图 6-7　偏倚、方差和模型复杂度

决策树算法希望找到一棵既具有低偏倚，又具有低方差的决策树。

如果做一些与问题相关的"假设"，也就是说假如有先验信息，还是可以创建出具有不同均方误差的决策树的。

图 6-8 表明选择不过拟合数据的模型的一般思想，也就是说，以真实值与模型实际输出值之间的误差度量，最优点附近的决策树在训练数据和测试数据上表现都可以接受。

通过调整决策树结点的分裂条件，就能很容易地改变训练误差。当然，训练误差过小，会使决策树训练过度。过度训练通常意味着数据过拟合。当将过度训练的决策树应用于测试数据时，其泛化误差通常较大。因此，构建的决策树既不能过于复杂，也不能过于简单。

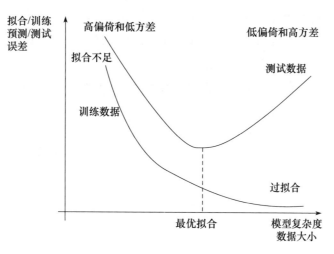

图 6-8　过拟合、拟合不足和最佳拟合

6.3　ID3 算法

表达一个决策问题的三个基本元素是自然状态、策略和后果。自然状态指决策者在所面临的决策问题中无法预知或无法控制的不确定因素所经历的状态。一种状态是否出现独立于决策者的意志，不依赖于决策者的选择。显然，为达到决策目标而可以选择的方案（策略、行动）也是多样的。所有可供选择的方案全体称为策略空间，决策即是从策略空间中选出一个"最优"方案。将决策问题用树来表示，形象地称之为决策树。树中非叶子结点叫决策点，树枝代表一个方案，叶子结点表示后果。

决策树学习的基本算法是贪心算法（greedy algorithm）。所谓贪心算法是指一种简单、迅速求解最优解问题的算法设计方法。其特点是将求解问题分成迭代步骤进行，采用自顶向下的方法，每个迭代步骤均限于当前情况下根据给定的优化测度做最优选择，而不考虑各种可能的整体情况，通过迭代的方法做出相继的贪心选择，每做一次贪心选择就将问题简化为规模更小的子问题，通过每一步贪心选择最终可得到一个最优解。贪心算法虽然每一步都能获得局部最优解，但是，由于没有回溯，不考虑全局，因此产生的全局解可能不是全局最优的。

6.3.1　生成决策树的算法

设训练样本集合为 S，每个样本均由一个条件属性集 C 和一个决策属性来刻画。C 中各个属性的值是可测量的，在数据库中已知的，而 D 的取值是根据先验知识、领域需求或以前发生的结果人为填充的。当然，对整个数据库中的数据而言，除了人为填充的之外，D 的数据为空，是需要用生成的决策树预测的。

ID3 算法从树根开始自顶向下构建决策树。基本步骤是将训练集合中的所有数据保存在树根中，在条件属性集合 C 中为该结点选择一个属性 $c \in C$，为属性 c 的每个取值创建一个分支，为创建的树枝生成新的结点；用属性 c 区分当前结点上的样本，将与分支属性值相同的样本子集移到新生成的结点上；递归地对每个新结点进行上述步骤，除非该结点上的所有样本都属于同一个类别或满足给定的条件。

基于决策树的学习算法在学习过程中不需要用户了解很多背景知识，只要训练样本能够用属性-值的方式表达，就可以用于决策树学习。

ID3 算法在每个结点上选择 $\text{Gain}(S, A)$ 最大的属性 A 作为测试属性。

下面给出的 ID3 算法中的属性是离散值，连续值的属性必须离散化。

```
Decision_Tree(samples,attribute_list)
输入　由离散值属性描述的训练样本集 samples;
      候选属性集合 attribute_list。
输出　一棵决策树。
(1) 创建结点 N;
(2) if(all s∈samples 都属于同一类别 c)then begin
(3)     以类别 c 标记结点 N;
(4)     return N 作为叶结点;
(5) end;
(6) if(attribute_list= = Φ)then begin
(7)     以 samples 中最普遍的类别标记结点 N;              // 多数表决
(8)     return N 作为叶结点;
(9) end;
(10) 从 attribute_list 中选择一个属性 test_attribute;
(11) 以 test_attribute 标记结点 N;
(12) for(each test_attribute 的已知值 v)do begin       // 划分 samples
(13)     由结点 N 分出一个对应 test_attribute= v 的分支;
(14)     令 Sᵥ 为 samples 中 test_attribute= v 的样本集;  // 一个划分块
(15)     if(Sᵥ= = Φ)then
(16)       加上一个叶结点,以 samples 中最普遍的类标记;
(17)     else 加入一个由 Decision_Tree(Sᵥ,attribute_list - test_attribute)返回的结点。
(18) end
```

在算法的第(10)行中，选择不同的属性就会得到不同的决策树。因此，算法的关键性决策将是对结点属性的选择。我们的目标是在保障决策精度的前提下，构建最简洁的决策树。

回到例 6-1，考虑如何用 ID3 算法生成决策树。

解：这是两分类问题。设分类 C_1 对应于"是"，分类 C_2 对应于"否"。类 C_1 有 9 个样本，类 C_2 有 5 个样本。要确定树根结点的属性，就要计算每个属性的信息增益。

对给定样本分类所需的期望信息为：

$$E(S) = -(9/14)\log_2(9/14) - (5/14)\log_2(5/14) = 0.940$$

下面计算选择 Outlook 时的信息增益。

Values(Outlook)＝{晴，多云，雨}，$S_晴＝\{D_1，D_2，D_8，D_9，D_{11}\}$，$|S_晴|＝5$，其中属于类 C_1 的有 2 个，属于类 C_2 的有 3 个，故有：

$$E(S_晴)＝－(2/5)\log_2(2/5)－(3/5)\log_2(3/5)＝0.971$$

$S_{多云}＝\{D_3，D_7，D_{12}，D_{13}\}$，$|S_{多云}|＝4$，其中属于类 C_1 的有 4 个，属于类 C_2 的有 0 个，故有：

$$E(S_{多云})＝－(4/4)\log_2(4/4)－(0/4)\log_2(0/4)＝0$$

$S_雨＝\{D_4，D_5，D_6，D_{10}，D_{14}\}$，$|S_雨|＝5$，其中属于类 C_1 的有 3 个，属于类 C_2 的有 2 个，故有：

$$E(S_雨)＝－(3/5)\log_2(3/5)－(2/5)\log_2(2/5)＝0.971$$

因此，选择属性 Outlook 后的期望熵为：

$$E(S,\text{Outlook})＝(5/14)E(S_晴)＋(4/14)E(S_{多云})＋(5/14)E(S_雨)＝0.694$$

故，由 $E(S)$ 和 $E(S,\text{Outlook})$ 得属性 Outlook 的信息增益为：

$$\text{Gain}(S,\text{Outlook})＝E(S)－E(S,\text{Outlook})＝0.940－0.694＝0.246$$

下面计算选择 Temperature 时的信息增益。

Values(Temperature)＝{热，适中，凉爽}，$S_热＝\{D_1，D_2，D_3，D_{13}\}$，$|S_热|＝4$，其中属于类 C_1 的有 2 个，属于类 C_2 的有 2 个，故有：

$$E(S_热)＝－(2/4)\log_2(2/4)－(2/4)\log_2(2/4)＝1$$

$S_{适中}＝\{D_4，D_8，D_{10}，D_{11}，D_{12}，D_{14}\}$，$|S_{适中}|＝6$，其中属于类 C_1 的有 4 个，属于类 C_2 的有 2 个，故有：

$$E(S_{适中})＝－(4/6)\log_2(4/6)－(2/6)\log_2(2/6)＝0.918$$

$S_{凉爽}＝\{D_5，D_6，D_7，D_9\}$，$|S_{凉爽}|＝4$，其中属于类 C_1 的有 3 个，属于类 C_2 的有 1 个，故有：

$$E(S_{凉爽})＝－(3/4)\log_2(3/4)－(1/4)\log_2(1/4)＝0.811$$

因此，选择属性 Temperature 后的期望熵为：

$$E(S,\text{Temperature})＝(4/14)E(S_热)＋(6/14)E(S_{适中})＋(4/14)E(S_{凉爽})＝0.912$$

故，属性 Temperature 的信息增益为：

$$\text{Gain}(S,\text{Temperature})＝E(S)－E(S,\text{Temperature})＝0.940－0.912＝0.028$$

下面计算选择 Humidity 时的信息增益。

Values(Humidity)＝{高，适当}，$S_高＝\{D_1，D_2，D_3，D_4，D_8，D_{12}，D_{14}\}$，$|S_高|＝7$，其中属于类 C_1 的有 3 个，属于类 C_2 的有 4 个，故有：

$$E(S_高)＝－(3/7)\log_2(3/7)－(4/7)\log_2(4/7)＝0.985$$

$S_{适当}＝\{D_5，D_6，D_7，D_9，D_{10}，D_{11}，D_{13}\}$，$|S_{适当}|＝7$，其中属于类 C_1 的有 6 个，属于类 C_2 的有 1 个，故有：

$$E(S_{适当})＝－(6/7)\log_2(6/7)－(1/6)\log_2(1/6)＝0.592$$

因此，选择属性 Humidity 后的期望熵为：

$$E(S,\text{Humidity})＝(7/14)E(S_高)＋(7/14)E(S_{适当})＝0.789$$

故，属性 Humidity 的信息增益为：

$$\text{Gain}(S, \text{Humidity}) = E(S) - E(S, \text{Humidity}) = 0.940 - 0.789 = 0.151$$

下面计算选择 Wind 时的信息增益。

$\text{Values}(\text{Wind}) = \{强，弱\}$，$S_强 = \{D_2, D_6, D_7, D_{11}, D_{12}, D_{14}\}$，$|S_强| = 6$，其中属于类 C_1 的有 3 个，属于类 C_2 的有 3 个，故有：

$$E(S_强) = -(3/6)\log_2(3/6) - (3/6)\log_2(3/6) = 1$$

$S_弱 = \{D_1, D_3, D_4, D_5, D_8, D_9, D_{10}, D_{13}\}$，$|S_弱| = 8$，其中属于类 C_1 的有 6 个，属于类 C_2 的有 2 个，故有：

$$E(S_弱) = -(6/8)\log_2(6/8) - (2/8)\log_2(2/8) = 0.811$$

因此，选择属性 Wind 后的期望熵为：

$$E(S, \text{Wind}) = (6/14)E(S_强) + (8/14)E(S_弱) = 0.892$$

故，属性 Wind 的信息增益为：

$$\text{Gain}(S, \text{Wind}) = E(S) - E(S, \text{Wind}) = 0.940 - 0.892 = 0.048$$

因为属性 Outlook 的信息增益最大，所以，选属性 Outlook 作为根结点的测试属性，并对应每个值（即 Sunny、Overcast、Rain）在根结点向下创建分支，形成如图 6-9 所示的部分决策树。

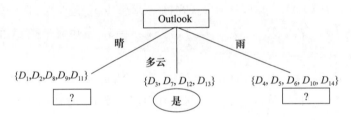

图 6-9　ID3 算法第一次迭代后形成的决策树

图 6-9 中同时标出列入各新结点的训练样本。

由于"Outlook＝多云"分支结点上的样本均属于同一类别，故该结点成为一个叶子结点，类标记为"是"。

而对应"Outlook＝晴"和"Outlook＝雨"分支结点上的样本集具有非 0 熵，决策树在这两个结点进一步展开。

在"Outlook＝晴"结点，对应的训练样本集 $S_晴 = \{D_1, D_2, D_8, D_9, D_{11}\}$，计算信息增益时要注意，已被放置在祖先结点的属性不在考虑之列，仅考虑与结点对应的训练样本。

对给定样本分类所需的期望信息为：

$$E(S) = -(2/5)\log_2(2/5) - (3/5)\log_2(3/5) = 0.971$$

下面计算选择 Temperature 时的信息增益。

$\text{Values}(\text{Temperature}) = \{热，适中，凉爽\}$

$$E(S_热) = -(0/2)\log_2(0/2) - (2/2)\log_2(2/2) = 0$$

$$E(S_{适中}) = -(1/2)\log_2(1/2) - (1/2)\log_2(1/2) = 1$$

$$E(S_{凉爽}) = -(1/1)\log_2(1/1) - (0/1)\log_2(0/1) - 0$$

因此，选择属性 Temperature 后的期望熵为：

$$E(S, \text{Temperature}) = (2/5)E(S_{热}) + (2/5)E(S_{适中}) + (1/5)E(S_{凉爽}) = 0.4$$

故，属性 Temperature 的信息增益为：

$$\text{Gain}(S, \text{Temperature}) = E(S) - E(S, \text{Temperature}) = 0.971 - 0.4 = 0.571$$

下面计算选择 Humidity 时的信息增益。

Values(Humidity)＝{高，适当}

$$E(S_{高}) = -(0/3)\log_2(0/3) - (3/3)\log_2(3/3) = 0$$

$$E(S_{适当}) = -(2/2)\log_2(2/2) - (0/2)\log_2(0/2) = 0$$

因此，选择属性 Humidity 后的期望熵为：

$$E(S, \text{Humidity}) = (3/5)E(S_{高}) + (3/5)E(S_{适当}) = 0$$

故，属性 Humidity 的信息增益为：

$$\text{Gain}(S, \text{Humidity}) = E(S) - E(S, \text{Humidity}) = 0.971 - 0 = 0.971$$

下面计算选择 Wind 时的信息增益。

Values(Wind)＝{强，弱}

$$E(S_{强}) = -(1/2)\log_2(1/2) - (1/2)\log_2(1/2) = 1$$

$$E(S_{弱}) = -(1/3)\log_2(1/3) - (2/3)\log_2(2/3) = 0.918$$

因此，选择属性 Wind 后的期望熵为：

$$E(S, \text{Wind}) = (2/5)E(S_{强}) + (3/5)E(S_{弱}) = 0.951$$

故，属性 Wind 的信息增益为：

$$\text{Gain}(S, \text{Wind}) = E(S) - E(S, \text{Wind}) = 0.971 - 0.951 = 0.02$$

因此，在该结点应选取的测试属性是 Humidity，得到图 6-10。

同理可计算"Outlook＝雨"分支。

如果从根结点到当前结点的路径已包括所有属性，或者当前结点的训练样本同属一类时，算法结束。最终，由 ID3 算法得到的决策树如图 6-1 所示。

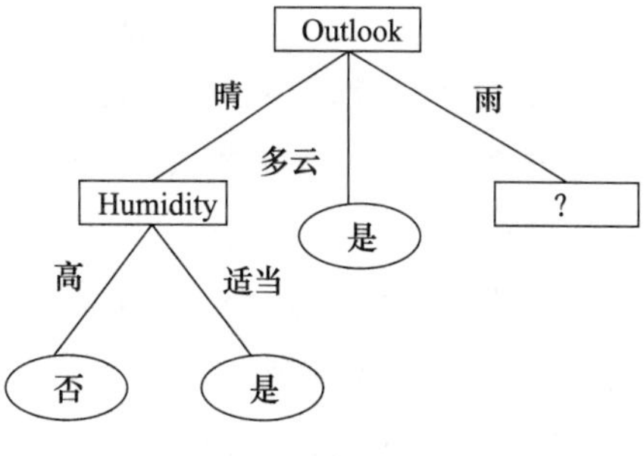

图 6-10　选择 Humidity 后的决策树

6.3.2　生成规则和决策

决策树的表现形式是树结构。树的内部结点由属性或属性的集合构成，用于测试属性值，并根据属性值决定由该结点引出的分支。叶结点代表样本所属的类别或类别分布，表示决策的结论。在生成决策树后，可以方便地提取决策树描述的知识，并表示成 if-then 形式的分类规则。

从决策树的树根到树叶的每条路径对应一组属性测试的合取，决策树构成这些合取式的析取。例如，图 6-1 的决策树对应的表达式为：

（Outlook ＝ 晴 ∧ Humidity ＝ 适当）∨（Outlook ＝ 多云 ∨（Outlook ＝ 雨 ∧ Wind ＝ 弱）

沿着根结点到叶结点的每一条路径对应一条决策规则。例如，图 6-1 中最左侧的路径对应的决策规则是 if(Outlook＝晴 ∧ Humidity＝高)then PlayTennis＝否。

由训练样本集产生一棵决策树后，为了对未知样本集分类，需要在决策树上测试未知样本的属性值。测试路径由根结点到某个叶结点的路径组成，叶结点代表的类就是该测试样本所属的类别。

例如，样本＜Outlook＝晴，Temperature＝热，Humidity＝高，wind＝强＞，从决策树的根结点开始测试属性，并按属性值对应的分支向下走，直到叶结点为止，可以判定该样本属于标记为"否"的类。

【例 6-3】　写出图 6-1 中决策树形成的决策规则。

解：沿着根结点到叶结点的每一条路径对应一条决策规则。

if(Outlook＝晴 ∧ Humidity＝高)then PlayTennis＝否；

if(Outlook＝晴 ∧ Humidity＝适当)then PlayTennis＝是；

if(Outlook＝多云)then PlayTennis＝是；

if(Outlook＝雨 ∧ Wind＝强)then PlayTennis＝否；

if(Outlook＝雨 ∧ Wind＝弱)then PlayTennis＝是。

1. ID3 算法的优点如下：

1）搜索空间是完整的。算法的假设空间包含所有的决策树，搜索空间是完整的假设空间。因为每个有限离散值函数可以表示为某个决策树，所以它避免了假设空间可能不包含目标函数的风险。

2）减少噪声影响。搜索的每一步都使用当前的所有训练样本，用信息增益简化当前假设。使用信息增益可以降低个别错误训练样例带来的影响。

3）分类速度较快。采用自顶向下的搜索策略，只搜索全部空间的一个子空间。计算时间与样本个数、属性数量、结点个数三者的乘积呈线性关系。属性值测试次数较少，分类速度较快。

4）易于理解。适合处理离散值样本数据，利用树形结构的层次性方便提取到易于理解的 if-then 分类规则。

2. ID3 算法的缺点如下：

1）在遍历搜索空间时，只维护单一的当前假设，失去了所有一致假设带来的优势。

2）搜索不能回溯，容易收敛到局部最优解，而不是全局最优解。

3）采用信息增益会倾向于属性值数目较多的属性，但是取值较多的属性不一定是最有利于分类的属性。

综上所述，ID3 算法由于理论清晰、方法简单、学习能力较强，适用于处理大规模的学习问题，是数据挖掘和机器学习领域中的一个极好范例，也是一种知识获取的有用工具。

6.4　决策树的剪枝

剪枝是一种克服噪声的技术，用于解决过拟合的问题。决策树越小就越容易理解，其存储与传输的代价也就越小；反之，决策树越复杂，结点越多，每个结点包含的训练样本个数越少，则支持每个结点的假设的样本个数就越少，可能导致决策树在测试集上的泛化误差较大。但决策树过小也会导致泛化误差较大。因此，需要在树的大小与正确率之间寻找均衡点。

Occan 剃刀原则是用于剪枝的一般性指导原则。13 世纪的哲人 Occan 提出"如无必要，勿增实体"。即在与观察相容的情况下，应当选择最简单的一个。用在决策树剪枝上，"必要"与否是由对训练数据的拟合程度决定的。显然，不应该选择比"必要"还复杂的决策树。

当决策树创建时，由于训练数据集中的噪声和孤立点的影响，许多分支反映的是训练数据中的异常。剪枝方法也可以处理这种过拟合问题。它主要包括预剪枝与后剪枝两种方法。预剪枝技术限制决策树的过度生长，后剪枝技术则是待决策树生成后再进行剪枝。

6.4.1　预剪枝

预剪枝（pre-pruning）主要通过在训练过程中明确地控制树的大小来简化决策树。在完全正确地分类训练集之前，较早地终止决策树的生长。也就是为防止过拟合，让决策树保留一定的训练误差。常用的预剪枝方法有：

1）为决策树的高度设置阈值，当决策树到达阈值高度时就停止树的生长；

2）当前结点中的数据具有同样的特征向量，即使这些数据不属于同一类别，也不再从该结点继续生长；

3）设定结点中最少数据量阈值，当前结点中的数据量达不到阈值，就不再从该结点继续生长；

4）设定结点扩展的信息增益阈值，如果计算的信息增益值不满足阈值要求就不进行扩展。

最直接的预剪枝方法是事先限定决策树的最大生长高度，使决策树不能过度生长。该方法一般能够取得比较好的效果。不过设定树高度的阈值要求用户对数据的取值分布有较为清晰的把握，而且需对参数值进行反复尝试。限定最少数据量阈值的办法不适用于小规模训练集。更普遍的做法是采用统计意义下的 χ^2 检验、信息增益等度量，评估每次结点分裂对系统性能的增益。如果结点分裂的增益值小于预先给定的阈值，则不对该结点进行扩展。如果在最好情况下的扩展增益都小于阈值，即使有些结点的样本不属于同一类，算法也可以终止。当然，选取阈值是困难的，阈值较高可能导致决策树过于简化，而阈值较低可能对树的化简不够充分。

采用预剪枝技术可以较早地完成决策树的构造过程，而不必生成更完整的决策树，算法的效率很高，适合应用于大规模的问题。

当然，预剪枝存在视野效果的问题。在相同的标准下，当前的扩展不满足标准，但进一步的扩展有可能满足标准。所以，预剪枝在决策树生成时可能会丧失一些有用的结论，因为这些结论往往需要在决策树完全建成以后才能发现。

在预剪枝中，确定何时终止决策树生长仍然是个问题，目前使用较多的方法是后剪枝方法。

6.4.2　后剪枝

后剪枝(post-pruning)技术在生成决策树时允许决策树过度生长，然后根据一定的规则，剪去决策树中那些不具有一般代表性的叶结点或分支。

后剪枝算法有自上而下的和自下而上的两种剪枝策略。自下而上的算法首先从最底层的内结点开始剪枝，剪去满足一定条件的内结点，在生成的新决策树上递归调用这个算法，直到没有可以剪枝的结点为止。自上而下的算法是从根结点开始向下逐个考虑结点的剪枝问题，只要结点满足剪枝的条件就进行剪枝。

后剪枝是一个边修剪边检验的过程，一般规则是：在决策树不断剪枝的过程中，利用训练样本集或检验样本集数据，检验决策子树的预测精度，并计算出相应的错误率。如果剪去某个叶子后能使得决策树在测试集上的准确度或其他测度不降低，就剪去该叶子。

(1) REP(Reduced Error Pruning，降低错误率剪枝)方法

REP方法由Quinlan首先提出，它是一种最简单的剪枝方法，需要一个独立的测试集(剪枝数据集)来计算子树的精确度。它将树上的每一个结点作为修剪的候选对象，其过程大致如下：

自底向上，对于树T的每一个子树S，使它成为叶子结点，生成一棵新树。如果在测试集上，新树能得到比原树小或相等的分类误差，并且子树S中不包含具有相同性质的子树，则用叶子结点替代子树S。重复此过程，直到没有一棵子树可被叶子结点替代为止。

【例6-4】　用表6-2作为剪枝数据集，对图6-11中的决策树用REP方法剪枝。

表6-2　剪枝数据集

A	B	C	D	A	B	C	D
0	0	1	Y	1	0	0	N
0	1	1	N	1	1	1	Y
1	1	0	N				

图6-11圆括号中的二元组表示Y样例个数和N样例个数，二元组前面的字母表示测试属性，树中的左分支表示测试属性值为0，右分支表示测试属性值为1。

解：用表6-2中的数据集自底向上遍历图6-11中的决策树，统计错分率，如图6-12所示。

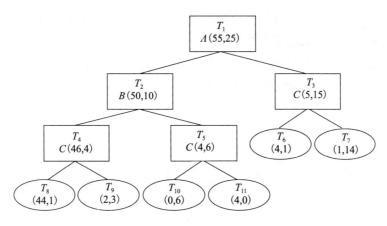

图 6-11　待剪枝的决策树

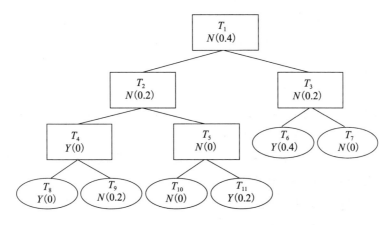

图 6-12　在剪枝数据集上的误差统计

图 6-12 中圆括号内的数据表示错分率，如结点 T2 表示分类为 N 的错分率达 0.2。结点 T_4 的错分率为 0，而其子树的错分率为 $0+0.2=0.2$，根据 REP 算法，结点 T_4 应该转换为叶子，如图 6-13 所示。其余剪枝与此雷同。

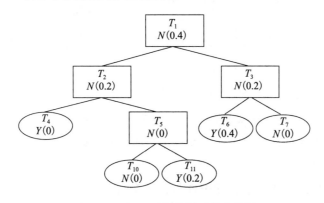

图 6-13　对 T_4 子树剪枝后的决策树

REP 方法可以很容易地删除因训练集中的巧合规律性而加入的结点，因为同样的巧合不大会出现在测试集中。通过比较错分率，每次总是剪枝选取那些删除后可以最大限度地提高决策树在测试集上的精度的结点。

运用 REP 方法得到的决策树是关于测试集的具有最高精度的子树，并且是规模最小的树。因为算法对决策树中的每个非叶子结点均只需访问一次就可以评估其子树被修剪的概率，所以它的计算复杂性是线性的。由于使用独立的测试集，与原始决策树相比，修剪后的决策树对未来新数据的预测偏差较小。

REP 方法也存在不足之处，在剪枝过程中会删除那些在测试集中不会出现的一些很稀少的训练数据样例对应的分支，常常导致过度修剪。当测试数据集的数据量比训练数据集的数据量少得多的时候，这一问题尤其突出。

如果训练数据集较少，通常不考虑采用 REP 方法。

尽管存在这些缺点，REP 方法仍常常作为一种基准来评价其他剪枝方法的性能，它对于了解两阶段决策树方法学习的优点和缺点提供了一个良好的初始切入点。

(2) PEP(Pessimistic Error Pruning，悲观误差剪枝)方法

为了克服 REP 方法需要独立剪枝数据集的缺点，Quinlan 提出了 PEP 方法。PEP 方法不需要单独的剪枝数据集，为了提高预测精度还使用了连续校正技术。

假设训练集生成原始树为 T，某一叶子结点的样例个数为 $n(t)$，其中错误分类的个数为 $e(t)$，该结点的误差率为 $r(t) = e(t)/n(t)$。

由于训练数据既用来生成决策树又用来对树做修剪，因此，基于训练数据集的误差率 $r(t)$ 存在偏差，不能精确地用来选择最好的修剪树。

为此，Quinlan 对误差估计增加了连续性校正，将误差率修改为：

$$r'(r) = [e(t) + 1/2]/n(t) \tag{6-11}$$

这里，连续校正因子为 0.5 个单位。设 S 为树 T 的子树 $T(t)$，其叶子结点的个数为 $L(S)$，$T(t)$ 的分类误差为：

$$r'(T_t) = \frac{\sum_s [e(s) + 1/2]}{\sum_s n(s)} = \frac{\sum_s e(s) + L(s)/2}{\sum_s n(s)} \tag{6-12}$$

在定量的分析中，为简单起见，用错误总数取代错误率的表示，即 $e'(t) = e(t) + 1/2$。那么对于子树 $T(t)$，

$$e'(T_t) = \sum_s e(s) + L(s)/2 \tag{6-13}$$

如果误差 $e(s) = 0$，表示决策树能精确地分类各个样例。此时，$e'(T_t) = 1/2$，仅仅代表决策树关联每个叶子的时间复杂性的度量。当训练数据集中存在样例冲突时，结果不再成立。

将中间结点 t 替换为叶子结点的条件是：替换后子树 T_t 的误差率要小于结点 t 的误差率。

由于使用了连续校正技术，有时会导致 $n'(t) \leqslant n'(T_t)$。此时，也要删除结点 t。虽然这种情况出现的几率不大，Quinlan 还是削弱了对错误率的限制：

$$e'(t) \leqslant e'(T_t) + SE[e'(T_t)] \tag{6-14}$$

其中，$SE[e'(T_t)]$ 称为标准误差，定义如下：

$$SE[e'(T_t)] = \sqrt{b^2 - 4ac} \tag{6-15}$$

如果式(6-14)成立，则子树不应被修剪掉，用相应的叶子结点替代。对所有非叶子结点依次计算测试，来判断它们是否应被修剪掉。

PEP 方法中在误差估计中引入连续校正这一机制并没有充分的理论基础。在统计上，我们通常用二项式分布来取代正态分布，但是它却不用于校正误差率的乐观估计。事实上，连续校正只对引入复杂度因子是有效的，然而这个因子不能被看成错误率，否则可能导致剪枝不彻底或者过分剪枝。如果所得到的决策树完全精确地分类所有的训练实例，那么：

$$e'(T_t) + SE[e'(T_t)] = [L(T_t) + \sqrt{L(T_t)}]/2 \tag{6-16}$$

由于 $e'(t) = e(t)$，式(6-14)简化为：

$$[L(T_t) + \sqrt{L(T_t)}] \geqslant 2e(t) \tag{6-17}$$

也就是说，如果子树 T_t 中关于帮助纠正分类错误的叶子结点数足够大，那么就得对 T_t 进行剪枝。常量 1/2 也仅仅简单地表示一个叶子对整棵树的复杂性的贡献。显然，这个常量只适用于某些情况。

PEP 方法被认为是当前决策树后剪枝方法中精度较高的算法之一。但它仍然存在一些缺陷，PEP 是唯一使用自顶向下剪枝策略的后剪枝方法，这种策略会带来与预剪枝同样的问题，那就是树的某个结点会在其子树根据同样的准则不需要修剪时被完全删除。另外，PEP 方法有时会剪枝失败。

虽然 PEP 方法存在这样的局限，但它在实际应用中表现出了较高的精度。另外，它不需要独立的测试集，这对样本数据较少的问题是非常有利的。再者，自顶向下的剪枝策略与其他方法相比效率更高，速度更快。这是因为，树中每棵子树最多需要访问一次，在最坏的情况下，它的时间复杂性也只和未剪枝的非叶子结点数呈线性关系。

6.5　C4.5算法

在决策树的学习算法当中，决策树的复杂度和分类精度是需要考虑的两个最重要的因素。

1. 决策树的性能评价标准

（1）预测准确性

该指标描述分类模型准确预测新的或未知的数据类的能力。预测准确性是决策人员最关心的问题，对他们来说，之所以采用分类发现模型的原因在于：按照用户的使用要求处理海量数据，构造模型并对数据进行分类，从中找寻有用信息。从数据中得到的信息的准确程度不同在很大程度上将会影响决策人员决策制定的准确性。

（2）描述的简洁性

这是针对分类发现模型对问题的描述方式以及该描述方式的可理解水平提出的。数据挖掘模型的最终目的是方便决策人员的使用，所以，对于决策人员来说，模型描述越简洁，也就越易于理解，同时也就越受欢迎。例如，采用规则表示的分类器构造法所提供的分类模型的描述方法就比较简洁、易于理解；而神经网络方法产生的描述结果相对来说就难以理解，从而使其更进一步的广泛应用受到限制。

（3）计算复杂性

计算复杂性依赖于具体的实现细节，在数据挖掘中，由于某种操作对象是海量的数据库，因此空间和时间的复杂性问题将是非常重要的一个环节，将直接影响生成与使用模型的计算成本。

（4）模型强健性

强健性是对模型预测准确性的一个补充，是在存在噪声及数据缺损的情况下，对未知其类的数据进行准确分类的能力。正如前面所提到的，数据挖掘处理的对象是大量的数据，而这些数据又常常存在不完整的情况，数据缺损、噪声数据以及冗余数据等情况是普遍存在的，在这种情况下，就要求所建立的模型对这些情况有充分的适应能力。

（5）处理规模性

处理规模性是指在海量数据的情况下构造模型的能力以及构造分类模型的精确度。数据挖掘所处理的对象数量是巨大的，这就要求所构建的挖掘模型可以适用于各种不同规模的数据量情况。

2. C4.5 算法

C4.5 算法是 Quinlan 在 1993 年提出的，是以 ID3 算法为核心的完整的决策树生成系统，命名直接来自它的编程语言 C。ID3 是只有近 600 行的 Pascal 程序，到了 C4.5 已经达到 9 000 行 C 程序。虽然由 C4.5 发展起来的 C5.0 已经成为 RuleQuest Research 的商业系统，考虑到 C4.5 的开源性，这里还是讨论 C4.5。

它通过两个步骤来建立决策树：树的生成阶段和树的剪枝阶段。C4.5 算法在 ID3 的基础上增加了对连续型属性和属性值空缺情况的处理，对树剪枝也有了较成熟的方法。与 ID3 不同，C4.5 采用基于信息增益率（information gain ratio）的方法选择测试属性。信息增益率等于信息增益对分割信息量（Split information）的比值。

C4.5 算法不仅可以处理离散属性，还可以处理连续属性。基本思想是把连续值属性的值域分割为离散的区间集合。若 A 是在连续区间取值的连续型属性，首先将训练集 X 的样本根据属性 A 的值从小到大排序，一般用快速排序法。假设训练样本集中 A 有 m 个不同的取值，则排好序后属性的取值序列为 V_1，V_2，$\cdots$，V_m，按顺序逐一将两个相邻值的平均值 $V=(V_i+V_{i+1})/2$ 作为分割点，分割点将样本集划分为两个子集，分别对应 $A \leqslant V$ 和 $A > V$，共有 $m-1$ 个分割点。分别计算每个分割点的信息增益率，选择具有最大信息增益率 GainRatio(v') 的分割点 v' 作为局部闭值，则按连续属性 A 划分样本集 X 的信息增益率为 GainRatio(v')。而在序列 V_1，V_2，$\cdots$，V_m 中找到的最接近但又不超过局部阈值 v'

的取值 V 成为属性 A 的分割阈值。按照上述方法求出当前候选属性集中所有属性的信息增益率，找出其中信息增益率最高的属性作为测试属性，把样本集划分为若干子样本集，对每个子样本集用同样的方法继续分割直到不可分割或达到停止条件为止。

　　考虑到一些样本的某些属性取值可能为空，C4.5 采用如下的方法进行处理：在计算期望信息熵时，只计算那些已知测试属性值的样本，然后乘以这些样本在当前结点的训练集中的比例作为整个训练集的期望信息熵；在计算划分信息熵时，将未知值用最常用的值来替代或者是将最常用的值分在同一个类中。把那些丢失测试属性值的样本作为一个新的类别对待，单独计算这些样本的期望信息熵；在划分训练集时，先将正常的样本按照一般的算法划分成几个子集，然后对属性和每一个值赋予一个概率，取得这些概率值依赖于该属性已知的值，把那些丢失测试属性值的样本按照一定的概率分布到各个子集中。子集中的丢失测试属性值的样本与有测试属性值的样本保持比例关系；在对丢失测试属性值的未知事例分类时，C4.5 将该事例通过所有的分支，然后将结果进行合并，使它成为在类上的概率分布而不是某一个类。最终结果是具有最大概率的类。

　　C4.5 算法在计算连续属性的信息增益时，需要对属性的所有取值线性扫描找出局部阈值，这种方法使 C4.5 的效率受到限制。与 ID3 算法相比较，C4.5 算法在效率上有了很大的提高。不仅可以直接处理连续型属性，还可以允许训练样本集中出现属性空缺的样本。生成的决策树的分支也较少。信息增益函数对于那些可能产生多分支输出的测试倾向于产生大的函数值，但是输出分支多不表示该测试对未知的对象具有更好的预测效果。信息增益率函数可以弥补这个缺陷。以往的经验说明信息增益率函数比信息增益函数更健壮，能稳定地选择好的测试。

3. C4.5 算法的不足之处

　　1）采用的是分而治之的策略，在构造树的内部结点的时候是局部最优的搜索方式，所以它所得到的最终结果尽管有很高的准确性，仍然达不到全局最优的结果；

　　2）评价决策树最主要的依据是决策树的错误率，对树的深度、结点的个数等不进行考虑，而树平均深度直接对应着决策树的预测速度，树的结点个数则代表树的规模；

　　3）一边构造决策树，一边进行评价，决策树构造出来之后，很难再调整树的结构和内容，决策树性能的改善十分困难；

　　4）在进行属性值分组时逐个试探，没有一种使用启发搜索的机制，分组时的效率较低。

　　5）信息增益率函数也有它的缺陷。如果划分的优度非常小，也就是划分的信息熵值非常小，信息增益率会不稳定。当属性 a 只有一个属性值，或者训练实例在该属性上。只有一个取值的时候分类信息的取值为零。此时或者使得信息增益率没意义，或者使得决策树进行一次没有意义的分类（即决策树的这个内结点只有一个子结点）。恰当的决策树算法是提高分类精度和效率的一个重要方法。

本章小结

　　分类是数据挖掘的重要手段之一。决策树是一种重要的分类器，采用树形结构。

本章在介绍了决策树的基本概念之后，提出生成决策树时涉及的理论问题。如与信息熵相关的属性选择，考虑避免过拟合的剪枝方法等。最后介绍了 ID3 算法和 C4.5 算法。在理论上还侧重强调了信息论的基本知识和学习算法泛化过程中的过拟合问题。

习题 6

1. 阐述 ID3 算法处理连续型变量必须离散化的原因。

2. 给定如下数据集，试根据前 7 个样本构造 ID3 决策树模型，并预测第 8 个样本的类别标注。

数据集 S

Sample	A	B	C	Sample	A	B	C
S_1	a_0	b_0	c_1	S_5	a_1	b_1	c_1
S_2	a_0	b_1	c_1	S_6	a_1	b_2	c_2
S_3	a_0	b_2	c_1	S_7	a_2	b_0	c_2
S_4	a_1	b_0	c_2	S_8	a_2	b_1	

3. 阐述预剪枝与后剪枝的适用条件，并分析其优缺点。

4. 证明式(6-10)，即用偏倚平方和方差的和表示均方误差。

5. 如果一棵决策树在 200 个测试数据上的准确率为 80%，在 90% 的置信水平下，这棵决策树的真实准确率的置信区间是什么？

6. 如果数据集中存在缺失值，试分析应如何修改 ID3 算法进行处理？

7. 如果数据集中存在一定程度的错误或噪音，应该如何修改 ID3 算法进行处理？

8. 下表由雇员数据库的训练数据组成，数据已泛化。例如，年龄"31…35"表示 31 到 35 之间。对于给定的行，count 表示 department、status、age 和 salary 在该行上具有给定值的元组数。

department	status	age	salary	count
sales	senior	31…35	46K…50K	30
sales	junior	26…30	26K…30K	40
sales	junior	31…35	31K…35K	40
systems	junior	21…25	46K…50K	20
systems	senior	31…35	66K…70K	5
systems	junior	26…30	46K…50K	3
systems	senior	41…45	66K…70K	3
marketing	senior	36…40	46K…50K	10
marketing	junior	31…35	41K…45K	4
secretary	senior	46…50	36K…40K	4
secretary	junior	26…30	26K…30K	6

设 status 是类标号属性。

(a) 你将如何修改基本决策树算法，以便考虑每个广义数据元组(即每一行)的 count？

(b) 使用修改过的算法，构造给定数据的决策树。

7.1 引言

聚类(clustering)是对物理的或抽象的对象集合分组的过程。聚类生成的组称为簇(cluster)，簇是数据对象的集合。簇内部的任意两个对象之间具有较高的相似度，而属于不同簇的两个对象间具有较高的相异度。相异度可以根据描述对象的属性值计算，对象间的距离是最常采用的度量指标。在实际应用中，经常将一个簇中的数据对象作为一个整体看待。类似于有损的数据压缩，用聚类生成的簇来代表数据集不可避免地会带来信息损失，但却可以使问题得到必要的简化。

7.2 聚类分析简介

7.2.1 聚类分析

聚类分析是数据分析中的一种重要技术。

从统计学的角度看，聚类分析是通过数据建模简化数据的一种方法。作为多元统计分析的主要分支之一，聚类分析已经有很多年历史，研究成果主要集中在基于距离和基于相似度的聚类方法上。传统的统计聚类分析方法包括系统聚类法、分解法、加入法、动态聚类法、有序样品聚类、有重叠聚类和模糊聚类等。

从机器学习的角度讲，簇是一种隐藏模式。聚类就是在数据中搜索簇的无监督学习过程。这种无监督学习不依赖于预先定义的类别或带有类标记的训练样例，而是由聚类学习算法自动确定数据的簇标记。显然，聚类是观察式学习，而不是示例式学习。

7.2.2 聚类分析应用领域与算法特征

1. 应用领域

许多领域都会涉及聚类分析方法的应用与研究工作，如数据挖掘、统计学、机器学习、模式识别、空间数据库技术、电子商务。在生物学、植物学、医药学、心理学、地理学、市场学、精神病学、考古学等领域都会用到聚类分析方法。

（1）市场调查

把顾客分组是做市场调查的基本策略之一。例如，市场研究者要求按商品带来的效益对顾客分组，以便更好地与顾客沟通。市场分析员可能感兴趣的是对公司的财务特征分组，以便将这些信息与股票市场绩效相关联。早在1967年就有人将聚类分析用于市场试销工作。大量的城市可以用于市场试销，由于经济原因，这种试销只能在少量的城市中进行。聚类分析基于包括城市规模、报纸发行量、个人平均所得等14个变量将城市划分到很少的簇中。因为同一个簇中的城市彼此十分相近，就可以在每个簇中选择一个城市进行市场试销。

聚类分析可以用于市场调研。汽车制造商认为是否购买运动轿车不单单取决于顾客的收入和年龄，更多是源于顾客的生活方式。购买运动轿车的顾客的生活方式会区别于不买运动轿车顾客的生活方式。运用聚类分析去解释生活方式与购买运动轿车之间的密切关系，进而形成明确的营销活动。

（2）天文学领域

大量多元的天文数据很可能会被划分为彼此不同的对象组。例如，天文学家想知道按某种统计标准星星可以形成的分组。典型的科学问题是"在数据集中有多少具有统计意义的对象组？哪些对象应该属于哪些组？能呈现以前不知道的分组吗？"聚类分析可以用于划分天文对象，帮助天文学家在大量数据中发现不同寻常的对象。例如，高红移的类星体、2型类星体和褐矮星的发现。

将聚类分析应用到192个行星状星云的化学成分数据，有6个簇表明很多方面与以前的分类结果相似，但仍然存在有趣的差异。

（3）心理学领域

心理疾病往往比身体疾病更复杂。将聚类分析技术应用于心理学领域可以加细，甚至重新得出对病人的诊断结论。很多工作涉及抑郁症患者，主要兴趣集中在神经子类和内在因素。例如，有人针对忧郁症问题得到200张来自病人反馈的调查问卷，信息包括精神状态、性别、年龄、患病时间长短等。经聚类分析后发现，其中一个簇明确指明是内因性忧郁症。通过聚类分析还可以找到有自杀倾向的个体等。

（4）天气状况分析

在世界范围内每天都能搜集到大量的天气信息。利用聚类来分析这些数据发现气候、环境趋势具有科学和实践意义。例如，分析某地冬季的日常天气，每日采集的数据包括平均温度、相对湿度、风速等因素，这样，就可以把相似的天气条件聚类到一个簇中，以便进一步分析。

（5）考古领域

在考古领域，文物分类可以帮助发现不同的实用情况，如，什么时期，什么人使用等。相似地，化石研究有助于揭示史前社会的生活状况。将聚类分析用于化石研究的例子是分析史前的155块粪便化石得到三个初等簇，完整包谷、磨碎包谷和无包谷，进而分析当时与季节、偏好相关的古代烹饪方法。

2. 聚类算法特性

从实际应用的角度看，聚类分析是数据挖掘的主要任务之一。例如，在科学数据探测、信息检索、文本挖掘、空间数据库分析、Web 数据分析、CRM（Customer Relationship Management，客户关系管理）、医学诊断、生物学等方面的数据挖掘应用软件中，聚类分析技术都起着重要作用。在商业领域，聚类可以帮助市场经营人员分析客户数据库，发现不同类型的客户群，按购买习惯分类并刻画客户群的特征。在生物学界，聚类可以用于动物和植物分类，对具有相似功能的基因进行分类，了解种群的内在结构。在数据挖掘任务中，聚类能够作为一个独立的工具获得数据的分布状况，观察每一簇数据的特征，集中对特定的聚簇集合作进一步的分析。聚类分析还可以作为其他数据挖掘任务（如分类、关联规则）的预处理步骤。

由于大型数据库、数据仓库十分复杂，数据挖掘中的聚类算法必然要面对由此产生的计算需求。数据挖掘领域主要研究面向大型数据库、数据仓库的高效实用的聚类分析算法。数据挖掘工作希望聚类算法具备如下特性：

（1）处理不同类型属性的能力

虽然有很多针对数值类型数据的聚类算法，但实际应用中可能需要对其他类型的数据进行聚类，如二元类型、分类（标称）类型、序数类型、混合类型等。

（2）对大型数据集的可扩展性

许多聚类分析算法在小数据集上有效。随着大型数据库、数据仓库的广泛应用，对大数据集聚类时许多原有的聚类算法可能产生偏差，甚至出现错误的结果。因此，需要研究具有良好可扩展性的聚类算法。

（3）处理高维数据的能力

大型数据库或数据仓库可能含有若干个维或属性。较早的聚类算法主要处理低维（2或3维）数据。目前，已经提出了一些针对高维数据的聚类算法。研究高维数据空间的聚类算法具有挑战性，尤其当数据稀疏、高度倾斜时更是如此。

（4）发现任意形状簇的能力

许多聚类算法是建立在距离度量基础上的，基于距离度量的聚类算法倾向于生成球形的、大小和密度相近的簇。但是，数据集中实际存在的簇可能是任意形状的。簇的大小差异较大，密度也不尽相同。研究能够发现任意形状簇的聚类算法是十分必要的。

（5）处理孤立点或"噪声"数据的能力

数据集合中往往包含孤立点、缺失值、未知或错误的数据。处理孤立点时，应该考虑两个方面：1）某些实际问题可能要求聚类算法对"噪声"数据具有较低的敏感性，以免导致低质量的聚类结果。因此，算法应考虑排除或降低来自孤立点的影响；2）一些实际问题（如对商业欺诈的分析）要求聚类算法合理地发现孤立点，而不是像1）中的聚类算法那样将孤立点排除掉或尽量减少来自孤立点的影响。孤立点探测和分析是一个有实际意义的数据挖掘任务，称为孤立点挖掘。

（6）对数据顺序的不敏感性

有些聚类算法对输入数据的顺序敏感，按不同的输入顺序提交同一组数据时，聚类算法会生成显著不同的聚类结果。为提高聚类结果的稳定性，应该研究对输入数据顺序不敏感的聚类算法。

（7）对先验知识和用户自定义参数的依赖性

许多聚类算法要求用户输入特定的参数，如产生的簇的数目。一方面参数很难确定，尤其是对高维数据集；另一方面，这类算法往往对输入参数具有敏感性，参数的细微变化可能导致显著不同的聚类结果。另外参数设置加重了用户负担，也难以控制聚类结果质量。

（8）聚类结果的可解释性和实用性

聚类的结果应该是可理解的、可解释的、可用的。

（9）基于约束的聚类

在一定的约束条件下，对数据聚类。

当然，上述内容并没有包括聚类算法的全部特性。例如，有些用户会关注算法提供中间结果的能力、在预置内存中处理数据的能力等。对一个算法而言，一般只考虑其中的几个特性。

7.3　数据类型、距离和相似系数

7.3.1　数据类型

为描述一个对象，往往需要记录该对象的特征数据，这里的特征也称为属性或变量。聚类分析主要针对的数据类型包括区间标度变量、二元变量、标称变量、序数型变量、比例标度型变量，以及由这些变量类型构成的复合类型。

一些基于内存的聚类算法通常采用数据矩阵和相异度矩阵两种典型的数据结构。

1. 数据矩阵

设有 n 个对象，可用 p 个变量（属性）描述每个对象，则 $n \times p$ 矩阵

$$\begin{bmatrix} x_{11} & x_{12} & \cdots & x_{1p} \\ x_{21} & x_{22} & \cdots & x_{2p} \\ \cdots & \cdots & \cdots & \cdots \\ x_{n1} & x_{n2} & \cdots & x_{np} \end{bmatrix} \tag{7-1}$$

称为数据矩阵（data matrix）。数据矩阵是对象-变量结构的数据表达方式。

用 $x_{(i)}$ 和 $x_{(j)}$ 分别表示式(7-1)所示矩阵的第 i 行向量的转置和第 j 列向量。针对 n 个对象 $x_{(1)}$，$x_{(2)}$，$\cdots$，$x_{(n)}$ 的聚类称为 Q 型聚类，针对 p 个变量 $x_{(1)}$，$x_{(2)}$，$\cdots$，$x_{(p)}$ 进行的聚类称为 R 型聚类。在进行 Q 型聚类之前，通常要进行特征选择或对变量作聚类，以剔除无关紧要的变量，保留重要的变量。

2. 相异度矩阵(Dissimilarity Matrix)

按 n 个对象两两间的相异度构建 n 阶矩阵(相异度矩阵对称，只需写出下三角即可)：

$$\begin{bmatrix} 0 & & & \\ d(2,1) & 0 & & \\ d(3,1) & d(3,2) & 0 & \\ \vdots & \vdots & \vdots & \\ d(n,1) & d(n,2) & \cdots & \cdots 0 \end{bmatrix} \tag{7-2}$$

其中 $d(i,j)$ 表示对象 i 与 j 的相异度，它是一个非负的数值。对象 i 和 j 越相似或"接近"，$d(i,j)$ 值越接近 0；而对象 i 和 j 越不相同或相距"越远"，$d(i,j)$ 值越大。显然，$d(i,j)=d(j,i)$，$d(i,i)=0$。相异度矩阵是对象-对象结构的一种数据表达方式。

多数聚类算法都建立在相异度矩阵基础上，如果数据是以数据矩阵形式给出的，就要将数据矩阵转化为相异度矩阵。

7.3.2 距离和相似系数

1. 对象间的距离

计算对象间距离是经常采用的求相异度的方法。

定义 7.1 设两个 p 维向量 $x_i=(x_{i1}, x_{i2}, \cdots, x_{ip})^{\mathrm{T}}$ 和 $x_j=(x_{j1}, x_{j2}, \cdots, x_{jp})^{\mathrm{T}}$ 分别表示两个对象，这两个对象的距离函数 $\|\cdot\|$ 必须同时满足如下条件：

1) $\|x_i-x_j\|=0$，当且仅当 $x_i=x_j$；

2) 非负性：$\|x_i-x_j\|\geqslant 0$；

3) 对称性：$\|x_i-x_j\|=\|x_j-x_i\|$；

4) 三角不等式：$\|x_i-x_k\|\leqslant\|x_i-x_j\|+\|x_j-x_k\|$。

距离函数值越小表明两个对象越靠近，聚类工作就是将距离近的对象归入同一个簇。有多种形式的距离度量都可以在聚类算法中采用。

1) 闵可夫斯基(Minkowski)距离：

$$d_q(x_i, \boldsymbol{x}_j) = \|x_i - \boldsymbol{x}_j\|_q = \Big[\sum_{k=1}^{q} |x_{ik} - x_{jk}|^q\Big]^{1/q} \tag{7-3}$$

其中 $q\in[1, \infty]$。闵可夫斯基距离是无限个距离度量的概化。当 p 个变量的度量单位相同时，闵可夫斯基距离是合适的。

2) 曼哈坦(Manhattan)距离：

$$d_1(\boldsymbol{x}_i, \boldsymbol{x}_j) = \|\boldsymbol{x}_i - \boldsymbol{x}_j\|_1 = \sum_{k=1}^{p} |x_{ik} - x_{jk}| \tag{7-4}$$

曼哈坦距离就是绝对值距离，它是闵可夫斯基距离在 $q=1$ 时泛化得到的。

3) 欧几里得(Euclidean)距离：

$$d_2(\boldsymbol{x}_i, \boldsymbol{x}_j) = \|\boldsymbol{x}_i - \boldsymbol{x}_j\|_2 = \Big[\sum_{k=1}^{p} |x_{ik} - x_{jk}|^2\Big]^{1/2} \tag{7-5}$$

公式(7-5)可由闵可夫斯基距离泛化得到，此时 $q=2$。

该距离要求各个属性满足公度性。所谓公度性，指参与其中的变量采用统一的度量标准，可以合并计算。如果不采用统一的度量标准，欧氏距离就没有意义了。如果一个属性是"长度"，另一个属性是"重量"，就没有办法为它们选择统一的单位。

转化到同一个公度的策略是数据标准化，即用标准差除以每个属性，以便使每个属性具有同等的重要性。

当 p 个变量的度量单位不同时，通常用标准化欧几里得距离，见式(7-6)。

$$d(x_i, x_j) = \Big[\sum_{k=1}^{p} \hat{v}_{kk}^{-1}(x_{ik} - x_{jk})^2 \Big]^{1/2} \tag{7-6}$$

其中 $\hat{v}_{kk}^{-1}$ 是矩阵的 (k, k) 元。

$$\hat{V} = \frac{1}{n-1} \sum_{i=1}^{n} (x_{(i)} - \overline{x})(x_{(i)} - \overline{x})^{\mathrm{T}}$$

$$\overline{x} = \frac{1}{n} \sum_{i=1}^{n} x_{(i)}$$

距离公式(7-6)在改变变量度量单位的情况下也保持不变。

4）切比雪夫（Chebyshev）距离：

$$d_{\infty}(\boldsymbol{x}_i, \boldsymbol{x}_j) = \| \boldsymbol{x}_i - \boldsymbol{x}_j \|_{\infty} = \max_{k \in \langle 1,2,\cdots,p \rangle} |x_{ik} - x_{jk}| \tag{7-7}$$

公式(7-7)同样可由闵可夫斯基距离泛化得到，此时 $q \to \infty$。

5）加权距离：

$$d(x_i, x_j) = \sum_{k=1}^{p} w_k c_k(x_{ik}, x_{jk}); \sum_{k=1}^{p} w_k = 1 \tag{7-8}$$

其中，w_k 是赋予第 k 个属性的权值，在确定对象间距离时，可以调节各属性对距离的影响。权值应该根据主题和内容来确定。

为每个属性设置同样的权值并不意味着各属性对距离有同样的影响。第 j 个属性 X_j 对距离的影响程度取决于它对数据集中平均对象相异性度量的相对贡献。

$$\overline{d}(x_i, x_j) = \frac{1}{N^2} \sum_{i=1}^{N} \sum_{j=1}^{N} d(x_i, x_j) = \sum_{k=1}^{p} w_k \overline{d}_k(x_{ik}, x_{jk})$$

其中

$$\overline{d}_k = \frac{1}{N^2} \sum_{i=1}^{N} \sum_{j=1}^{N} d_k(x_{ik}, x_{jk})$$

是第 k 个属性上的相异度。因此，第 k 个属性的相对影响是 $w_k \overline{d}_k$。

6）马哈拉诺比斯（Mahalanobis）距离：

$$d_{ij}^2 = (x_{(i)} - x_{(j)})^{\mathrm{T}} \hat{V}^{-1}(x_{(i)} - x_{(j)}) \tag{7-9}$$

这里要求 $x_{(1)}, x_{(2)}, \cdots, x_{(n)}$ 有相同的协方差矩阵。但这一条件不一定能满足，这是因为不同簇的对象的协方差矩阵可能不同。该距离度量适合于对 n 维特征空间中的凸形区域建模。

协方差是衡量 X 和 Y 一起变化的尺度，如果 X 中较大值趋于和 Y 中较大值相关联，

且 X 中较小值趋于和 Y 中较小值相关联，那么协方差是一个大正数，如果 X 中较大值趋于和 Y 中较小值相关联，那么协方差是一个负数。在 $p \times p$ 的协方差矩阵中，元素 (k, l) 是第 k 个和第 l 个变量间的协方差。协方差矩阵是对称的。

从变量独立影响距离的角度看，欧氏距离和加权欧氏距离都是加成的。如果数据的一些属性是相关的，就会对欧氏距离、加权欧氏距离产生影响。为消除这些冗余带来的影响，可以对数据标准化，这种标准化应该考虑变量之间的协方差。

2. 变量间的相似系数

第 i 个变量与第 j 个变量间相似系数用 c_{ij} 表示，相似系数越大，表明第 i 个变量与第 j 个变量越密切。因此，相似系数大的变量可以归到一个簇。

如果变量是连续型的，也就是说，这样的变量或属性由实数值来表示，那么，两个变量的差异为其差的绝对值的单调增函数。

$$c(x_i, x_{i'}) = l(|x_i - x_{i'}|)$$

除平方误差 $(x_i - x_{i'})^2$ 外，另一个常见的选择是绝对误差。前者强调差异较大的对象。

相似系数主要有如下两种：

（1）相关系数

协方差的值依赖于变量的取值范围，可以通过标准化的方法消除这种依赖性，这就是相关系数。相关系数定义如式(7-10)。

$$c_{ij} = \frac{\sum_{k=1}^{n} (x_{ki} - \overline{x}_i)(x_{kj} - \overline{x}_j)}{\sqrt{\sum_{k=1}^{n} (x_{ki} - \overline{x}_j)^2 \sum_{k=1}^{n} (x_{kj} - \overline{x}_j)^2}} \tag{7-10}$$

其中

$$\overline{x}_i = \frac{1}{n} \sum_{k=1}^{n} x_{ki}$$

注意，这是对变量取平均。如果数据是标准化的，那么基于相关系数的聚类和基于平方距离的聚类等价。相关系数是最常用的相似系数，它在变量的仿射变换（改变度量单位和原点）下保持不变。

协方差体现了变量间的线性依赖性。考虑在二维空间（X 和 Y）中以圆心为中心均匀分布的数据点，显然两个变量是依赖的，并且是以非线性的方式依赖的，所以它们是 0 线性相关。因此，独立意味着不相关，但反过来不一定总成立。在一些实际问题中，用式(7-10)右边的绝对值作为相似系数更合理。

（2）夹角余弦

夹角余弦定义如式(7-11)。

$$c_{ij} = \frac{\sum_{k=1}^{n} x_{ki} x_{kj}}{\sqrt{\left(\sum_{k=1}^{n} x_{ki}^2\right) \sum_{k=1}^{n} x_{kj}^2}} = \frac{x_i^{\mathrm{T}} x_j}{\sqrt{x_i^{\mathrm{T}} x_i x_j^{\mathrm{T}} x_j}} \tag{7-11}$$

它的变量在度量单位改变下保持不变。

可以类似于变量情形定义对象之间的相关系数和夹角余弦，但用它们作为对象间靠近程度的度量在统计意义上不太明确；也可以类似于对象情形定义变量间的距离，但它们作为变量之间接近程度的度量在统计意义上也不太明确。

如果是序数型变量，即变量取值为连续整数，并且这些值被看做有序的集合。例如，考试成绩（优、良、中、及格、不及格），偏爱程度（不能忍受、不喜欢、不错、喜欢、特别喜欢）。这样的数据一般通过下式度量相互间的差异。

$$\frac{i+\frac{1}{2}}{M}, i=1, \cdots, M$$

用给定的原始值的顺序替换 M，然后就可以按连续型变量处理。

如果是离散型变量，因为是无序的，也称为标称变量。对这样的变量必须明确地描述每对值之间的差异程度。如果变量取 M 个不同值，可以通过 $M \times M$ 对称矩阵来表达各对数据的差异，其中，$L_{rr'}=L_{r'r}=0$，$L_{rr'} \geqslant 0$。对所有的 $r \neq r'$，通常选择 $L_{rr'}=1$。

还有多种办法用于测量相异度。如，针对多变量的二进制数据可以采用对两个对象的相应取值的异同进行计数的方法。

考虑表 7-1，i 和 j 为两个对象，每个对象有 p 个属性，各属性的取值范围是{0, 1}，表格中 $i=1$ 和 $j=1$ 时的表项 $n_{1,1}$ 表示 i 和 j 的值都是 1 时变量的个数。

表 7-1   二进制变量计数

	$j=1$	$j=0$
$i=1$	$n_{1,1}$	$n_{1,0}$
$i=0$	$n_{0,1}$	$n_{0,0}$

对二进制数据衡量的是对象的相似性，而不是相异性。公式（7-12）是简单匹配系数，体现为两个对象中取相同值的变量占变量总数的比例。

$$\frac{n_{1,1}+n_{0,0}}{n_{1,1}+n_{1,0}+n_{0,1}+n_{0,0}} \tag{7-12}$$

如果变量取值为 1 或 0，分别表示"具有"或"不具有"某种属性，那么就不会考虑两个对象都不具有的属性。这样，Jaccard 系数定义如下：

$$\frac{n_{1,1}}{n_{1,1}+n_{1,0}+n_{0,1}} \tag{7-13}$$

如果（0，0）匹配是无关的，（0，1）和（1，0）的不匹配数量应该在（1，1）匹配数和（0，0）匹配数之间。所以，（0，1）和（1，0）的不匹配数量应该折半，这样就得到 Dice 系数：

$$\frac{2n_{1,1}}{2n_{1,1}+n_{1,0}+n_{0,1}} \tag{7-14}$$

在聚类分析中需要根据数据类型、应用目标等因素选择距离函数和相似系数。与其说问题是如何定义相异程度，还不如说哪个相异程度指标更适合特定的问题。

如果属性上有缺失值，在计算相异度时可以忽略相应的属性。如果两个对象没有共同的非缺失属性，可以用均值填补缺失值。如果是离散变量，可以认为它们是相似的。

7.4　聚类方法与聚类分类

7.4.1　聚类方法

按聚类针对的是对象还是变量，可以将聚类方法分为 Q 型和 R 型。

1. Q 型聚类法

对于由某些对象组成的集合 G，符号"$i \in G$"表示对象 $x_{(i)}$ 属于 G，d_{ij} 表示 $x_{(i)}$ 和 $x_{(j)}$ 的距离。Q 型聚类分析的目的是把所考察的 n 个对象划分成若干个互不相同的簇，为此要先给簇下个定义。由于实际问题不同，簇的含义也不同。下面是几个可供选择的簇的定义。

1）对于阈值 T，如果对于任意的 i，$j \in G$，都有 $d_{ij} \leqslant T$，则称 G 为一个簇。

2）对于阈值 T，如果对于每个 $i \in G$，都有

$$\frac{\sum_{j \in G} d_{ij}}{k-1} \leqslant T$$

则称 G 为一个簇。这里 k 为 G 中的对象个数。

3）对于阈值 T 和 M，这里 $T < M$，如果对于一切 i，$j \in G$，都有 $d_{ij} \leqslant M$，且

$$\frac{\sum_{i \in G} \sum_{j \in G} d_{ij}}{k(k-1)} \leqslant T$$

则称 G 为一个簇。这里 k 为 G 中的对象个数。

从统计学的观点看，一个簇是一个总体，不同的簇表示不同的总体。在选择簇的定义时应该注意其实际意义和统计意义。

聚类方法有系统聚类法、分解聚类法、有序对象聚类法、动态聚类法、模糊聚类法等多种。系统聚类法按簇间距离定义可分为最短距离法、最长距离法、平均距离法、重心距离法和离差平方和法等。

在最短距离法中，首先视 n 个对象各自成一个簇，此时，各簇之间的距离等于各对象之间的距离。选择距离最近的两个簇合并成一个新簇。用最短距离公式计算新簇与其他簇的距离，再将距离最近的两簇合并。如此反复，每次减少一个簇，直至所有对象成为一个簇为止。

在系统聚类过程中，每步都要计算新簇与其他簇之间的距离。1969 年，威沙特给出适用于不同簇间距离定义的统一的递推公式。

用 $D(u, v)$ 表示在某一步簇 G_u 和簇 G_v 的距离。在 G_m 和 G_q 合并成新簇 G_r 后，G_r 与另一簇 G_k 的距离 $\overline{D}(k, r)$ 可表示为

$$\overline{D}^2(k,r) = \alpha_m D^2(m,k) + \alpha_q D^2(q,k) + \beta D^2(m,q) + \gamma |D^2(m,k) + D^2(q,k)| \quad (7\text{-}15)$$

其中，系数 α_m、α_q、β 和 γ 随聚类方法不同而取不同值。

2. R 型聚类法

可以将 Q 型聚类法照搬到 R 型聚类中，但应注意如下几点：

1）用相似系数代替 Q 型聚类中的距离；

2）簇间相似系数有最大相似系数、最小相似系数、平均相似系数等；

3）在系统聚类的每一步，选择相似系数最大的两个簇合并。

计算簇间的相似系数也有统一的递推公式，用 $C(u, v)$ 表示在某一步中变量簇 G_u 和簇 G_v 的相似系数。在 G_m 和 G_q 合并成新簇 G_r 后，G_r 与另一簇 G_k 的相似系数 $\overline{C}(\gamma, k)$ 可表示为

$$\overline{C}(\gamma,k) = \alpha_m\overline{C}(m,k) + \alpha_q\overline{C}(q,k) + \beta\overline{C}(m,q) + \gamma|\overline{C}(m,k) + \overline{C}(q,k)| \qquad (7\text{-}16)$$

其中，α_m、α_q、β 和 γ 为系数。

需要指出的是，对于同一个聚类问题，不同的聚类方法可以得到不同的结果，因此要根据问题的实际背景和相关知识选择符合实际的聚类方法。

7.4.2　聚类方法的分类

1. 层次方法

层次方法包括凝聚算法和分裂算法。

2. 划分方法

划分方法包括搬迁算法、概率聚类、k-中心点、k-均值、基于密度的算法（基于密度的连通性聚类、密度函数聚类）等。

3. 基于网格的方法

基于网格的方法首先将空间量化为有限数目的单元，然后在这个量化空间上进行所有的聚类操作。这类方法的处理时间不受数据对象数目的影响，仅依赖于量化空间中每一维上的单元数目，因此处理速度较快。

4. 基于非数值属性的共生方法

客户分析、企业规划、网络分析等应用除了使用数值属性外，也很关注非数值属性，由此产生了共生聚类方法。

5. 基于约束的聚类

在实际应用中，人们很少对无约束的解决方案感兴趣。聚类常常受一些具体问题的限制以适应特定业务需求。基于约束的聚类包括对象约束和参数约束两种。

6. 采用机器学习的聚类算法

采用机器学习的聚类算法包括梯度下降法和人工神经网络法等。

7. 可伸缩聚类算法

聚类算法面临的可伸缩问题同时涉及计算时间和内存需求。在数据挖掘中合理的运行时间和有限制地使用内存空间是十分必要的。一些尝试性的工作将聚类扩展到海量数据库（VLDB），包括增量挖掘、数据压缩、可靠采样等。

8. 用于高维数据的方法

数据挖掘的对象可能包含上百个属性，在这样高维的空间上聚类将十分困难。在传统相似性度量下，不相关的属性会影响聚类的趋势和走向，高维空间中的数据稀疏距离函数难以区分它们，从而形成维灾难。

子空间聚类的思想是通过在原属性空间上构建恰当的子空间，然后分别在子空间上聚类，从而绕过高维空间聚类问题。

降维技术和投影技术主要涉及属性变换和域压缩。属性变换是现有属性的简单映射。域压缩采用相似性度量将数据划分为子集，高维计算转化到较小的数据集上。虽然维数没变，但计算开销减少了。

在 OLAP 中属性上滚可以看做为属性组选择一个代表。有趣的是，由点聚类组成属性组的丝线导致产生新的概念。联合聚类是同时针对数据点和属性的聚类。

7.5　划分方法

对于一个给定的含 n 个对象或元组的数据库，采用目标函数最小化的策略，通过迭代把数据分成 k 个划分块，每个划分块为一个簇，这就是划分方法。划分方法满足两个条件：1）每个簇至少包含一个对象；2）每个对象必属于且仅属于某一个簇。

在基于划分的聚类中，任务就是把数据集划分为 k 个不相交的子集，使每个子集中的数据尽可能相似，即针对给定 n 个数据的集合 $D=\{x(1)，\cdots，x(n)\}$，任务就是找到 k 个簇 $C=\{C_1，\cdots，C_k\}$，使得每个数据 $x(i)$ 被划分到一个且唯一一个簇中。簇内对象的相似性可以通过选择适当的评分函数来判定。评分函数与簇内差异 $W_c(C)$ 和簇间差异 $B_c(C)$ 相关。簇内差异衡量簇的紧凑性或密集度，簇间差异衡量不同簇间的距离。显然，

$$W_c(C) = \frac{1}{2}\sum_{k=1}^{K}\sum_{C(i)=k}\sum_{C(j)=k}d(x_i,x_j) \tag{7-17}$$

公式(7-17)的目的是体现簇内对象之间的接近程度。由于

$$T = \frac{1}{2}\sum_{i=1}^{N}\sum_{j=1}^{N}d(x_i,x_j) = \frac{1}{2}\sum_{k=1}^{K}\sum_{C(i)=k}\Big(\sum_{C(j)=k}d(x_i,x_j) + \sum_{C(j)\neq k}d(x_i,x_j)\Big)$$

是给定数据的一个常量，令

$$B_c(C) = \frac{1}{2}\sum_{k=1}^{K}\sum_{C(i)=k}\sum_{C(j)\neq k}d(x_i,x_j) \tag{7-18}$$

公式(7-18)体现了簇间对象之间的相离程度。有

$$W_c(C) = T - B_c(C)$$

所以，$W_c(C)$ 极小化等价于 $B_c(C)$ 极大化。这是一个优化问题。N 个数据构成 K 个簇的所有可能性为

$$S(N,K) = \frac{1}{K!}\sum_{k=1}^{K}(-1)^{K-k}C_K^k k^N$$

当 N 值较大时，无法穷举所有可能性，实用的聚类算法只能搜索一小部分，它可能包括最优解，至少包括一个局部最优解。

可行的策略是基于迭代的贪心下降法。先指定一个初始划分，每次迭代时，在前次基础上调整划分，使 $W_c(C)$ 下降，直至划分不再发生改变为止。

常见的划分方法有 k-均值方法和 k-中心点方法。其他方法大都是这两种方法的变形。

7.5.1　k-均值算法

k-均值算法是在科学和工业应用中较流行的聚类工具。算法的名字源于利用簇内点的均值或加权平均值 c_i（质心）作为簇 C_i 的代表点。虽然该算法不适合于处理分类属性数据，但对数值属性数据有较好的几何和统计意义。

k-均值聚类算法的核心思想是通过迭代把数据对象划分到不同的簇中，以求目标函数最小化，从而使生成的簇尽可能地紧凑和独立。采用平方欧氏距离，当然，也可以采用其他距离度量，例如，可以采用马哈拉诺比斯距离对椭圆形的簇进行分析。

式(7-19)是基于平方欧氏距离的。

$$W_c(C) = \frac{1}{2}\sum_{k=1}^{K}\sum_{C(i)=k}\sum_{C(j)=k}\|x_i - x_{j2}\| = \sum_{k=1}^{K}N_k\sum_{C(i)=k}\|x_i - \overline{x}_{k2}\| \tag{7-19}$$

其中，$\overline{x}_k = (\overline{x}_{1k}, \cdots, \overline{x}_{pk})$ 是与第 k 个簇相关的均值向量，并且 $N_k = \sum_{i=1}^{N}I(C(i)=k)$。

式(7-19)的极小化方法为：将 N 个数据划分到 K 个簇中，使簇均值的平均相异度最小。

为求解

$$C^* = \min_{C}\sum_{k=1}^{K}N_k\sum_{C(i)=k}\|x_i - \overline{x}_{k2}\|$$

考虑集合 S，有

$$\overline{x}_S = \underset{m}{\operatorname{argmin}}\sum_{i\in S}\|x_i - m_2\|$$

所以，可以改为求解放大的优化问题。

$$C^* = \min_{C, (m_k)_1^K}\sum_{k=1}^{K}N_k\sum_{C(i)=k}\|x_i - m_{k2}\| \tag{7-20}$$

迭代过程为：首先，随机选取 k 个对象作为初始的 k 个簇的质心；然后，将其余对象根据其与各个簇质心的距离分配到最近的簇；再求新形成的簇的质心。这个迭代重定位过程不断重复，直到目标函数最小化为止。

k-均值聚类算法：

输入　期望得到的簇的数目 k，含 n 个对象的数据库
输出　使得平方误差准则函数最小化的 k 个簇
方法
(1) 选择 k 个对象作为初始的簇的质心
(2) repeat

（3）计算对象与各个簇的质心的距离,将对象划分到距离其最近的簇

（4）重新计算每个新簇的均值

（5）until 簇的质心不再变化

面对大规模数据集，该算法是相对可扩展的，并且具有较高的效率。算法复杂度为 $O(nkt)$，其中，n 为数据集中对象的数目，k 为期望得到的簇的数目，t 为迭代的次数。算法通常终止于局部最优解。

【例 7-1】　当 $k=3$ 时，80 个数据的聚类过程。

拟聚类的数据集如图 7-1 所示，聚类过程如图 7-2～图 7-6 所示。

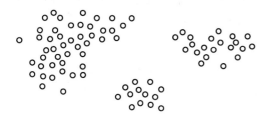

图 7-1　拟聚类的数据集

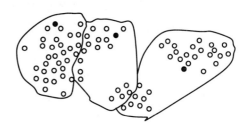

图 7-2　随机选择 3 个初始点

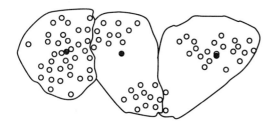

图 7-3　第 1 次迭代之后

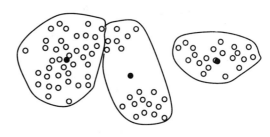

图 7-4　第 2 次迭代之后

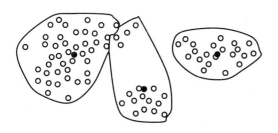

图 7-5　第 3 次迭代之后

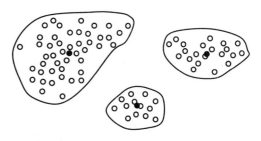

图 7-6　第 4 次迭代之后

7.5.2　k-中心点算法

k-均值算法采用簇的均值来代表一个簇，所以要求参与聚类的数据中各个属性对求均值都有意义。平方距离中长距离施加的影响大，因此，k-均值算法对噪声是敏感的。

如图 7-7 所示，聚类数据的右侧有一个噪声数据，与图 7-6 相比，聚类的代表点（均值）发生变化，表明 k-均值算法对噪声敏感。

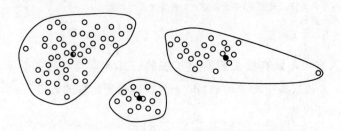

图 7-7　聚类数据的右侧有一个噪声数据

k-中心点算法是为消除这种敏感性提出的，它选择簇中位置最接近簇中心的对象（称为中心点）作为簇的代表点，目标函数仍然可以采用平方误差准则。

k-中心点算法的处理过程是：首先，随机选择 k 个对象作为初始的 k 个簇的代表点，将其余对象根据其与代表点对象的距离分配到最近的簇；然后，反复用非代表点来代替代表点，以改进聚类质量，聚类质量用一个代价函数来估计，该函数度量对象与代表点对象之间的平均相异度。

采用 k-中心点算法有两个好处：一是对属性类型没有局限性；另一个是通过簇内主要点的位置来确定选择中心点，对孤立点的敏感性小。

k-中心点算法：

输入　n 个对象的数据库，期望得到的簇的数目 k
输出　使得所有对象与其最近中心点的偏差总和最小化的 k 个簇
方法
（1）选择 k 个对象作为初始的簇中心
（2）repeat
（3）对每个对象，计算离其最近的簇中心点，并将对象分配到该中心点代表的簇
（4）随机选取非中心点 O_{random}
（5）计算用 O_{random} 代替 O_j 形成新集合的总代价 S
（6）如果 S< 0，用 O_{random} 代替 O_j，形成新的 k 个中心点的集合
（7）until 不再发生变化

对于簇 C，找出距离簇中各点距离总和最小的点：

$$i_k^* = \underset{\{i:C(i)=k\}}{\mathrm{argmin}} \sum_{C(j)=k} d(x_i, x_j) \tag{7-21}$$

对每个临时的 k，求解式（7-20）的计算量与数据个数成正比，而求解（7-21）的计算量增至 $O(N_k^2)$。给定簇"中心"的集合 $\{i_1, \cdots, i_k\}$，得到新的划分

$$C(i) = \underset{1 \leqslant k \leqslant K}{\mathrm{argmin}} d(i, i_k^*)$$

需要的计算量与 $K \times N$ 成正比。因此，k-中心点算法比 k-均值算法的计算量要大。

两个较早版本的 k-中心点算法是 PAM（Partitioning Around Medoids）和 CLARA。PAM 仍然采用迭代优化策略，在开始时随机选择 k 个中心点，然后通过迭代找到更好的中心点。显然，PAM 是一个高计算代价的策略，计算复杂度为 $O(k(n-k))^2$。这就导致 PAM 对大数据集没有良好的可扩展性。CLARA 算法是一个基于抽样的方法，其主要思想是先从数据集中抽取若干样本，在每份样本上使用 PAM 算法，求得抽样数据的中心点。相对于 PAM 算法，CLARA 能够处理更大的数据集。PAM 算法直接寻找给定数据集

中最佳的 k 个中心点，而 CLARA 算法在抽样数据中寻找中心点，因此，CLARA 算法的有效性取决于抽样的合理性。如果样本偏斜，产生的聚类结果也不会很好。

对 k-中心点算法更进一步的改进是 CLARANS 算法。该算法是较早提出的面向空间数据库聚类问题的方法，它克服了传统聚类算法在大数据集上的主要缺点。CLARANS 将采样技术和 PAM 算法结合起来。它将聚类过程描述为对一个图的搜索，图中每个结点都是一个潜在的解，即 k 个中心点的集合。把因替换一个中心点而得到的聚类结果称为当前聚类结果的邻居，以用户定义的参数来限制随机测试的邻居数目。如果发现更好的邻居（更小的平方误差值），就把中心结点移到该邻居结点，处理过程重新开始；如果没有找到更好的邻居，当前的聚类就为局部最优。当找到一个局部最优时，CLARANS 就从随机选择的结点开始寻找新的局部最优。CLARANS 算法的聚类质量同样取决于抽样的合理性。但是，CLARANS 与 CLARA 不同，CLARA 在每个搜索阶段都有一个固定的样本，而 CLARANS 在搜索的每个步骤中随机抽取样本。CLARANS 比 PAM 和 CLARA 更有效，它能够探测孤立点，能够发现最"自然的"簇的数目。通过采用空间数据结构（如 R* 树），CLARANS 的性能可以得到进一步的提高。

另一种改进算法是 k-mode 算法。它既不计算均值，也不计算中心点，而是统计簇中对象的频率，用众数对应的对象作为簇的代表点。另外，k-原型方法将 k-均值和 k-mode 算法集成在一起，用于处理含有数值和分类值属性的数据聚类。

7.5.3　关于参数 K

k-均值算法和 k-中心点算法都要事先给出期望生成簇的数目 K。选择簇的个数取决于应用目标，因为数据划分的个数 K 是问题定义的一部分。

典型的估计 K^* 的方法是把簇内相异度 W_K 看做簇个数 K 的函数。对 $K \in \{1, 2, \cdots, K_{max}\}$ 分别得到解，相应的值 $\{W_1, W_2, \cdots, W_{max}\}$ 随 K 值增加而减少。如果实际观测有 K^* 个分组，则对于 $K < K^*$，由算法得到的每个簇都将包含基本组的一个子集。即不会把出于同一个自然组的对象划分到不同的簇中。随着将自然组不断划分到簇中，解的值将趋于显著降低，$W_{K+1} \ll W_K$。对于 $K > K^*$，则至少有一个簇将一个自然组分成两个子组。随着 K 的增加，解的值将有减少的趋势。与划分良好的分组的并集相比，簇内对象相近的自然组会使解值降低。

$W_K - W_{K+1}$ 将在 $K = K^*$ 时锐减，即 $\{W_K - W_{K+1} \mid K < K^*\} \ll \{W_K - W_{K+1} \mid K \geqslant K^*\}$。为函数 K 做图，在图 W_K 上确定拐点，可以得到对 K 的一个估计 $\hat{K}^*$。该方法具有启发式的特点。

利用间隙统计方法比较 $\log W_K$ 和矩形区域中均匀分布的数据得到的曲线，根据两曲线间隙最大来估计簇的最优个数。这是自动定位拐点的方法。间隙曲线是极小化的。如果 $G(K)$ 是 K 个簇的间隙曲线，用下式估计 K^*。

$$K^* = \operatorname*{argmin}_{K}\{K \mid G(K) > G(K+1) - s'_{K+1}\}$$

7.5.4　EM 聚类

Demoster，Laird 和 Rubin 于 1977 年首次给出"期望最大化"算法的最一般形式，并命名为 EM 算法。EM 算法是迄今最流行的统计计算方法。

1. 最大似然估计

设 $\hat{\theta}$ 是参数 θ 的估计量，它不能直接测量，而是由数据推导出的结果。利用抽取到的不同样本集就会得到不同的 $\hat{\theta}$ 值，所以，$\hat{\theta}$ 是随机变量。

$\hat{\theta}$ 的偏差(Bias)定义为 $\mathrm{Bias}(\hat{\theta}) = E[\hat{\theta}] - \theta$，也就是估计量的期望值 $E[\hat{\theta}]$ 和参数的真实值 θ 的差异。

估计量 $\hat{\theta}$ 的方差定义为 $\mathrm{Var}(\hat{\theta}) = E[\hat{\theta} - E[\hat{\theta}]]^2$。方差不依赖于 θ 的真实值，用于衡量估计误差中随机的和由数据导致的部分，它反映估计量对数据集中的特异性的敏感程度。

$E[(\hat{\theta} - \theta)^2]$ 是 $\hat{\theta}$ 的均方误差，当 θ 为常数时，$E(\theta) = \theta$，则

$$E[(\hat{\theta} - \theta)^2] = E[(\hat{\theta} - E[\hat{\theta}] + E[\hat{\theta}] - \theta)^2] = (E[\hat{\theta}] - \theta)^2 + E[(\hat{\theta} - E[\hat{\theta}])^2]$$
$$= (\mathrm{Bias}(\hat{\theta}))^2 + \mathrm{Var}(\hat{\theta})$$

均方误差非常有价值，它将估计量和真实值之间的系统差异(偏差)和随机差异(方差)联系起来。

最大似然估计是应用最广泛的参数估计方法。考虑一个包含 n 个观测的数据集 $D = \{x(1), \cdots, x(n)\}$，是从同一个分布 $f(x \mid \theta)$ 独立采样得到的，或者说这是独立同分布数据。似然函数 $L(\theta \mid x(1), \cdots, x(n))$ 是给定 θ 值后发生数据的概率，即 $p(D \mid \theta)$，是关于 θ 的函数。因为数据是独立同分布，所以有：

$$L(\theta \mid D) = L(\theta \mid x(1), \cdots, x(n)) = p(x(1), \cdots, x(n) \mid \theta) = \prod_{i=1}^{n} f(x(i) \mid \theta)$$

注意，θ 可能是参数向量，而不只是单一的参数。为一个给定问题定义似然就是确定产生数据的概率模型。使已发生数据的概率最大的 θ 值就是最大似然估计量。用 $\hat{\theta}_{\mathrm{ML}}$ 表示 θ 的最大似然估计量。

【例 7-2】 招工时可能被录用，也可能没被录用。下面的问题是估计录用人员占整个应招人员的比例。根据随机抽取的 1 000 个样本 $x(1), \cdots, x(1\,000)$，这里第 i 个人被录用，则 $x(i) = 1$，否则为 0。假设这些观测遵从二项分布。

解：设 θ 是一个随机应招人员被招聘的概率，在条件独立的假设下似然函数为：

$$L(\theta \mid x(1), \cdots, x(1\,000)) = \prod_{i=1}^{1\,000} \theta^{x(i)} (1-\theta)^{1-x(i)} = \theta^r (1-\theta)^{1\,000-r}$$

其中 r 是 1 000 名应招者中录用的人数。对上式求导得到对数似然：

$$l(\theta) = \log L(\theta) = r \log \theta + (1\,000 - r) \log(1-\theta)$$

求导，并令导数为 0，得

$$\frac{r}{\theta} - \left(\frac{1\,000 - r}{1-\theta}\right) = 0$$

故 $\hat{\theta}_{ML} = \dfrac{1}{1\,000}$。录用者的比例就是该二项分布中的最大似然估计。

2. EM 算法由来

EM 算法是在下述例子的启发下产生的。

假设观测值 $(x_i,\,y_i)$，$i=1,\,\cdots,\,N$，来自一个二元正态分布 $N(0,\,\sigma^2)$。易知，σ^2 的极大似然估计是样本协方差阵

$$S = \frac{1}{N}\begin{bmatrix} \sum_i x_i^2 & \sum_i x_i y_i \\ \sum_i x_i y_i & \sum_i y_i^2 \end{bmatrix}$$

如果观测中的某些分量随机丢失，估计 σ^2 就不是简单的事情。表 7-2 是含缺失值的二元正态观测数据。

表 7-2　有缺失值的二元观测数据

−0.05	0.25	−1.80	−1.4	0.02	−0.80	0.29	−2.20	—	—	—	—
−0.71	−0.25	−1.5	−0.56					0.21	−0.26	−0.15	−1.00

如果没有其他辅助信息来补充缺失值，直观的做法是：1)给定 σ^2 一个当前估计，输入缺失数据的期望值；2)在补充缺失数据后重新估计 σ^2。

通过不断迭代 1)和 2)两个步骤，即可在缺失数据的情况下估计 σ^2。这种利用期望值补充缺失数据和利用补充缺失数据得到的完全样本来更新参数估计，并在这两个步骤之间不断进行迭代的算法正是 EM 算法的思想。

一般地，常用对数似然期望值作为每次迭代的输入，而不是用具体的观测数据期望值作为输入。

3. EM 算法

对于难以简化的求极大似然问题，EM(Expectation Maximization，期望最大化)算法是一种常用的工具。

可以把观察到的数据的对数似然写为：

$$l(\theta) = \log p(D|\theta) = \log \sum_H p(D,H|\theta) \tag{7-22}$$

其中右侧的求和项表明，观察到的似然可以表示为观察到的数据和隐藏数据的似然对隐藏值的求和。式(7-22)中假定了一个以未知参数 θ 为参量的概率模型 $p(D,\,H\mid\theta)$。

设 $Q(H)$ 为残缺数据 H 的任意概率分布。可以用以下方式表示似然：

$$l(\theta) = \log \sum_H p(D,H|\theta)$$
$$= \log \sum_H Q(H)\frac{p(D,H|\theta)}{Q(H)}$$
$$\geq \sum_H Q(H)\log \frac{p(D,H|\theta)}{Q(H)}$$

$$= \sum_H Q(H) \log p(D,H|\theta) + \sum_H Q(H) \log \frac{1}{Q(H)}$$

$$= F(Q,\theta) \tag{7-23}$$

其中的不等式是根据对数函数的凹陷性（Jensen 不等式）得出的。函数 $F(Q,\theta)$ 是要最大化的似然函数 $l(\theta)$ 的下限。

EM 算法

重复以下两个步骤直至收敛：

1）由参数 θ^0 的初值开始。

2）E 步骤：固定参数 θ，使 F 相对于分布 Q 最大化：

$$Q^{k+1} = \arg \max_Q F(Q^k, \theta^k) \tag{7-24}$$

3）M 步骤：固定分布 $Q(H)$，使 F 相对于参数 θ 最大化：

$$\theta^{k+1} = \arg \max_\theta F(Q^{k+1}, \theta^k) \tag{7-25}$$

4）重复步骤 2）、3），直至收敛。

容易证明，在 E 步骤中当 $Q^{k+1} = p(H \mid D, \theta^k)$ 时似然达到最大值。对于这个 Q 值，不等式变成了等式 $l(\theta^k) = F(Q, \theta^k)$。

在 M 步骤中，因为 F 中的第二项不依赖于 θ，最大化问题就简化为最大化 F 中的第一项，从而得到：

$$\theta^{k+1} = \arg \max_Q \sum_H p(H \mid D, \theta^k) \log p(H \mid D, \theta^k) \tag{7-26}$$

在 E 步骤中，以参数向量 θ^k 的特定设置为条件，估计隐藏变量的分布。在 M 步骤中，保持 Q 不变，选取新的参数 θ^{k+1}，使观察到的数据的期望对数似然最大化。通过 E 步骤和 M 步骤的迭代，求出收敛的参数解。

4. EM 算法的性质

（1）简洁性

EM 算法的简洁性依赖于对数似然函数 $L(\theta \mid Y) = \log f(Y_{obs}, Y_{mis} \mid \theta)$ 的函数形式。在实际问题中往往可以构造出 Y_{mis}，使得 $f(Y_{obs}, Y_{mis} \mid \theta)$ 具有指数族形式，这时 $L(\theta \mid Y)$ 作为 θ 的函数很容易求极值。

当 $f(Y \mid \theta)$ 具有指数族形式时，$L(\theta \mid Y)$ 是完全数据情形下充分统计量 $S(Y)$ 的线性函数，这时 E 步骤简化成计算 $S(Y)$ 的期望。这里只涉及条件期望的常规处理。M 步骤后变成极大化 $Q(\theta \mid \theta^{(t)}) = L(\theta \mid S^{(t)})$，它与完全数据情形下极大化对数似然函数同样简单。

正是在人们可以充分利用完全数据情形下极大似然估计的简洁性才使得 EM 算法得以广泛流行。

（2）收敛稳定性

从参数空间的任意一个内点出发，EM 迭代序列 $\{\theta^{(t)}, t = 0, 1, 2, \cdots\}$ 总是沿着对数似然增长的方向达到最大值，即下面的不等式恒成立。

$$L(\theta^{(t+1)} \mid Y_{obs}) \geqslant L(\theta^{(t)} \mid Y_{obs}) \quad (\forall t = 0, 1, \cdots)$$

这一性质对任何广义 EM 算法也同样成立。

（3）直接检验多峰的可能性

从大量实例计算中发现，对数似然函数的"爬山步长" $L(\theta^{(t+1)} \mid Y_{obs}) - L(\theta^{(t)} \mid Y_{obs})$ 在迭代的最初几步（例如 $t \leqslant 5$）特别大，尤其是在初始值远离收敛点的时候。这一性质说明，EM 算法的迭代区域常常会很快地转移到似然的一个局部极值的领域，但是收敛到局部极值的速度还是非常慢的。理论上可以证明，EM 算法收敛到似然函数的一个鞍点。如果选择充分分散的几个不同的初值进行迭代，该问题可以得到解决。

在实际使用 EM 算法时，推荐选取不同的初值，可以确定似然函数（或者更一般地确定一个后验密度）是否具有多峰。

5. 作为 k-均值软聚类的高斯混合模型

不能直接观察到的变量称为隐含变量，任何含有隐含变量的模型都可以归为数据残缺问题。在实际应用中，相当多的问题属于数据残缺问题。EM 算法是解决数据残缺问题的一个十分有效的算法。

对于聚类问题来说，假定存在一个离散值的隐含变量 C，其取值为 $\{c_1, c_2, \cdots, c_k\}$。对于所有 n 个对象，隐含变量值是未知的。聚类的目的是估计出每一个观察值 $\boldsymbol{x}(i)(1 \leqslant i \leqslant n)$ 所对应的 C 的值。

令 $D = \{\boldsymbol{x}(1), \boldsymbol{x}(2), \cdots, \boldsymbol{x}(n)\}$ 为 n 个观察到的数据向量组成的集合，$H = \{z(1), z(2), \cdots, z(n)\}$ 表示隐含变量 Z 的 n 个值，分别与观察到的数据点一一对应，即 $z(i)$ 与数据点 $\boldsymbol{x}(i)$ 相联系，$z(i)$ 表示数据 $\boldsymbol{x}(i)$ 的不可见聚类标签。

EM 算法不将对象明确地分到某个簇，而是根据表示隶属可能性的权来分配对象。也就是说，在簇之间没有严格的边界。k-均值聚类过程与估计高斯混合模型的 EM 算法密切相关。EM 算法的 E 步骤根据各混合分量下的相对密度为各个数据点指派"响应度"，而 M 步骤是根据当前响应度重新计算支密度参数。若有 k 个混合分量，且每个分量都具有标量协方差矩阵为 $\sigma^2 I$ 的高斯密度，则每个分量下的相对密度是数据点与混合中心之间的欧氏距离的单调函数。EM 为各个数据点到簇中心做概率指派，所以，它是一种 k-均值聚类的软化版本。当 $\sigma^2 \to 0$ 时，这些概率取 0 和 1，两种方法一致。

【例 7-3】 EM 算法应用于估计正态混合模型的参数。

设测量数据 x 是一维的，假定数据来自于 K 个潜在的正态分布。没有观察到分量的标签，因此不知道每个数据来自哪一个分量分布。希望拟和的正态混合模型为：

$$f(x) = \sum_{k=1}^{K} \pi_k f_k(x; \mu_k, \sigma_k) \tag{7-27}$$

其中，μ_k 和 σ_k 分别为第 k 个分量的均值和标准差，π_k 是数据点属于第 k 个分量的先验概率（$\sum_K \pi_k = 1$）。参数向量为 $\theta = \{\pi_1, \cdots, \pi_k, \mu_1, \cdots, \mu_k, \sigma_1, \cdots, \sigma_k\}$，假定此时知道 θ 的值，则对象 x 来自第 k 个分量的概率为：

$$P(k \mid x) = \frac{\pi_k f_k(x; \mu_k, \sigma_k)}{f(x)} \tag{7-28}$$

根据(7-28)式，可以利用以下各式估计 π_k、μ_k、σ_k：

$$\pi_k = \frac{1}{n} \sum_{i=1}^{n} P(k \mid x(i)) \tag{7-29}$$

$$\mu_k = \frac{1}{n\pi_k} \sum_{i=1}^{n} P(k \mid x(i)) x(i) \tag{7-30}$$

$$\sigma_k = \frac{1}{n\pi_k} \sum_{i=1}^{n} P(k \mid x(i))(x(i) - \mu_k)^2 \tag{7-31}$$

以上等式中，式(7-28)为 E 步骤，式(7-29)、式(7-30)和式(7-31)为 M 步骤。E 步骤和 M 步骤形成迭代关系，即先取 π_k、μ_k、σ_k 的初始值，利用式(7-28)估计 $P(k \mid x)$，然后通过式(7-29)、式(7-30)和式(7-31)更新 π_k、μ_k、σ_k，再用新的参数进行下一次迭代，直到收敛判断成立(如似然的收敛或模型参数达到某个稳定点)。

EM 算法是对 k-均值方法的扩展。标准 EM 算法的使用范围很广，且易于移植到不同问题中。例如，除了应用于聚类，EM 算法还可用于训练贝叶斯网络和径向基函数网络。

7.6　层次方法

层次聚类按数据分层建立簇，形成一棵以簇为结点的树，称为聚类图。如果按自底向上层次分解，则称为凝聚的层次聚类。如果按自顶向下层次分解，就称为分裂的层次聚类。

7.6.1　层次聚类中的距离度量

凝聚的层次聚类采用自底向上的策略，开始时把每个对象作为一个单独的簇，然后逐次对各个簇进行适当合并，直到满足某个终止条件。

分裂的层次聚类采用自顶向下的策略，与凝聚的层次聚类相反，开始时将所有对象置于同一个簇中，然后逐次将簇分裂为更小的簇，直到满足某个终止条件。

簇的凝聚或分裂要遵循一定的距离(或相似度)准则。常见的簇间距离度量方法如下。

1) 最小距离(单链接方法)：$d_{\min}(C_i, C_j) = \min\limits_{p \in C_i, p' \in C_j} \| p - p' \|$

2) 最大距离(完全链接方法)：$d_{\max}(C_i, C_j) = \max\limits_{p \in C_i, p' \in C_j} \| p - p' \|$

3) 平均距离(平均链接方法)：$d_{\text{avg}}(C_i, C_j) = \dfrac{1}{n_i n_j} \sum\limits_{p \in C_i} \sum\limits_{p' \in C_j} \| p - p' \|$

4) 均值的距离(质心方法)：$d_{\text{mean}}(C_i, C_j) = \| m_i - m_j \|$

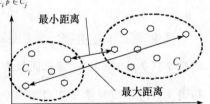

其中，$\| p - p' \|$ 为对象 p 和 p' 的距离，m_i 是簇 C_i 的平均值，n_i 是簇 C_i 中对象的个数。

簇间最小距离和最大距离如图 7-8 所示。

对象间距离函数有欧氏距离、曼哈坦距离、闵可

图 7-8　簇间最小距离和最大距离

夫斯基距离、马氏距离等。同样，簇间距离(或相似度)也有多种选择。不同的距离函数可以得到不同的层次聚类方法。

最小距离是应用最早也是最重要的度量。它能把很长的点串归结到同一个簇中。当两对簇的距离相同时与融合的顺序无关。问题是对数据的微小扰动和孤立点都很敏感。最大距离不管各个簇的数据点数量差异，也会迫使产生的簇占有相等大小的空间，因此，特别适合区隔问题。

【例 7-4】　图 7-9 给出了凝聚的层次聚类方法 AGNES、分裂的层次聚类方法 DIANA 的处理过程。其中，对象间距离函数采用欧氏距离，簇间距离采用最小距离。在 AGNES 中，选择簇间距离最小的两个簇进行合并，而在 DIANA 中，按最大欧氏距离进行簇分裂。

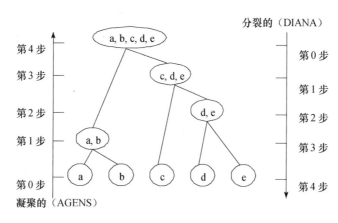

图 7-9　凝聚的和分裂的层次聚类

7.6.2　分裂方法

分裂方法从由所有数据点组成的聚类起步，逐步将聚类分割成多个部分，具体分为单分裂和多分裂两种方法。

1. 单分裂方法

每次采用一个变量拆分聚类，每个结点处的分割都是用一个变量描述的。其优点是易于用树状图描述得到的聚类结果。

2. 多分裂方法

该方法基于全部变量的综合分析以决定聚类拆分。在拆分中允许任何聚类度量手段。每次选择一个对象，计算从主聚类分离到哪个簇更合适。

一般而言，分裂方法的计算量比凝聚方法的计算量要大，并且也不如凝聚方法应用广泛。

7.6.3　凝聚方法

凝聚方法以聚类之间的聚类为衡量依据。假设给定初始聚类，凝聚的方法是把最邻近的簇融合成一个簇进而减少簇的数量。重复融合过程，每次都把两个最邻近的簇融合，直到所有数据都包含在一个簇中为止。

假设给定 n 个数据的数据集合 $D = \{x(1)，\cdots，x(n)\}$ 和用于衡量两个簇 C_i 和 C_j 的距离函数 $d(C_i，C_j)$，凝聚算法如下：

```
(1) for(i= 1;i< = n;i+ + ) Cᵢ= {x(i)};
(2) while(存在一个以上的簇)do begin
(3)     找到使 d(Cᵢ,Cⱼ)最小化的两个簇 Cᵢ 和 Cⱼ；
(4)     Cᵢ= Cᵢ∪Cⱼ；
(5)     删除 Cⱼ；
(6)   End
```

凝聚聚类的优点是不必把每个对象表示为向量，只要能计算对象之间或簇之间的距离即可。例如，凝集蛋白质序列，可以用两个序列的编辑距离来衡量。所谓编辑距离是从一个序列转换到另一个序列需要的基本编辑操作次数。因此，凝聚聚类为不易表示为向量的对象提供了更自然的框架。

层次聚类方法的优点在于可以在不同粒度水平上对数据进行探测，而且容易实现相似度量或距离度量。但是，单纯的层次聚类算法终止条件含糊（一般需人为设定），而且执行合并或分裂簇的操作后不可修正，这很可能导致聚类结果质量很低。由于需要检查和估算大量的对象或簇才能决定簇的合并或分裂，所以这种方法的可扩展性较差。因此，通常考虑把层次聚类方法与其他方法（如迭代重定位方法）相结合来解决实际聚类问题。

层次聚类和其他聚类方法的有效集成可以形成多阶段聚类，能够改善聚类质量。这类方法包括 BIRCH、CURE、ROCK、Chameleon 等。

7.7　基于密度的方法

基于密度的方法主要有两类，即基于连通性的算法和基于密度函数的算法。基于连通性的算法包括 DBSCAN、GDBSCAN、OPTICS、DBCLASD 等；基于密度函数的算法有 DBNCLUE 等。

大型空间数据库中可能含有球形、线形、延展形等多种形状的簇，因此，要求聚类算法应具有能够发现任意形状簇的能力。当然还要求聚类算法在大型数据库上具有高效性。DBSCAN(Density Based Spatial Clustering of Applications with Noise)算法是一种基于密度的聚类算法，它将足够高密度的区域划分为簇，能够在含有"噪声"的空间数据库中发现任意形状的簇。

7.7.1　DBSCAN 算法

定义 7.2　点 p 的 ε 邻域记为 $N_\varepsilon(p)$，定义如下：

$$N_\varepsilon(p) = \{q \in D \mid \text{dist}(p,q) \leqslant \varepsilon\} \tag{7-32}$$

点的邻域的形状取决于两点间的距离函数 $\text{dist}(p，q)$，例如，采用二维空间的曼哈坦距离时，邻域的形状为矩形。实际应用中，应该采用能反映问题特性的距离函数。

定义 7.3　如果 p，q 满足下列条件：1) $p \in N_\varepsilon(p)$，2) $|N_\varepsilon(q)| \geqslant$ MinPts，则称点 p 是从点 q 关于 ε 和 MinPts 直接密度可达的。MinPts 表示数据点个数。

显然，直接密度可达关系在核心点对间是对称的，在核心点和边界点间直接密度可达关系不是对称的，如图 7-10 所示。

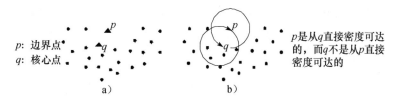

图 7-10　核心点、边界点、直接密度可达

定义 7.4　如果存在一个点的序列 p_1，p_2，…，p_n，$p_1 = q$，$p_n = p$，p_{i+1} 是从 p_i 直接密度可达的，则称点 p 是从点 q 关于 ε 和 MinPts 密度可达的。

密度可达是直接密度可达的扩展，密度可达关系满足传递性，但不满足对称性。虽然一般来说密度可达关系不满足对称性，但核心点集合满足对称性。

同一个簇 C 中的两个边界点有可能不是彼此密度可达的，因为这两个边界点可能都不是核心点。密度相连的概念描述了边界点之间的关系。

定义 7.5　如果存在一个点 o，p 和 q 都是从点 o 关于 ε 和 MinPts 密度可达的，则称点 p 是从点 q 关于 ε 和 MinPts 密度相连的。

密度相连是一个对称关系。密度可达的点之间的密度相连关系还满足自反性。

密度可达和密度相连如图 7-11 所示。

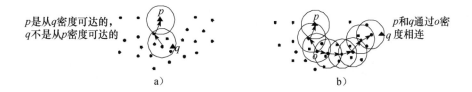

图 7-11　密度可达和密度相连

定义 7.6　令 D 表示数据点的集合，若 D 的非空子集 C 满足下列条件：

1) 对任意 p 和 q，若 $p \in C$ 且 q 是从 p 关于 ε 和 MinPts 密度可达的，则有 $q \in C$。（最大性）

2) $\forall p$，$q \in C$：p 与 q 是关于 ε 和 MinPts 密度相连的。（连通性）

则称 C 是基于密度的簇。基于密度的簇是基于密度可达的最大的密度相连的点的集合。

定义 7.7　令 C_1，C_2，…，C_k 是数据库中分别关于参数 ε_i 和 MinPts$_i$ 构成的簇（$i=1$，2，…，k），则定义"噪声"为数据库 D 中不属于任何簇的数据点的集合，即集合

$$\{p \in D \mid \forall_i : p \notin C_i\}$$

注意，关于 ε 和 MinPts 的簇 C 至少包含 MinPts 个数据点。因为 C 中至少包含一个点

p，p 必然通过一些点 o（可以包括 p）与自己是密度相连的，其中必有某个点 o 满足核心点的要求，因此 o 的 ε 邻域至少包含 MinPts 个点。

给定参数 ε 和 MinPts，可以分两步发现簇。第一步，从数据库中任意选取一个满足核心点条件的点作为种子；第二步，检索从种子点密度可达的所有点，获得包括种子点在内的簇。下面两个引理用于验证算法的正确性。

引理 7.1　令 p 为数据库 D 中的一个点，$|N_{\varepsilon}(p)| \geqslant$ MinPts，则集合

$$O = \{o \mid o \in D \text{ 且 } o \text{ 是从 } p \text{ 关于 } \varepsilon \text{ 和 MinPts 密度可达的}\}$$

是一个关于 ε 和 MinPts 的簇。

引理 7.2　令 C 为一个关于 ε 和 MinPts 的簇，p 为 C 中某个满足 $|N_{\varepsilon}(p)| \geqslant$ MinPts 的点，则 C 等于集合 $O = \{o \mid o \in D \text{ 且 } o \text{ 是从 } p \text{ 关于 } \varepsilon \text{ 和 MinPts 密度可达的}\}$。

DBSCAN 算法可以发现空间数据库中的簇和"噪声"，但必须为每个簇指定恰当的参数 ε 和 MinPts，及至少每个簇中的一个点。事先获得数据库中所有簇的相关信息并不是一件易事。DBSCAN 算法对所有簇采用相同的全局参数值 ε 和 MinPts。

为发现簇，DBSCAN 算法从任意点 p 开始，检索所有从点 p 关于 ε 和 MinPts 密度可达的点。如果 p 是核心点，就生成一个关于 ε 和 MinPts 的簇（见引理 7.2）；如果 p 是边界点，且没有从 p 密度可达的点，DBSCAN 算法就访问数据库中下一个点。由于 ε 和 MinPts 是全局参数值，如果两个不同密度的簇彼此接近，DBSCAN 可能会合并这两个簇。当没有新的点添加到任何簇时，过程结束。

如果采用空间索引（如 R^* 树），算法计算复杂度是 $O(n \log n)$。DBSCAN 算法的优点是可以在带有噪声的空间数据库中发现任意形状的簇，但把确定参数的任务留给用户，而且算法对参数是敏感的，所以在具体实施时困难很大。

虽然 DBSCAN 算法可以对数据对象进行聚类，但需要由用户确定输入参数 ε 和 MinPts。在现实的高维数据集合中，很难准确确定聚类参数。由于这类算法对参数值非常敏感，参数值的微小变化往往会导致差异很大的聚类结果。现实的高维数据集往往不是均匀分布的，因此，全局密度参数不能很好地刻画内在的聚类结构。

7.7.2　矢量感应聚类算法

图 7-12 表示一个数据集的理想聚类结果，由三个簇构成，虚线内部区域是该簇成员，其他为噪声对象。将半结构化数据映射到欧氏空间上讨论，就会出现这种噪声对象。应用 DBSCAN 算法获得的最好聚类结果如图 7-13 所示，算法虽然将下方的数据分为两个簇，但由于上方的数据比下方两个类中的数据密度稀疏，因此并没有划为一类，而是均被划为了噪声对象。通过调整参数 ε 和 MinPts 将上方的数据归为一簇，但同时会将下方本应聚为两簇的高密度区域归并为一个簇，并且将右下方的噪声对象 p' 错误地纳入簇中，如图 7-14 所示。可见，仅仅从距离上衡量对象之间的联系具有局限性，难以将高密度区域较好地进行聚集的同时，又准确地排除噪声。

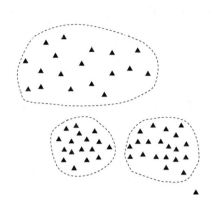

图 7-12　数据集的分布情况

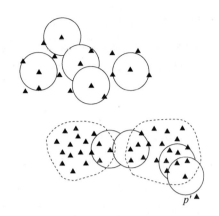

图 7-13　DBSCAN 算法的最好聚类结果($\xi=4$，$\sigma=0.6$)

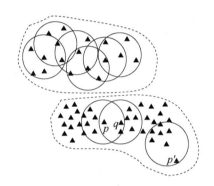

图 7-14　将不同簇数据归为同一个簇

矢量感应聚类算法通过考察对象间距离以及对象间相互吸引作用的方向感应，对具有不同密度分布的数据集合进行密度聚类，同时能够很好地处理簇边界噪声。

定义 7.8　邻域集合 $\mathrm{near}(x, \sigma)$：任意对象 $x \in D$，$\mathrm{near}(x, \sigma) = \{y \in D \mid \mathrm{dist}(x, y) \leqslant \sigma\}$ 为 x 的 σ 邻域集合。

定义 7.9　对象 x 的邻域 $\mathrm{near}(x)$ 方向感应函数为

$$\hat{g}^{D}(x) = \sum_{y \in \mathrm{near}(x)} g_{B}^{y}(x)$$

设数据集为 D，对象 p、q、$p' \in D$。

定义 7.10　设对象 $p \in \mathrm{near}(q, \sigma)$，点 p' 在以 q 为起始点且经过点 p 的射线上，且 $|\overrightarrow{qp'}| = 1$，则称点 p' 为对象 p 在 $\mathrm{near}(q, \sigma)$ 上的投影点。

图 7-15 是二维空间中邻域内对象的投影过程：将对象 q 的 σ 邻域内所有对象投影到单位圆上，此时，单位圆的圆周上分布着相应对象的投影点。其中虚线内为 $\mathrm{near}(q, \sigma)$，实线圆是单位圆。

邻域 $\mathrm{near}(q, \sigma)$ 内对象的投影点集合用 P_q 表示。该集合有两方面含义：一是点集，设对象 $p \in \mathrm{near}(q, \sigma)$，对象 p 在 $\sigma-q$ 邻域上的投影点 p' 记为 $P_q(p)$，也可表示为 $p' = P_q(p) \in P_q$；另一种是向量集合，如 $\overrightarrow{qp'}$，向量始点均为 q。下文使用时不加区别。

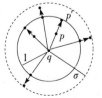

图 7-15　二维空间投影示意图

定义 7.11 （方向相似度）对于对象 $p \in \text{near}(q, \sigma)$，$p' \in P_q$，有集合 $S = \{q' \mid q' \in P_q$，且 $\mid p'q' \mid < L_c\}$，$\mid S \mid$ 为点 p 在 $\text{near}(q, \sigma)$ 上的方向相似度。

方向相似度的值为对象邻域内的某一方向上对象的个数，用于衡量对象在该方向上的感应程度。

定义 7.12 （邻域平衡）对所有对象 $p \in \text{near}(q, \sigma)$，若均满足 $\mid S \mid / \mid \text{near}(q, \sigma) \mid < \eta$，则称 $\sigma - q$ 邻域平衡；否则，称 $\sigma - q$ 邻域不平衡。

对象的邻域平衡性用来考察对象在邻域内的分布状况。若数据分布较为均匀，则是邻域平衡的；否则，存在一定的偏坠，就是邻域不平衡的。利用方向相似度，可以判断对象的邻域平衡性。其中，参数的取值范围为 $L_c \in (0, 2)$，$\eta \in (0, 1)$。

邻域平衡性的本质是从方向感应的思想出发衡量一个对象邻域内的各对象对它的方向的影响。

考虑图 7-16 中两个对象 p、q，及其 σ 邻域内对象分布情况，$\text{near}(p, \sigma)$ 内对象分布相对均匀（如图 7-16a），$\text{near}(q, \sigma)$ 内有大多数对象都位于 q 的上方（如图 7-16b），由定义 7.12 知，在给定的参数 L_c，η 下，$\sigma - p$ 邻域平衡，$\sigma - q$ 邻域不平衡。

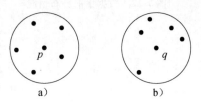

图 7-16　对象邻域平衡和对象
邻域不平衡图示

相似度法求对象的方向感应函数的过程是：先将 $\text{near}(p, \sigma)$ 内的所有对象投影到单位曲面上，然后依次判断各个投影对象的方向相似度，从而得到该对象的方向感应函数，最后确定对象 p 的邻域平衡性。

定义 7.13 （平衡核心对象）对于对象 p，若有 $\hat{f}^D(p) > \xi$，且 $\hat{g}^D(p) < \eta$，即 $\sigma - p$ 邻域平衡，则称对象 p 为平衡核心对象。

定义 7.14 （平衡直接密度可达）对 $\forall p, q \in D$，如果 $p \in \text{near}(q, \sigma)$，并且 q 是一个平衡核心对象，则对象 p 从对象 q 出发是平衡直接密度可达的。

定义 7.15 （平衡密度可达）如果存在数据对象链 $p_1, p_2, \cdots, p_n (p_1 = q, p_n = p)$，对 $p_i \in D (1 \leqslant i \leqslant n)$，$p_{i+1}$ 是从 p_i 出发平衡直接密度可达的，则对象 p 是从对象 q 平衡密度可达的。

定义 7.16 （簇）数据集 D 关于 σ、ξ、L_c 和 η 的簇 C 为满足下列条件的非空集合：

1）对 $\forall p, q \in D$，若 $p \in C$ 且 q 是 p 关于 σ、ξ、L_c 和 η 平衡密度可达的对象，则 $q \in C$（极大性）；

2）对 $\forall p, q \in C$，p、q 是关于 σ、ξ、L_c 和 η 平衡密度可达的（连通性）。

这里，$\mid C \mid > 1$。

定义 7.17 （边界稀疏对象）若对象 p 满足 $\mid \text{near}(p, \sigma) \mid < \xi$，且其邻域内对象均不是平衡核心对象，则该对象为边界稀疏对象。

定义 7.18 （噪声对象）已知数据集 D 按平衡密度可达划分为 m 个簇 $C_i (1 \leqslant i \leqslant m)$，若对象 $p \in D$ 且 $\forall (1 \leqslant i \leqslant m) \supset p \notin C_i$，则称 p 是噪声对象。

显然，边界稀疏对象就是噪声对象。

考察图 7-17 的数据集，对象 p、q 互相被对方的邻域所包含，引入邻域平衡的概念后，增加了考察对象邻域内其他对象的分布情况。在给定的 L_c、η 或 ξ 下，p、q 均是一个邻域不平衡的对象。

算法首先扫描数据库，对于对象 p，如果 $\hat{f}^D(p) > \xi$，且 $\hat{g}^D(p) < \eta$，标为类标签，并且扩展其关于参数 (σ, ξ, L_c, η) 平衡密度可达的对象；否则暂时标注为噪声，算法去处理数据集合中的下一个对象。计算对象方向感应函数的算法如下：

(1) 判断：对于对象 p, if $\hat{f}^D(p) > \xi$, Yes: 转到 (2); No: 暂时标为噪声, 转到 (4);
(2) 投影：以对象 p 为中心建立坐标系, 将 A_p 中的所有对象向量单位化形成 P_p;
(3) 遍历：遍历 P_p, if $\hat{g}^D(p) < \eta$, Yes: 标上类标签, 继续扩展簇; No: 暂时标为噪声, 到 (4);
(4) 继续处理数据集中下一个对象。

由于感应函数的定义是一个泛化的定义，可以根据实际情况选择标量感应函数和矢量感应函数，使算法具有普适性。图 7-18 是矢量感应算法的聚类结果。

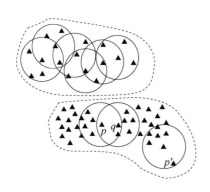

图 7-17　对象 p、q 是邻域不平衡的

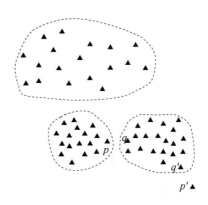

图 7-18　矢量感应算法的聚类结果

7.8　聚类评估

聚类是数据挖掘过程中，从潜在数据中发现组、识别有益分布和模式的最有用的任务之一。聚类问题是把一个给定的数据集划分成簇，每个簇内部的数据点比不同簇中的点更相似。例如，在一个包含顾客购买记录的零售数据库中，聚类过程按照不同的购买模式将客户划分为不同的簇。聚类过程关注的是将模式的构成揭示为组，从而使我们发现相似和差异，并得到有用的结论。这种想法可用于很多领域，比如生命科学、医药科学和工程。聚类可能在不同领域以不同名字出现，比如在模式识别中称为无监督学习，在生物、生态学中称为数字分类，在社会科学中称为类型学，在图论中称为划分，等等。

聚类方法的目标是发现数据集中出现的显著组。聚类方法应该找到那些成员彼此接近，且簇与簇之间分离度较好的簇。聚类的首要问题是确定对数据拟合较好的簇的个数，而对聚类结果进行评估，以便找到对潜在数据拟合得最好的划分，就成为聚类分析中的一个重要的问题，这也就是所谓聚类有效性问题。

为了能够可视化地验证聚类结果的有效性，在大多数算法的实验评估中都使用二维数据集。虽然数据集的可视化是聚类结果验证的重要方法，但对于多维的大数据集，数据集的有效可视化较难，而且对于人类来说，在高维空间利用可视化工具去理解簇是一个难以实现的任务。

由于数据集特征和输入参数值不同，不同聚类算法的表现也不同。

例如，假定数据集如图 7-19a 所示，从给定数据集中可以发现三个簇。但是，如果考虑带有特定参数值的聚类算法，如给定簇个数的 k-均值算法。该参数值设定数据集有四个簇，聚类过程的结果如图 7-19b 所示。此例中，聚类算法在给定数据集中找到四个簇，但却不是该数据集的最优划分。这里的"最优"聚类模式，指的是对原始数据集内在划分拟合得最好的聚类算法的输出。很明显，图 7-19b 所提示的聚类模式不是该数据集的最优聚类模式。本例中数据集的最优聚类模式应具有三个簇。

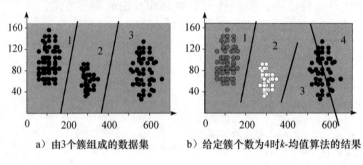

a）由3个簇组成的数据集   b）给定簇个数为4时k-均值算法的结果

图   7-19

因而，若聚类算法参数设置得不合适，那么聚类方法可能会得出对原始数据集拟合得不好的划分模式，从而导致错误的决策。

令 C 为 X 上应用聚类算法所导致的聚类结构。这可能是层次聚类算法结果的一个层次，或者是其他算法的一个单独聚类。聚类评估可以从三个可能的方向入手。首先，我们可以按照独立抽取结构来评价 C，它在 X 上引入一个预测，来影响我们对于 X 的聚类结构的直觉。用于这种评价的标准被称为外部准则。而且，外部准则可以被用来测量可用数据符合指定结构的程度，而不在 X 上使用任何其他聚类算法。其次，我们可以按照包含 X 向量本身的数据来评价 C，例如相似矩阵。用于这种评价的标准被称为内部准则。最后，我们可以通过与其他聚类结构进行比较来评价 C，这种聚类结构应用同样的聚类算法，但是有不同的参数值或 X 的其他聚类算法。这种标准被称为相对准则。

7.8.1   假设检验

令 H_0 和 H_1 分别是原假设和备选假设，$H_1 : \theta \neq \theta_0$，$H_0 : \theta = \theta_0$。令 $\overline{D_\rho}$ 为对应检验统计量 q 的显著性水平为 ρ 的置信区间，Θ_1 为在假设 H_1 下 θ 的所有可能取值。该检验的能量

函数被定义为:

$$W(\theta) = P(q \in \overline{D}_\rho | \theta \in \Theta_1) \tag{7-33}$$

对于指定的 $\theta \in \Theta_1$，$W(\theta)$ 是可选 θ 下的检验能量。总之，$W(\theta)$ 是参数向量值为 θ 时 q 处于临界区域的可能性。这是 H_0 被拒绝时做出正确决定的可能性。能量函数可用于比较两个不同的统计检验。在可选假设下能量大的检验总是首选的。

有两类与统计检验相关的错误。

假设 H_0 为真。如果 $q(x) \in \overline{D}_\rho$，$H_0$ 将被拒绝，即使它为真。这是一类错误。出现这种错误的概率是 ρ。当它为真并接受 H_0 的可能性是 $1-\rho$。

假设 H_0 为假。如果 $q(x) \notin \overline{D}_\rho$，$H_0$ 将被接受，即使它为假。这是二类错误。出现这种错误的概率是 $1-W(\theta)$，它依赖于 θ 的值。

实际上，最终决定拒绝还是接受 H_0，部分依赖于前述问题，部分依赖于其他因素，比如错误决定的代价。

对于用于实践的大多数统计量，假设 H_0 下统计量 q 的概率密度函数（probability density function，pdf）有一个唯一的最大值，$\overline{D}_\rho$ 区域或者是一条半直线，或者是两条半直线。图 7-20 显示了 $\overline{D}_\rho$ 的三种可能情形。

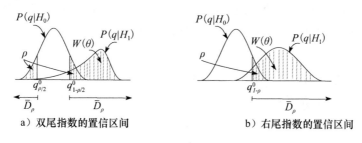

a）双尾指数的置信区间   b）右尾指数的置信区间

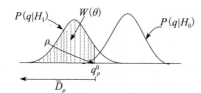

c）左尾指数的置信区间，其中 q^0_ρ 是零假设 H_0 下 q 的 ρ 临界值

图 7-20

在很多实践情形中，给定假设下统计量 q 的 pdf 的准确形状很难获得。我们讨论两种使用仿真技术评价 pdf 的方法。

（1）Monte Carlo 技术

Monte Carlo 技术使用计算机生成足够数量的人造数据来仿真这个过程。对于每一个人造数据集 X_i（即 r），计算已定义的指数 q_i（即 q）。基于每个数据集 X_i 的 q_i 值，都可以创建一个散点图。这个散点图是该指数的概率密度函数的近似。

- 假设是右尾检验，且已经使用指数 q 的 r 个值，即 q_i，生成了散点图。为了接受

或拒绝零假设 H_0，检查下列条件：如果数据集的 q 值大于（小于）人造数据集 X_i 中 $(1-\rho) \cdot r$ 个 q_i 值，则拒绝（接受）H_0。

- 假设是左尾检验，如果数据集的 q 值小于（大于）人造数据集 X_i 中 $\rho \cdot r$ 个 q_i 值，则拒绝（接受）H_0。

- 假设是双尾检验，如果数据集的 q 值大于人造数据集 X_i 中 $(\rho/2) \cdot r$ 个 q_i 值，且小于 $(1-\rho/2) \cdot r$ 个 q_i 值，则拒绝（接受）H_0。

（2）自助法

自助法（Bootstrap）建立一种可选方法来应对数据量有限的问题。想法是根据一个未知参数来确定未知 pdf 的参数。为了应对数据量有限的问题，并提高对未知 pdf 参数的估计的精确度，通过对 X 的取样，采用替代的方法，创建几个伪造的数据集 $X_1, \cdots, X_r$。

7.8.2 聚类评估中的假设检验

此方法的基本想法是，检验数据集的点是否是随机构造的。这种分析基于零假设，H_0 表示数据集 X 的随机分布。

1. 外部准则

基于外部准则，可以在两个方面开展工作。首先，可以通过与依据对数据集聚类结构的直觉创建的数据独立划分 P 进行比较，评价聚类结构 C 的结果。其次，可以比较相似矩阵 P_m 与划分 P。

（1）聚类结构 C 与划分 P 的比较（不适合层次聚类）

考虑 $C=\{C_1 \cdots C_m\}$ 是数据集 X 的一个聚类结构，$P=\{P_1 \cdots P_s\}$ 是数据的一个给定划分。我们使用下列术语，描述数据集合的点对 (X_v, X_u)：

SS：表示这两个点属于聚类结构 C 的同一个簇，且属于划分 P 的同一个组。

SD：表示这两个点属于 C 的同一个簇，且属于 P 的不同组。

DS：表示这两个点属于 C 的不同簇，且属于划分 P 的同一个组。

DD：表示这两个点属于 C 的不同簇，且属于划分 P 的不同组。

现假设 a、b、c、d 分别是 SS、SD、DS、DD 点对的数目，那么 $a+b+c+d=M$ 是数据集中所有点对的最大数目，即 $M=N(N-1)/2$，其中 N 是数据集中点的总数。

我们可以定义下列指数，来测量 C 和 P 的相似度：

Rand 统计量：$R=(a+d)/M$

Jaccard 系数：$J=a/(a+b+c)$

以上两个指数得到 0 到 1 之间的值，当 $m=s$ 时取到最大值。另一个指数是 Folkes and Mallows 指数：

$$\mathrm{FM} = a/\sqrt{m_1 m_2} = \sqrt{\frac{a}{a+b} \cdot \frac{a}{a+c}} \tag{7-34}$$

其中 $m_1=(a+b)$，$m_2=(a+c)$。

以上三个指数取值越大，则 C 和 P 的相似度越大。其他指数还有：

Huberts Γ 统计量：

$$\Gamma = (1/M) \sum_{i=1}^{N-1} \sum_{j=i+1}^{N} X(i,j)Y(i,j) \qquad (7\text{-}35)$$

该指数值越大，X 和 Y 的相似度越大。

正态 Γ 统计量：

$$\overline{\Gamma} = \Big[(1/M) \sum_{i=1}^{N-1} \sum_{j=i+1}^{N} (X(i,j) - \mu_x)(Y(i,j) - \mu_y) \Big] / \sigma_x \sigma_y \qquad (7\text{-}36)$$

其中 $X(i,j)$ 和 $Y(i,j)$ 分别是要比较的矩阵 X 和 Y 的 i 行 j 列元素，而 μ_x、μ_y、σ_x、σ_y 分别是 X 和 Y 的均值和方差。该指数的取值介于 -1 到 1 之间。

所有这些统计量在随机假设中，都有右尾的概率密度函数。为了在统计检验中使用这些指数，我们必须知道它们在零假设 H_0 下各自的概率密度函数，H_0 是对数据集随机结构的假设。这意味着使用统计检验，如果接受零假设，则数据是随机分布的。但是，计算这些指数的概率密度函数是很困难的。对这个问题的一个解决方法是使用蒙特卡罗技术，过程如下：

1）For $i = 1$ to r

- 生成：在 X 的域上生成具有 N 个向量（点）的数据集 X_i，从而生成的向量与数据集 X 具有相同维数。
- 分配：把 X_i 的每个向量 $y_{j,i}$ 按照划分 P，分配给数据集的第 j 个组 x_j。
- 运行：对每个 X_i，使用相同的聚类算法，生成结构 C。令 C_i 为所生成的聚类结构。
- 计算：为 P 和 C_i 计算给定指数 q 的 $q(C_i)$ 值

End For

2）创建 r 个有效性指数值 $q(C_i)$ 的散点图（在 for 循环中计算）。

在绘出给定统计指数的概率密度函数的近似图形之后，比较统计指数值 q 和 $q(C_i)$ 的值 q_i。上述过程中提到的 q 指数可以使用指数 R、J、FM、Γ。

例如，假设给定数据集 X 包含 100 个三维向量（点）。X 中的点形成四个簇，每个簇 25 个点。每个簇由一个正态分布生成。这些分布的协方差矩阵都等于 $0.2I$，其中 I 是 3×3 单位矩阵。这四个分布的均值向量是 $[0.2，0.2，0.2]^T$、$[0.5，0.2，0.8]^T$、$[0.5，0.8，0.2]^T$、$[0.8，0.8，0.8]^T$。按照划分 P 将数据集 X 分成四个组，其中第 $1 \sim 25$ 个向量（点）属于第一个组 P_1，第 $26 \sim 50$ 个属于第二个组 P_2，第 $51 \sim 75$ 个属于第三个组 P_3，第 $76 \sim 100$ 个属于第四个组 P_4。运行簇个数 $k = 4$ 的 k-means 聚类算法，并假定 C 是所生成的聚类结构。对于聚类 C 和划分 P 计算指数值，得到 $R = 0.91$，$J = 0.68$，$FM = 0.81$，$\Gamma = 0.75$。按照上述步骤，定义这四个统计量的概率密度函数。

使用同分布，生成 100 个数据集 $X_i(i = 1，\cdots，100)$，其中每个数据集包含 100 个随机三维向量。按照前面给出的每个 X_i 划分 P，我们把前 25 个向量分配给 P_1，把第 2 个、第 3 个、第 4 个 25 个向量分别分配给 P_2、P_3、P_4。然后，对每个 X_i 运行一次 k-means

算法，从而给出每个数据集的聚类结构 C_i。对于每个 C_i，计算指数 R_i、J_i、FM_i、Γ_i（$i=1,\cdots,100$）的值。设置信水平 $\rho=0.05$，把这些值与 X 的 R、J、FM、Γ 值进行比较。根据是否有 95％ 的 R_i、J_i、FM_i、Γ_i 的值大于或小于相应的 R、J、FM、Γ 值，接受或拒绝零假设。本例中，R_i、J_i、FM_i、Γ_i 的值均小于相应的 R、J、FM、Γ 值，于是拒绝零假设 H_0。

（2）比较相似矩阵 P 与划分 P

可以把划分 P 看成一个映射：

$$g:X \rightarrow \{1,\cdots,n\}.$$

假设矩阵

$$Y:Y(i,j)=\begin{cases}1, & \text{如果 } g(x_i) \neq g(x_j) \\ 0, & \text{其他}\end{cases} \quad (\text{其中 } i,j=1,\cdots,N) \quad (7\text{-}37)$$

可以使用相似矩阵 P 和矩阵 Y 计算 Γ（或正态 Γ）统计量。指数值可以指示两个矩阵的相似度。

评估过程仍然使用蒙特卡罗技术。在"生成"阶段，为每个数据集 X_i 生成相应的映射 g_i。在"计算"阶段，为了找到 Γ_i 相关的统计量指数，为每个 X_i 计算矩阵 Y_i。

2. 内部准则

内部准则的目标是仅使用数据的固有信息，证实由一个聚类算法产生的簇结构是否适合数据。考虑数据由相似矩阵来表示的情形。考虑两种情况：聚类结构是聚类的一个层次；聚类结构中包含单个簇。

（1）聚类层次的验证

由层次聚类算法产生的系统树图可以由各自的 cophenetic 矩阵 P_c 来表示。定义统计指数，来测量由特定层次聚类算法产生的 cophenetic 矩阵 P_c 与 X 的相似矩阵 P 的一致程度。因为矩阵是对称的且斜对角元素和为 0，我们仅考虑 P_c 与 P 的斜对角上部分的 $M\equiv N(N-1)/2$ 个元素。令 d_{ij} 和 c_{ij} 分别为 P 与 P_c 上的 (i,j) 元素。

第一个指数是 CPCC（cophenetic correlation coefficient），用于当矩阵是所测距离或比率时，测量 P_c 与 P 之间的相关性。具体定义为：

$$\text{CPCC}=\frac{(1/M)\sum_{i=1}^{N-1}\sum_{j=i+1}^{N}d_{ij}c_{ij}-\mu_P\mu_C}{\sqrt{\left((1/M)\sum_{i=1}^{N-1}\sum_{j=i+1}^{N}d_{ij}^2-\mu_P^2\right)\left((1/M)\sum_{i=1}^{N-1}\sum_{j=i+1}^{N}c_{ij}^2-\mu_C^2\right)}} \quad (7\text{-}38)$$

另一个统计指数是 γ 统计量，适合于 P_c 与 P 是顺序测量的情形。

（2）单个聚类的验证

单个聚类验证的目标研究一个给定的包含 m 个簇的聚类 C，是否与数据集 X 中的固有信息相匹配。为了实现这个目标，通常采用 Γ 统计量。可再次使用相似矩阵 P 作为一个测量表示数据固有的结构信息。矩阵 Y 的 (i,j) 元素被定义为：

$$Y(i,j)=\begin{cases}1, & \text{如果 } x_i \text{ 和 } x_j \text{ 属于不同的簇} \\ 0, & \text{否则}\end{cases} \quad (7\text{-}39)$$

对于 i，$j=1$，$\cdots$，N，很明显 Y 是对称的。则 Γ 统计量被应用于 P 和 Y，它的值为 P 和 Y 之间的相关程度。

7.8.3　相对准则

基于统计检验的聚类评估技术的主要缺点是高计算需求，所以需要 Monte Carlo 方法。而相对准则不考虑统计检验。为了达到这个目的，考虑一系列聚类，并根据预先指定的标准选择最好的一个。也就是说，令 A 为与一个特定算法相关的参数集合。例如，A 包含簇个数 m，及与每个簇相关的参数矩阵的初始评估。这个问题可定义如下："在由一个特定聚类算法产生的簇中，对于 A 中参数的不同值，选择最适合数据集 X 的一个。"

考虑如下情形：A 不包含簇个数 m 作为参数。为这类算法选择最好的参数值，基于如下假设：如果 X 拥有一个聚类结构，这个结构由 A 中的广义范围的参数值所获得。基于这个假设，进行如下处理：在广义范围的参数值范围运行算法，对于常数 $m(m \ll N)$ 选择最广范围的值。则选择对应这个范围中间的合适的参数值。

A 包含簇个数 m 作为参数(例如模糊和硬聚类算法)。对于这种情形，我们首先选择一个合适的性能指标 q。根据 q 经下列过程来识别最好的聚类：m 取最小值和最大值之间的所有值，运行聚类算法，其中最小值和最大值是预先指定的。对于每一个 m 值，运行算法 r 次，使用 A 的其他参数的不同值集合。然后画出由每个 m 值获得的 q 的最好值的散点图，根据是 q 的最大值还是最小值指示好的聚类，来找到最大值和最小值。

本章小结

本章介绍了聚类的基本概念和基本方法。几类典型的聚类方法包括划分聚类方法、层次聚类方法、基于密度的聚类等。划分聚类方法包括 k-均值算法和 k-中心点算法，以及 EM 算法。层次聚类方法包括凝聚的和分裂的层次聚类。基于密度的方法包括 DBSCAN 及其改进算法。最后还讨论了对聚类效果的评价。

习题 7

1. 阐述聚类与分类的联系和区别。
2. 给定对象 $x_1 = (20, 12, 10, 6)$，$x_2 = (7, 15, 12, 9)$
   (1) 计算两个对象的欧几里得距离、曼哈坦距离、切比雪夫距离。
   (2) 基于以上距离度量的聚类方法一般对球形聚类有效，而不适合发现任意形状的聚类，为什么？
3. 假设数据集 D 含有 9 个数据对象(用二维空间的点表示)：
   $A_1(3,2)$，$A_2(3,9)$，$A_3(8,6)$，$B_1(9,5)$，$B_2(2,4)$，$B_3(3,10)$，$C_1(2,6)$，$C_2(9,6)$，$C_3(2,2)$
   采用 k-均值方法进行聚类，距离函数采用欧几里得距离，取 $k=3$，假设初始的三个簇

质心为 A_1、B_1 和 C_1，求：

（1）第一次循环结束时的三个簇的质心。

（2）最后求得的三个簇。

如果采用曼哈坦距离或 $q=3$ 时的闵可夫斯基距离情况如何？

4. 说明在什么情况下，k-均值过程可以看做应用于混合高斯密度模型的 EM 算法的一个特例。

5. 利用图示说明，对给定常数 MinPts，基于较高密度（即一个邻域半径 ε 的较小的值）得到的基于密度的簇，完全包含于根据较低密度所获得的密度相连的集合中。

6. 聚类是主要的数据挖掘任务之一，另外聚类可以作为数据预处理技术，为其他数据挖掘任务作数据准备，列举你所了解的应用实例。

7. 说明孤立点挖掘的现实意义。简单总结孤立点挖掘方法。

8. 简单地描述如何计算由如下类型的变量描述的对象间的相异度：

（a）不对称的二元变量。

（b）标称变量。

（c）比例标度型（ratio-scaled）变量。

（d）数值型的变量。

9. 给定对如下的年龄变量的度量值：

18，22，25，42，28，43，33，35，56，28

通过如下的方法进行变量标准化：

（a）计算年龄的平均绝对偏差。

（b）计算前 4 个值的 z-score。

10. 给定两个对象，分别表示为 $(22，1，42，10)$，$(20，0，36，8)$。

（a）计算两个对象之间的欧几里得距离。

（b）计算两个对象之间的曼哈坦距离。

（c）计算两个对象之间的闵可夫斯基距离，$q=3$。

11. 什么是聚类？简单描述如下的聚类方法：划分方法、层次方法、基于密度的方法、基于网格的方法及基于模型的方法。为每类方法给出例子。

8.1 引言

在数据挖掘应用中，对规则或模式的兴趣度量起着十分重要的作用。

以关联规则为例，假设在 80 名学生中，有 44 名学生打篮球，55 名学生晨跑，36 名学生既打篮球又晨跑。如果将最小支持度阈值 minsup 设为 40％，最小信任度阈值 minconf 设为 60％，可以挖掘到一条关联规则："打篮球⇒晨跑"。

由于参加晨跑的学生的比例已达 68％，已经超过 60％，打篮球和晨跑可能是否定关联的，即"打篮球⇒（不）晨跑"。虽然这条规则的支持度和信任度都比正向关联的规则"打篮球⇒晨跑"低，但是它更符合实际。

对支持度和信任度阈值的设置直接影响到规则挖掘。如果把支持度和信任度阈值设得足够低，就可能得到矛盾的规则；如果把阈值设得过高，就可能得到不符合实际的规则。因此，只凭支持度和信任度阈值未必总能找出符合实际的规则。于是人们引入兴趣度量的概念，用来剔除不感兴趣的规则。

兴趣度量包括简洁性、一般性、可靠性、特殊性、多样性、新颖性、意外性、实用性和可实施性。

- 简洁性（conciseness）：一个模式的简洁性是指该模式包含最少的"属性-值"对。最简洁的模式集合是由最少的简洁模式构成的。越简单的模式或模式集合就越容易理解和记忆。通常采用单调性和信任不变性等性质来找最小模式集合。

- 一般性（generality/coverage）：一个模式的一般性指该模式覆盖了数据库中的一个大的相关子集。一般性用于度量模式的全面性，即模式匹配数据占整个数据集的比例。如果一个模式代表了数据集合中越多信息的特征，该模式就越有趣。在关联规则挖掘中，频繁项集就体现了模式的一般性。一般性度量可作为剪枝策略的依据，例如，支持度在 Apriori 算法中用作挖掘频繁项集的剪枝依据。对分类规则而言，一般性对分类结果有影响。一般性与简洁性相一致，因为希望用简洁的模式覆盖更大的范畴。

- 可靠性(reliability)：可靠性指在可用的实例中有比较高的比例符合模式描述。分类规则的可靠性体现在预测精度上，关联规则的可靠性依赖于它的信任度。

- 特殊性(peculiarity)：特殊性指用某种距离或相似性度量发现该模式与其他模式之间的差别。这类模式往往来源于特殊数据(如孤立点)，与不同于其他数据的少数数据或特性相关。正是由于用户不知道存在这样的特殊模式，所以感兴趣。

- 多样性(diversity)：如果模式中元素之间存在显著差异，就称该模式具有多样性。如果模式集合中的模式之间的差异显著，就称该模式集合具有多样性。多样性是度量总结兴趣度的一般指标。如果关注的样本数据与均匀分布差异较大，就称总结具有多样性。在没有相关领域知识的时候，用户通常假设总结数据呈现均匀分布，所以多样性总结更有趣。

- 新颖性(novelty)：如果一个模式是人们以前不知道或不能用已知的模式推导出的，就称其具有新颖性。目前，新颖性取决于用户明确指明模式新颖，或说明模式不能约简且不与已有的模式相抵触。

- 意外性(surprisingness)：一个模式如果与人们现有认知或期望相矛盾，结果令人意外，就称其具有意外性。一个模式与已有的一般模式存在异议，也称为意外的。意外模式可以指出原有认知的错误和未来研究方向。与新颖性不同，新颖性强调模式新且不与用户已知模式相抵触，而意外模式与人的认知或期望相矛盾。

- 实用性(utility)：如果使用一个模式有助于达到用户目标，就称该模式具有实用性。针对从数据库中挖掘到的知识，不同用户基于各自的目的可能有不同的认识。例如，一个人关注交易数据库中利润高的交易，而另一个人对销售量大的交易感兴趣。这种兴趣度取决于用户定义的实用性函数。

- 可实施性(actionability/applicability)：如果模式在某领域中的决策可付诸实施，就称该模式具有可实施性。可实施性常常与模式选择策略有关。比如，通过测量关联规则带来的效益来表达它的可实施性。

上述 9 种情况也可以归为客观度量、主观度量和基于语义的度量三类。

客观度量仅仅依赖于原始数据，不需要用户或领域知识。大多数客观度量基于概率、统计、信息论等理论。简洁性、一般性、可靠性、特殊性、多样性等仅依赖数据和模式的指标，可以归为客观度量。

主观度量同时考量数据和用户，涉及用户领域或关于数据的背景知识。这种度量可以来自在数据挖掘过程中的用户交互，用以明确描述用户知识和期望。新颖性和意外性可归为这一类。

语义度量考虑模式的语义和解释。因为语义度量包括用户的领域知识，有人也把它称为主观度量中的特殊一类。实用性和可实施性依赖于数据语义，可以归为语义度量。基于实用性的度量是语义度量中最常用的一种，其语义在于模式实用性。使用基于实用性的度量时要求用户描述相关领域的附加知识。主观度量的领域知识是关于数据本身的，并且常用与模式相似的形式描述。而语义度量的领域知识与用户知识和期望无关，体现为一个反映用户目标的实用性函数。该函数可以在挖掘结果中优化。例如，销售商更关注关联规则中带来高利润的项目。

决定模式的兴趣度量可分三个步骤：第一，确定模式是否有趣，例如，利用卡方检验确定；第二，确定一个优先关系，用以表明一个模式比另一个模式更有趣；第三，对模式排序。

在图 8-1 中，首先，在挖掘过程中用兴趣度量剪去不感兴趣的模式，以便缩小搜索空间，提高挖掘效率。比如，支持度阈值可用于过滤掉低支持度的模式。类似的，利用实用性阈值可以剪去低实用性的模式。其次，可用于按兴趣度量得分对模式排序。最后，在数据挖掘后处理中选择感兴趣的模式。例如，用卡方检验选择显著正相关的规则。

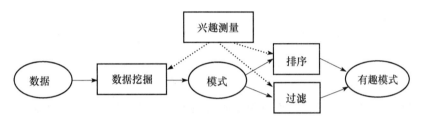

图 8-1　数据挖掘中的兴趣度量

各种兴趣度量划分参见表 8-1。

表 8-1　模式与兴趣度量的对应关系

关联规则、分类规则	客观度量	基于概率(一般性、可靠性)
		基于规则的形式
		特殊性
		意外性
		简洁性
		非冗余规则
		最小描述长度(minimum description length)
	主观度量	意外性
		新颖性
	语义度量	实用性
		可实施性
总结	客观度量	总结的多样性
		总结的简洁性
		总结中簇的特殊性
	主观度量	总结的意外性

8.2　用于关联规则和分类规则的度量

关联规则和分类规则都是 if-then 规则，但是仍然存在不同。

1. 目的不同

关联规则通常用作描述工具，而分类规则用于对未知数据分类预测。

2. 技术不同

关联规则挖掘包含两步：1)基于支持度阈值发现频繁项集，2)基于频繁项集和信任度阈值生成规则。

分类规则通常包含不同的两步：1)用启发式方法选择属性-值对形成规则的条件，2)通过剪枝避免过拟合。典型的例子是决策树。先构造树，再剪枝，最后形成分类规则。

3. 规则数量不同

关联规则挖掘算法发现的规则要比分类算法发现的规则多。关联规则算法没有后剪枝和规则排序，不同的算法可以得到相同的结果。而绝大多数分类规则发现算法对训练集而言是充分的，而不是找到数据集上的全部规则，因此，各算法可能得到不同的规则集。

4. 算法评估方法不同

因为关联规则挖掘的结果相同，所以需要比较的是运行时间和内存开销等。而对分类规则发现算法而言，首先关注的是在测试集上的预测精度。

5. 规则评估不同

关联规则通常由用户评估，而分类规则习惯上用测试数据评估。

基于上述原因，兴趣度量在关联规则和分类规则挖掘中扮演不同角色。在关联规则挖掘中，人们常常需要评估巨大量的规则。兴趣度量用于将规则过滤排序后再呈现给用户。兴趣度量在分类规则挖掘中有两种使用方法。一是用于整个启发式归纳过程，为分类规则选择"属性-值"对；二是评估分类规则，在测试集上评估整个规则集的预测精度，而不是单个规则的预测精度。

下面统一讨论关联规则和分类规则的兴趣度量。仅在必要时才说明哪种兴趣度量适合哪种规则。

8.2.1　客观度量

1. 基于概率的客观度量

基于概率的客观度量可以评估关联规则的一般性和可靠性。表 8-2 用于讨论关联规则 $A{\Rightarrow}B$，其中 A 和 B 分别表示规则的前件和后件；$n(AB)$ 表示同时发生的记录个数，N 为总记录数；$P(A)=\dfrac{n(A)}{N}$ 表示 A 的概率，$P(B\mid A)=\dfrac{P(AB)}{P(A)}$ 表示给定 A 后 B 的条件概率。

表 8-2　基于概率的客观兴趣度度量

序号	公式	备注
1	$P(AB)$	支持度
2	$P(B\mid A)$	信任度/精密度
3	$P(A)$	一般性

（续）

序号	公式	备注
4	$P(B)$	广泛性
5	$P(A \mid B)$	召回率
6	$P(\sim B \mid \sim A)$	专一性
7	$P(AB)+P(\sim A\sim B)$	精确度
8	$\dfrac{P(B \mid A)}{P(B)}$ 或 $\dfrac{P(AB)}{P(A)P(B)}$	提升度/兴趣度
9	$P(B \mid A)-P(A)P(B)$	影响力
10	$P(B \mid A)-P(B)$	增值性/支持度变化
11	$\dfrac{P(B \mid A)}{P(B \mid \sim A)}$	相对危险度
12	$\dfrac{P(AB)}{P(A)+P(B)-P(AB)}$	Jaccard
13	$\dfrac{P(B \mid A)-P(B)}{1-P(B)}$	可信度
14	$\dfrac{P(AB)P(\sim A\sim B)}{P(A\sim B)P(\sim AB)}$	优势率
15	$\dfrac{P(AB)P(\sim A\sim B)-P(A\sim B)P(\sim AB)}{P(AB)P(\sim A\sim B)+P(A\sim B)P(\sim AB)}$	Yule's Q
16	$\dfrac{\sqrt{P(AB)P(\sim A\sim B)}-\sqrt{P(A\sim B)P(\sim AB)}}{\sqrt{P(AB)P(\sim A\sim B)}+\sqrt{P(A\sim B)P(\sim AB)}}$	Yule's Y
17	$\sqrt{P(AB)}(P(B \mid A)-P(B))$ 或 $\sqrt{P(AB)}\max(P(B \mid A)-P(B),\ P(A \mid B)-P(A))$	Klosgen
18	$\dfrac{P(A)P(\sim B)}{P(A\sim B)}$	确信度
19	$\left(\left(\dfrac{P(AB)}{P(A)P(B)}\right)^k-1\right)*P(AB)^m$ 这里 k 和 m 是依赖性和一般性系数，是两个与权重相关的重要因素	兴趣权重依赖性
20	$\dfrac{P(AB)+P(\sim B \mid \sim A)}{P(A)P(B)+P(\sim A)P(\sim B)}*\dfrac{1-P(A)P(B)-P(\sim A)P(\sim B)}{1-P(AB)-P(\sim B \mid \sim A)}$	收集强度
21	$\dfrac{N(AB)+1}{N(A)+2}$	Laplace 修正
22	$P(A)*\{P(B \mid A)^2+P(\sim B \mid A)^2\}+P(\sim A)*\{P(B \mid \sim A)^2+P(\sim B \mid \sim A)^2\}-P(B)^2-P(\sim B)^2$	Gini 指数
23	$\dfrac{\sum_i \max_j P(A_iB_j)+\sum_j \max_i P(A_iB_j)-\max_i P(A_i)-\max_j P(B_j)}{2-\max_i P(A_i)-\max_j P(B_j)}$	Goodman and Kruskal
24	$\sum_i\sum_j P(A_iB_j)\log_2 \dfrac{P(A_iB_j)}{P(A_i)P(B_j)}$ $-\sum_i P(A_i)*\log_2 P(A_i)$	归一化互信息

（续）

序号	公式	备注
25	$P(AB)\log\dfrac{P(B\mid A)}{P(B)}+P(A\sim B)\log\dfrac{P(\sim B\mid A)}{P(\sim B)}$	J-度量
26	$P(B\mid A)*\log_2\dfrac{P(AB)}{P(A)P(B)}$	单路支持度
27	$P(AB)*\log_2\dfrac{P(AB)}{P(A)P(B)}$	双路支持度
28	$P(AB)*\log_2\dfrac{P(AB)}{P(A)P(B)}+P(A\sim B)*\log_2\dfrac{P(A\sim B)}{P(A)P(\sim B)}+$ $P(\sim AB)*\log_2\dfrac{P(\sim AB)}{P(\sim A)P(B)}+P(\sim A\sim B)*\log_2\dfrac{P(\sim A\sim B)}{P(\sim A)P(\sim B)}$	双路支持度变异
29	$\dfrac{P(AB)-P(A)P(B)}{\sqrt{P(A)P(B)P(\sim A)P(\sim B)}}$	Φ系数(线性相关系数)
30	$P(AB)-P(A)P(B)$	Piatetsky-Shapiro
31	$\dfrac{P(AB)}{\sqrt{P(A)P(B)}}$	Cosine
32	$1-\dfrac{P(A)P(\sim B)}{P(A\sim B)}$	Loevinger
33	$\log\dfrac{P(AB)}{P(A)P(B)}$	信息增益
34	$\dfrac{P(AB)}{P(A\sim B)}$	Sebag-Schoenauer
35	$\dfrac{P(AB)-P(A\sim B)}{P(B)}$	最小矛盾
36	$\dfrac{P(AB)P(A\sim B)}{P(B)P(A\sim B)}$	余乘
37	$1-\dfrac{P(A\sim B)}{P(AB)}$	样例与反例比
38	$\dfrac{P(AB)-P(A)P(B)}{\max(P(AB)P(\sim B),\ P(B)P(A\sim B))}$	Zhang

　　与关联规则密切相关的两个兴趣度量为一般性和实用性。支持度 $P(AB)$ 和 $P(A)$ 描述了规则的一般性。信任度 $P(B\mid A)$、增值性 $P(B\mid A)-P(B)$、提升度 $\dfrac{P(B\mid A)}{P(B)}$ 等用于描述规则的实用度。

　　好的兴趣度量应该同时包括一般性和实用性两部分。例如，IS 度量：

$$IS=\sqrt{I\times\text{support}}$$

其中，$I=\dfrac{P(AB)}{P(A)P(B)}$ 为在独立假设下两个变量的联合概率，该度量也描述了 A 和 B 的角的余弦值。

另一种度量是权重相对精度：

$$\text{WRAcc} = P(A)(P(B \mid A) - P(B))$$

该度量中包含一般性 $P(A)$ 和增值性 $P(B \mid A) - P(B)$ 度量。

也有一些方法把支持度和相关因子组合起来作为恰当措施。这些措施都可用于对模式排序，特别是支持度较低时，这些度量的作用是相似的。

下面考虑支持度和信任度结合。对规则 R_1 和 R_2，如果 $\text{support}(R_1) \leqslant \text{support}(R_2)$ 且 $\text{confidence}(R_1) \leqslant \text{confidence}(R_2)$，则有偏序关系 $R_1 \leqslant_{\text{sc}} R_2$。如果一个规则 R 是上界，即不存在 R' 满足 $R \leqslant_{\text{sc}} R'$，则称其为 SC-优化规则。在应用同时体现支持度和信任度的度量中，SC-优化规则是最有趣的规则。例如，Laplace 度量 $\dfrac{n(AB)+1}{n(A)+2}$ 可以转化为

$\dfrac{N \times \text{support}(A \Rightarrow B) + 1}{\dfrac{N \times \text{support}(A \Rightarrow B)}{\text{confidence}(A \Rightarrow B)} + 2}$。因为 N 是常数，Laplace 度量可认为是 $\text{support}(A \Rightarrow B)$ 和

$\text{confidence}(A \Rightarrow B)$ 的函数。如果用户只关心单个的感兴趣规则，只需在 SC-优化规则集中查找，因为该规则集只占整个规则集的一小部分。

关联规则的兴趣度量和偏好关系之间存在一个基本关系。用一个实数值的兴趣度量反映偏好关系的充分必要条件为偏好关系是弱序的。

用符号 $\geqslant$ 表示"至少一样好"，如，$x \geqslant y$ 表示 x 至少和 y 一样好。

定义 8.1　严格偏好关系定义为 $x > y$，当且仅当 $x \geqslant y$，但 $y \geqslant x$ 不成立。

严格偏好关系具有非自反性和可传递性。

对于分类规则而言，基于概率的兴趣度量在数据挖掘过程中主要用于属性选择。在归纳学习过程中需要考虑两个因素：第一，规则在训练集上有较高的精度；第二，避免过拟合。好的度量应该在这两个因素上都得到优化。精度（相当于关联规则的信任度）、熵、Gini 指数、Laplace 度量等已经广泛应用于属性选择。可以证明在对规则集排序问题上，熵、Gini 指数与精度等价。

所有用于关联规则的基于概率的客观兴趣度量均可直接用于分类规则。只不过是在训练集上评估兴趣度，而我们更在意的是分类规则的预测精度。

2. 基于概率的度量的相关性质

1991 年，Piatetsky-Shapiro 提出适合客观度量的性质，简称 P 性质。

性质 8.1　对于客观度量 F，

(P1) $F = 0$，如果 A 和 B 是统计独立的，即 $P(AB) = P(A)P(B)$。

(P2) 当 $P(A)$ 和 $P(B)$ 保持不变时，F 随 $P(AB)$ 单调增加。

(P3) 当 $P(AB)$ 和 $P(B)$ 或 $P(A)$ 保持不变时，F 随 $P(A)$ 或 $P(B)$ 单调下降。

性质 8.1 表明兴趣值 F 为 0 不会产生感兴趣的关联规则。实践中，(P1) 似乎太苛刻了。例如，由于属性独立使提升度取值趋于 1 而不是 0，出现这样的关联规则是偶然的。性质 (P2) 表明在 A、B 的支持度不变时，兴趣度值随 AB 的支持度增大而增大。也就是说，A 和 B 越正相关，规则的兴趣度越高。性质 (P3) 表明当 AB 和 B（或 A）的支持度固定

时，A(或 B)的支持度越小，规则的兴趣度越高。

2002 年，Tan 基于表 8-3 提出 5 个性质，简称 O 性质。

表 8-3　规则 $A \Rightarrow B$ 的 2×2 相关概率表

	A	$\overline{B}$	
A	$n(AB)$	$n(A\overline{B})$	$n(A)$
$\overline{A}$	$n(\overline{A}B)$	$n(\overline{A}\overline{B})$	$n(\overline{A})$
	$n(B)$	$n(\overline{B})$	N

性质 8.2　对于客观度量 F，

(O1) 改变属性次序时，F 是对称的。

(O2) 用一个正因子取度量任意行或列，F 值都相同。

(O3) 如果交换行或列，F 变为 $-F$。

(O4) 如果同时交换行和列，F 不变。

(O5) F 与不包含 A 和 B 的记录数量无关。

性质 8.2 可以用于对度量分组。性质(O1)指出规则 $A \Rightarrow B$ 和 $B \Rightarrow A$ 有同样的兴趣度值，但在多数应用中却不是这样。例如，信任度是给定前件后规则的后件概率，反过来就不一定成立。它是不对称度量。(O2)要求用不变的度量方法度量行或列。(O3)表示交换表 8-3 中的行或列会使兴趣度值改变符号。例如，$F(A \Rightarrow B) = -F(A \Rightarrow \sim B) = -F(\sim A \Rightarrow B)$ 表明度量可以同时确定正负相关性。(O4)表明 $F(A \Rightarrow B) = F(\sim A \Rightarrow \sim B)$。性质(O5)只考虑包含 A、B 或同时包含 AB 的记录。信任度是这样的度量，而支持度却不是。

Lenca 于 2004 年提出度量关联规则的 5 个性质，称为 Q 性质。

性质 8.3　对于客观度量 F，

(Q1) 如果对规则没有反例，则 F 是常数。

(Q2) F 在 0＋附近随 $P(A \sim B)$ 按线性、凹形或凸形下降。

(Q3) F 随记录总数增加而增加。

(Q4) 阈值容易确定。

(Q5) 度量的语义容易解释。

性质(Q1)表明不管支持度的值是多少，信任度为 1 时规则的兴趣度恒定。(Q2)表明兴趣度随反例增加而减少的方式。如果用户允许少量反例，凹形下降是可接受的。如果系统严格要求信任度为 1，则凸形下降是可接受的。在表 8-4 中用 1、2、3、4、5、6 分别表示凸形下降、线性下降、凹形下降、恒增加、不可用和依赖参数。(Q3)表明在 $P(A)$、$P(B)$ 和 $P(AB)$ 不变的情况下，兴趣度值对数据库中记录量增加而变化的情况。性质(Q4)指出很容易选中兴趣度阈值，并且它的语义也容易解释。性质(Q5)表明兴趣度测量容易被用户理解。

性质 8.4　(简称性质 S)针对关联规则的客观度量 F，

(S1) 如果列联表(contingency table)的边缘值是固定的，则 F 是支持度的增函数。

(S2) 如果列联表的边缘值是固定的，则 F 是信任度的减函数。

性质(S1)假设列联表的边缘值为常数，例如，假设 $n(\Lambda)=a$，$N(\sim A)=N-a$，$n(B)=b$，以及 $n(\sim B)=N-b$。如果用 x 表示支持度，则 $P(AB)=x$，$P(\sim AB)=\dfrac{b}{N}-x$，$P(A\sim B)=\dfrac{a}{N}-x$，以及 $P(\sim A\sim B)=1-\dfrac{a+b}{N}+x$。这样，兴趣度量就转化为以支持度 x 为变量的函数。例如，提升度可定义为 $\mathrm{lift}=\dfrac{P(AB)}{P(A)P(B)}=\dfrac{x}{\dfrac{a}{n}\times\dfrac{b}{n}}$。显然，提升度是 x 的增函数。在表 8-4 中用 0、1、2、3、4 分别表示随支持度增加、不随支持度变化、随支持度减少、不可用和依赖于参数。假设边缘值固定，则有 25 个指标随支持度增加，只有 Loevinger 指标随支持度下降。

表 8-4 规则的兴趣度性质

序号	备注	(P1)	(P2)	(P3)	(O1)	(O2)	(O3)	(O4)	(O5)	(Q1)	(Q2)	(Q3)	(S1)
1	支持度	N	Y	N	Y	N	N	N	N	N	1	N	0
2	信任度/精密度	N	Y	N	N	N	N	N	N	Y	1	N	0
3	一般性	N	N	N	N	N	N	N	N	N	3	N	1
4	广泛性	N	N	N	N	N	N	N	N	N	1	N	0
5	召回率	N	Y	N	N	N	N	N	Y	N	2	N	0
6	专一性	N	N	N	Y	N	N	N	N	N	3	N	0
7	精确度	N	Y	Y	Y	N	N	N	Y	N	1	N	1
8	提升度/兴趣度	N	Y	Y	Y	N	N	N	N	N	2	N	0
9	影响力	N	Y	Y	Y	N	N	N	N	Y	1	N	0
10	增值性/支持度变化	Y	Y	Y	Y	N	N	N	N	Y	1	N	0
11	相对危险度	N	Y	Y	Y	N	N	N	N	N	1	N	0
12	Jaccard	N	Y	Y	Y	N	N	Y	N	N	1	N	0
13	可信度	N	Y	Y	Y	N	N	N	N	Y	0	N	0
14	优势率	N	Y	Y	Y	Y	Y	Y	N	Y	0	N	4
15	Yule's Q	Y	Y	Y	Y	Y	Y	Y	N	Y	0	N	4
16	Yule's Y	Y	Y	Y	Y	Y	Y	Y	N	Y	0	N	4
17	Klosgen	Y	Y	Y	Y	N	N	N	N	N	0	N	0
18	确信度	N	Y	Y	Y	N	N	N	N	N	0	N	0
19	兴趣权重依赖性	N	Y	N	Y	N	N	N	N	Y	6	N	0
20	收集强度	N	Y	Y	Y	N	Y	Y	N	N	0	N	0
21	Laplace 修正	N	Y	N	Y	N	N	N	Y	N	1	N	0
22	Gini 指数	Y	N	N	N	N	N	N	N	N	0	N	4
23	Goodman & Kruskal	Y	N	N	Y	N	N	Y	N	N	5	N	3
24	归一化互信息	Y	Y	Y	Y	N	N	Y	N	N	5	N	3
25	J-度量	Y	N	N	N	N	N	N	N	Y	0	N	4
26	单路支持度	Y	Y	Y	Y	N	N	N	Y	N	0	N	0
27	双路支持度	Y	Y	Y	Y	N	N	N	N	N	0	N	0
28	双路支持度变异	Y	N	N	Y	N	N	Y	N	N	0	N	4

（续）

序号	备注	(P1)	(P2)	(P3)	(O1)	(O2)	(O3)	(O4)	(O5)	(Q1)	(Q2)	(Q3)	(S1)
29	Φ系数	Y	Y	Y	Y	N	Y	Y	N	N	0	N	0
30	Piatetsky-Shapiro	Y	Y	Y	Y	N	Y	Y	N	N	1	N	0
31	Cosine	N	Y	Y	Y	N	N	N	Y	N	2	N	0
32	Loevinger	Y	Y	N	Y	N	N	N	N	Y	4	N	2
33	信息增益	Y	Y	Y	Y	N	N	N	N	N	2	N	0
34	Sebag-Schoenauer	N	Y	Y	Y	N	N	N	Y	Y	0	N	0
35	最小矛盾	N	Y	Y	Y	N	N	N	Y	Y	2	N	0
36	余乘	N	Y	Y	Y	N	N	N	Y	Y	0	N	0
37	样例与反例比	N	Y	Y	Y	N	N	N	Y	Y	2	N	0
38	Zhang	Y	N	N	N	N	N	N	N	N	0	N	4

性质(S2)与性质(Q2)密切相关，因为度量随 $P(A{\sim}B)$ 减少，随 $P(AB)$ 增加。性质 $(Q2)$ 描述了度量 F 和 $P(A{\sim}B)$ 的关系，但没有对 $P(AB)$、$P({\sim}AB)$ 和 $P({\sim}A{\sim}B)$ 的约束。这种弱化约束导致分析困难。相比之下，(S2)更适合于形式分析。

3. 选择度量的策略

为具体应用选择恰当的兴趣度量是非常重要的工作。排序和总结是两种重要的比较和分析兴趣度量的方法。这种分析可以基于度量的性质，也可以根据数据集上的实验评估。

（1）基于特定数据集上模式排序的方法

用户首先为挖掘到的模式集排序，选择排序结果与人为排序最接近的度量。当模式数量巨大时，该方法不能直接使用。取代以能使模式排序的标准差最大的度量。因为在这些模式上的度量值差别最大，方便用于排序。然后，选择与手动排序最一致的度量。该方法基于特定数据集并且需要用户参与。

（2）基于多证据辅助决策的方法

由用户根据重要程度为每个性质加标记或权重。例如，假设考虑对称性，如果度量是对称的，就标记为 1，否则就标记为 0。用每行描述度量，每列表示一个性质，构成决策矩阵。矩阵中的内容为一个度量在该性质上的权重或标记。用多证据决策可以得到排序结果。这种方法是不需要用户对挖掘到的描述排序的。

（3）基于总结的方法

总结的方法可以把兴趣度量总结为若干个层次概念。该方法可以基于度量性质或在数据集上的实验结果。基于性质的总结是将决策矩阵中性质相似的度量聚成簇。基于实验的总结面对的矩阵中行是度量，列代表度量应用到规则集上的情况。

4. 基于形式的客观度量

基于形式的度量是建立在规则形式上的客观度量，主要涉及特殊性、意外性和简洁性。

从意外性上考虑有基于邻居的意外性度量。直观意义是一个规则与它邻近规则的结果不同就是令人感兴趣的。

定义 8.2 规则的距离。规则 $R_1:X_1 \Rightarrow Y_1$ 和 $R_2:X_2 \Rightarrow Y_2$ 的距离定义为

$$\mathrm{Dist}(R_1, R_2) = \delta_1 |X_1Y_1 - X_2Y_2| + \delta_2 |X_1 - X_2| + \delta_3 |Y_1 - Y_2|$$

这里，$X-Y$ 表示 X 和 Y 的对称差，$|X|$ 表示 X 的基数，δ_1、δ_2 和 δ_3 是用户给定的权重。

定义 8.3 规则 R_0 的 r-邻居定义为 $\{R:\mathrm{Dist}(R, R_0) \leqslant r, R$ 是潜在的规则$\}$，这里 $r > 0$ 是邻居的半径。用 $N(R_0, r)$ 记录 R_0 的 r-邻居。

定义 8.4 如果规则 R_0 的信任度远离其邻居信任度的平均值，则称其为意外信任度。

显然，具有意外信任度的规则是令人感兴趣的。此外，还有基于邻居稀疏性的度量。如果在邻居中挖掘出的规则数量远远小于邻居中的潜在规则数量，这也是令人感兴趣的现象。如果为分类规则定义距离函数，上述度量可以用于评估分类规则。

假设分类规则为 $A_1, A_2, \cdots, A_m \rightarrow C$，如果去除一个前置条件，比如 A_1，那么，$A_2, \cdots, A_m$ 比 $A_1, A_2, \cdots A_m$ 更具一般性。应用到数据集上，规则 $A_2, \cdots, A_m \rightarrow C_1$ 比 $A_1, A_2, \cdots, A_m \rightarrow C$ 更具一般性。如果 $C_1 \neq C$，计数器加 1，对规则前件中每个属性做这样的计数，计数器记录的是与 C 不同的 C_i 的次数和。该结果取值区间为 $[0, m]$，称为规则的行惊讶性（raw surprisingness），记为 Surp_{raw}。用 Surp_{norm} 表示规范化惊讶性，取值范围为 $[0, 1]$。这里，$\mathrm{Surp}_{norm} = \mathrm{Surp}_{raw}/m$。如果规则预测的所有类别与原始类别不同，$\mathrm{Surp}_{norm}$ 取值为 1，说明规则更有趣。该方法可以认为是基于邻居的。规则 R 的邻居是满足远离 R 条件的规则集合。

信息增益也是有效的度量。常用规则中所有条件属性信息增益均值的倒数。该度量基于这样的假设，属性的信息增益越大，它的分类能力越强。由于用户早就意识到这些规则，所以对这样的规则并不感兴趣。利用信息增益度量更倾向于关注小于信息增益均值的规则。

上述两个度量都不能用于关联规则。

简洁性是基于形式的度量，常常用于规则集而不是单个规则。下面从两个方面考虑规则的简洁性。首先是基于逻辑冗余的。虽然没有具体定义简洁性度量，但有用于发现非冗余规则的方法。算法发现的规则是不包含冗余规则的最小集合。其他满足支持度和信任度条件的规则可以通过规则集推导而得。这种方法适合二值属性的关联规则，不适合用于多值属性的分类规则。

第二种方法是用最小描述长度（Minimum Description-Length，MDL），它的第一部分 $L(H)$ 是理论开销，用于度量规则集的复杂程度，这里 H 可以理解为规则集。第二部分 $L(D \mid H)$ 用于度量规则集的精度，这里 D 是数据集。MDL 强调平衡这两个部分。

客观度量可以讨论针对具体数据集的规则相关度和支持度等，但不能利用用户的先验知识。

8.2.2 主观度量

在实际应用中，用户具有背景知识，按客观度量排序靠前的模式可能是无趣的。主观

度量重视数据和用户知识。主观度量适合于用户背景知识改变、用户兴趣度变化和用户背景知识演化。

由于用户知识的描述方法多种多样，主观度量指标往往不能用简单的数学公式表达，而是常常包含在数据挖掘的过程中。

1. 意外性和新颖性

为发现数据中的意外或新颖模式，有三种方法：用户提供知识的形式化描述，然后获得挖掘结果，由系统选择意外的模式提供给用户；按用户交互反馈，系统提出不感兴趣的模式；系统利用用户提供的约束条件限制挖掘进程中的搜索空间，进而得到较少的挖掘结果。

2. 用兴趣度指标从挖掘结果中过滤有趣的模式

在一阶逻辑中用主观断言公式，而不是 if-then 规则。可以对兴趣度做硬的和软的划分。硬的兴趣度是不能改变的约束。软的兴趣度可以根据发现的新模式改变对兴趣度的要求。下面采用贝叶斯方法，假设兴趣度用条件概率表示。给定证据 E（模式），兴趣度 α 按贝叶斯规则改变：

$$P(\alpha \mid E, \xi) = \frac{P(E \mid \alpha, \xi) P(\alpha \mid \xi)}{P(E \mid \alpha, \xi) P(\alpha \mid \xi) + P(E \mid \sim\alpha, \xi) P(\sim\alpha \mid \xi)}$$

这里，ξ 是描述先前证据支持度 α 的环境变量。那么，相关于软的兴趣度系统 B，模式 p 的兴趣度度量定义为先验和后验概率的相互差异。

$$I(p, B) = \sum_{\alpha \in B} \frac{|P(\alpha \mid p, \xi) - P(\alpha \mid \xi)|}{P(\alpha \mid \xi)}$$

我们把这样的度量用于关联规则。以表 8-5 中的数据为例，定义期望 α 为"同时购买牛奶、鸡蛋和面包"。这里，ξ 表示数据库 D。假设用户按 $P(\alpha \mid \xi) = 2/5 = 0.4$ 给出 α 的期望。显然，有五分之二的交易满足期望 α。同样，$P(\sim\alpha \mid \xi) = 0.6$。假设挖掘到的关联规则 p：$\text{milk} \Rightarrow \text{eggs}^{\text{support}=0.4}_{\text{confidence}\approx0.67}$。基于旧证据 ξ 环境下的新证据 p，新的信任度记为 $P(\alpha \mid p, \xi)$。如果已知 $P(\alpha \mid \xi)$、$P(\sim\alpha \mid \xi)$ 和 $P(p \mid \sim\alpha, \xi)$，就可以用贝叶斯规则计算 $P(\alpha \mid p, \xi)$。

表 8-5　交易数据库的例子

牛奶	面包	鸡蛋
1	0	1
1	1	0
1	1	1
1	1	1
0	0	1

其他两项可按下述方法计算。给定期望 α，$P(p \mid \alpha, \xi)$ 描述规则 p 的信任度，即规则"牛奶⇒鸡蛋"的信任度由交易 3 和 4 来估计，因为牛奶、鸡蛋、面包同时出现。从表 8-5 得到 $P(p \mid \alpha, \xi) = 1$。相似的，给定期望 $\sim\alpha$，$P(p \mid \sim\alpha, \xi)$ 描述规则 p 的信任度，规则"牛奶⇒鸡蛋"的信任度由交易 1、2 和 5 来决定，此时，牛奶、鸡蛋、面包不同时出现。由表 8-5 得，$P(p \mid \sim\alpha, \xi) = 0.5$。

采用贝叶斯规则，计算 $P(\alpha \mid E, \xi) = \dfrac{1 \times 0.4}{1 \times 0.4 + 0.5 \times 0.6} \approx 0.57$，相应的规则 p 的兴趣度度量值 I 为 $I(p, B) = \dfrac{|0.57 - 0.4|}{0.4} \approx 0.43$。

为按用户知识对分类规则排序，给出称为一般印象的 T1 和 T2 两种描述，用于定义用户的模糊知识。T1 类型的一般印象可以描述条件变量和分类之间的正关系和负关系。T2 进一步将用户知识划分为核心和增补两部分来扩展 T1。核心是可以清晰描述的用户知识，增补是只能模糊描述的用户知识。核心和增补都是软期望，因为可以不取真值，所以需要确认或否定。基于上述两种定义，可以用匹配算法发现确认规则、意外结果规则和意外条件规则。可以根据与兴趣度量的匹配度对这些规则排序。在对一个规则 R 的匹配过程中，将一般印象分为 G_S 和 G_D 两个集合。集合 G_S 包含与规则 R 相同结论的所有一般印象，集合 G_D 包含与规则 R 不同结论的所有一般印象。对于确认规则，R 与 G_S 匹配，兴趣度量计算 R 的条件和 G_S 的条件的相似度；对于结论条件规则，R 与 G_D 相匹配，兴趣度量计算 R 的条件和 G_D 的条件的相似度；对于意外条件规则，R 与 G_S 相匹配，兴趣度量计算 R 的条件和 G_S 的条件的相似度。因此，意外条件规则的排序与确定规则相反。

【例 8-1】　用 T1 说明来计算确定规则的兴趣度值。假设挖掘到分类规则 r，并用它确认用户的一般印象。这里，r:jobless＝no，saving＞10 000⇒approved，表示一个人如果没失业并且存款超过 10 000 元，就可以批准他的贷款请求。

假设用户提供下列 5 个一般印象：

(G1) saving＞⇒approved

(G2) age | ⇒{approved，not_approved}

(G3) jobless{no}⇒approved

(G4) jobless{yes}⇒not_approved

(G5) saving＞，jobless{yes}⇒approved

(G1)的含义是如果申请人的存款很多就批准贷款；(G2)表明申请人年龄与能否批准贷款无关；(G3)指出如果申请人有工作就可以获得贷款；(G4)表示如果申请人没有工作，他的贷款就不能批准；(G5)是存款量很大且没有工作的申请人也可以获得贷款。

这里，G_S 是{(G4)}，G_D 是{(G1)，(G2)，(G3)，(G5)}。由于(G4)与规则 r 的结论不同，所以，只考虑(G1)、(G2)、(G3)和(G5)。而(G2)与规则 r 的前件不匹配，将其排除。(G5)与规则 r 部分匹配，匹配度取值在 0 和 1 之间。假设 10 000 元是一个大的额度，(G1)和(G3)与规则完全匹配，所以，匹配度为 1。最终，选取匹配度最大的值(这里是 1)作为规则 r 的兴趣度值。因此，规则 r 强烈地确认了一般印象。

如果用意外条件规则代替确认规则，因为与一般印象相一致，规则 r 会有一个低得分。

3. 排除无趣模式

过滤感兴趣的关联规则需要大量的人机交互和计算量。为减少这些开销，用排除无趣模式的方法来取代选择有趣的规则的算法。该方法不必定义兴趣度量，而是由用户在交互过程中定义模式的兴趣度。该过程分为三个步骤。1)选择最好的候选规则，该规则的前件拥有一个严格的条件属性，后件拥有一个严格的结论，具有最大的覆盖列表。规则 R 的覆盖列表是包含规则 R 的前件和后件的所有规则。2)将最好的候选规则提供给用户进行分类，类别分别是"条件假-无趣"、"条件真-无趣"、"条件假-有趣"和"条件真-有趣"。描述通用知识的规则是无趣的，从术语上讲就是不够新颖。如果最好的候选规则 R 是"条件假-无趣"或"条件真-无趣"，系统就删除它和它的覆盖列表。如果规则是"条件假-有趣"，系统将删除该规则以及与之有相同前件的覆盖列表中的规则，保留覆盖列表中拥有更多前件的规则。3）如果"条件真-有趣"，系统就保留这个规则。该过程迭代到规则集为空或由用户终结该过程。最终为用户留下"条件真-有趣"的模式。

4. 约束搜索空间

以用户偏好为依据缩小挖掘空间。该方法同样不定义兴趣度量。用户偏好描述格式与挖掘规则相同。因为仅挖掘令人惊讶的规则，这些规则显然与用户期望相反。发现令人惊讶的规则的算法包含两个部分：放大 UR 和缩小 UR。对给定的期望 $X{\rightarrow}Y$，放大 UR 是数据集中满足支持度和信任度阈值的 $X, A{\Rightarrow}{\sim}Y$ 型规则，这是更特殊的与给定期望相悖的规则，缩小 UR 是由放大 UR 中找到的一般化规则。对于规则 $X, A{\Rightarrow}{\sim}Y$，缩小 UR 是所有形如 $X', A{\Rightarrow}{\sim}Y$ 的规则，其中 X' 是 X 的子集。

8.2.3　语义度量

语义度量考虑模式的语义和解释。下面讨论基于实用性和可实施性的语义度量。

1. 基于实用性的度量

基于实用性的度量不仅要考虑原始数据的统计特征，而且要考虑挖掘模式的实用性。从决策理论看，模式的兴趣度＝可能性＋实用性。同时考虑用户的特定目标和挖掘模式的实用性，基于实用性挖掘方法在实际应用中更有价值，决策问题更是如此。

最简单的面向实用性的方法称为权重关联规则挖掘，为表达各个项目的不同重要程度，分别给各个项目赋以权重，用以表达商品的价格、利润等。

定义 8.5　权重支持度定义如下：

$$\Big(\sum_{i_j \in AB} w_j\Big)\text{Support}(A{\Rightarrow}B)$$

这里 i_j 是出现在规则 $A{\Rightarrow}B$ 中的项目，w_j 是相应的权重。

度量的第一个因素倾向于项目多的规则。如果项目数量多，即使所有权重都小，总体权重也可能很大。第二个度量是规范化权重支持度，定义为 $\dfrac{1}{k}\Big(\sum_{i_j \in AB} w_j\Big)\text{Support}(A{\Rightarrow}B)$，这里 k 是规则中项目的数目。传统的支持度是规范化权重支持度的特例，当所有项目的权重均为 1 时，规范化权重支持度就是传统的支持度。另一种办法是为数据库中的每一笔交易赋以一个权重，称为纵向权重。例如，用权重反映交易时间，最近的交易可以获得较高的权重。在该模型中，纵向权重定义为

$$\text{Support}_v(A{\Rightarrow}B) = \frac{\sum_{AB \subseteq r} w\_v_r}{\sum_{r \in D} w\_v_r}$$

这里，w_v_r 是交易 r 的权重。

同时用横向和纵向权重的模型称为混合权重模型。在该模型中，每个项目赋予一个横向权重，每一笔交易赋予一个纵向权重。混合权重支持度定义为：

$$\text{Support}_m(A \Rightarrow B) = \frac{1}{k} \Big(\sum_{i_j \in AB} w_j \Big) \text{Support}_v(A \Rightarrow B)$$

Support_v 和 Support_m 都是对传统支持度的扩展，当横向和纵向支持度均取 1 时，Support_v 和 Support_m 等价于传统支持度。

基于面向目标实用性的关联规则允许用户为挖掘过程设置目标。这种方法把属性划分为目标属性和非目标属性。只允许非目标属性出现在关联规则的前件，目标属性只能出现在关联规则的后件。对目标属性-值对赋予实用性值。挖掘工作是找出非目标属性和目标属性的实用性值，同时超过给定阈值的频繁项集。例如，表 8-6 中，"治疗"是非目标属性，"效果"和"副作用"是目标属性。挖掘的目标是找出高疗效，低副作用或无副作用的治疗方案。

表 8-6　数据库样例

治疗	效果	副作用
1	2	4
2	4	2
2	4	2
2	2	3
2	1	3
3	4	2
3	4	2
3	1	4
4	5	2
4	4	2
4	4	2
4	3	1
5	4	1
5	4	1
5	4	1
5	5	1

实用性度量定义为

$$u = \frac{1}{\text{support}(A)} \sum_{A \subseteq r \wedge r \in DB} u_r(A)$$

这里 A 是非目标属性，r 是包含 A 的记录，$u_r(A)$ 是记录 r 中项目 A 的实用性。$u_r(A)$ 定义为

$$u_r(A) = \sum_{A_i = v \in C_r} u_{A_i = v}$$

这里 C_r 是 r 中目标项目的集合，$A_i = v$ 是目标属性值对，$u_{A_i = v}$ 是后面的相关实用性。

如果只有一个目标属性且权重为 1，那么 $\sum\limits_{A \subseteq r \wedge r \in DB} u_r(A)$ 就是 $\text{support}(A)$，因此，u 为 1。

目标属性-值对的实用性值见表 8-7。由此计算出每个治疗的实用性值，见表 8-8。治疗 5 具有最大的实用性值，也就是说，它最好地匹配了用户目标。

表 8-7　效果和副作用的实用性值

疗效			副作用		
值	含义	实用性	值	含义	实用性
5	非常好	1	4	非常严重	-0.8
4	较好	0.8	3	严重	-0.4
3	无效果	0	2	较小	0
2	较差	-0.8	1	正常	0.6
1	非常差	-1			

2. 可实施性

可实施性模式有助于用户实现目标。用户以模糊规则的形式提出一些模式，用于描述可能采取的行动或状态。在确定模式时，系统用发现的模式与模糊规则匹配、比较并排序，最终选择匹配度最高的予以实施。例如，为满足客户关系管理的需要，可以用一棵决策树来对数据挖掘，非叶子结点表示用户条件，叶子结点与客户带来的效益相关。规定了变更顾客条件的代价后，基于代价和效益增益信息找到最优行为，即选择 profit_gain$-\sum$ cost 最大的行为。因为采用的是决策树，所以本方法只适合分类规则，不适合关联规则。

表 8-8　项目的实用性

项目	实用性
治疗＝1	−1.6
治疗＝2	−0.25
治疗＝3	−0.066
治疗＝4	0.8
治疗＝5	1.2

8.3　用于总结的度量

总结是知识发现的主要任务之一，也是在线分析系统（OLAP）的关键问题。所谓总结，就是在不同的概念层上对原始数据压缩描述以及汲取有趣信息组成的精华。例如，公司的销售信息可以按城市、省、国家等地域总结，也可以在时间层面上总结，如周、月、年等。组合各种属性和所有可能的层次可以得到非常多的总结。所以，怎样找到感兴趣的总结就成为一个重要的问题。

下面讨论 4 种用于总结的兴趣度量：多样性、简洁性、特殊性和意外性。前三个是客观的，后一个是主观的。

1. 多样性

在总结的兴趣度指标中，多样性应用十分广泛。虽然定义各不相同，普遍接受的定义涉及两个因素：总体中类的分布比例和类的数量。表 8-9 列出 19 种多样性度量。这里，p_i 是类 i 的概率，$\overline{q}$ 是所有类概率的均值，n_i 是类 i 中样本的数量，N 是样本总数。

表 8-9　多样性度量

度量	定义
方差	$\dfrac{\sum\limits_{i=1}^{m}(p_i-\overline{q})^2}{m-1}$
Simpson 指数	$\sum\limits_{i=1}^{m}p_i^2$
Shannon 熵	$-\sum\limits_{i=1}^{m}p_i\log_2 p_i$
总数	$-m\sum\limits_{i=1}^{m}p_i\log_2 p_i$
最大值	$\log_2 m$
McIntosh	$\dfrac{N-\sqrt{\sum\limits_{i=1}^{m}n_i^2}}{N-\sqrt{N}}$

（续）

度量	定义
Lorenz	$\bar{q} \sum\limits_{i=1}^{m} (m-i+1) p_i$
Gini 指数	$\dfrac{\bar{q} \sum\limits_{i=1}^{m} \sum\limits_{j=1}^{m} \lvert p_i - p_j \rvert}{2}$
Berger	$\max(p_i)$
Schutz	$\dfrac{\sum\limits_{i=1}^{m} \lvert p_i - \bar{q} \rvert}{2m\bar{q}}$
Bray	$\sum\limits_{i=1}^{m} \min(p_i, \bar{q})$
Whittaker	$1 - \dfrac{1}{2} \sum\limits_{i=1}^{m} \lvert p_i - \bar{q} \rvert$
Kullback	$\log_2 m - \sum\limits_{i=1}^{m} p_i \log_2 \dfrac{p_i}{\bar{q}}$
MacArthur	$-\sum\limits_{i=1}^{m} \dfrac{p_i + \bar{q}}{2} \log_2 \dfrac{p_i + \bar{q}}{2} - \dfrac{\log_2 m - \sum\limits_{i=1}^{m} p_i \log_2 p_i}{2}$
Theil 系数	$\dfrac{\sum\limits_{i=1}^{m} \lvert p_i \log_2 p_i - \bar{q} \log_2 \bar{q} \rvert}{m\bar{q}}$
Atkinson	$1 - \prod\limits_{i=1}^{m} \dfrac{p_i}{\bar{q}}$
Rae	$\dfrac{\sum\limits_{i=1}^{m} n_i (n_i - 1)}{N(N-1)}$
CON	$\sqrt{\dfrac{\sum\limits_{i=1}^{m} p_i^2 - \bar{q}}{1 - \bar{q}}}$
Hill	$1 - \dfrac{1}{\sqrt{\sum\limits_{i=1}^{m} p_i^3}}$

在表 8-10 中，如果用方差作为兴趣度度量，其值计算如下：

$$\frac{\left(\dfrac{15}{300} - \dfrac{75}{300}\right)^2 + \left(\dfrac{25}{300} - \dfrac{75}{300}\right)^2 + \left(\dfrac{200}{300} - \dfrac{75}{300}\right)^2 + \left(\dfrac{60}{300} - \dfrac{75}{300}\right)^2}{4-1} = 0.24$$

一个好的度量应该满足的一般性原则为：

（1）最小值原则

给定向量$(n_1, \cdots, n_m)$，对所有的i，j，当$n_i = n_j$时，度量$f(n_1, \cdots, n_m)$取最小值。该性质表明均匀分布是最有趣的。

（2）最大值原则

给定向量$(n_1, \cdots, n_m)$，当$n_1 = N - m + 1$，$n_i = 1$，$i = 2, \cdots, m$，且$N > m$时，度量$f(n_1, \cdots, n_m)$取最大值。该性质表明分布越不均匀越有趣。

（3）偏斜原则

给定向量 $(n_1, \cdots, n_m)$，当 $n_1 = N - m + 1$，$n_i = 1$，$i = 2, \cdots, m$，$N > m$，且存在向量 $(n_1 - c, n_2, \cdots, n_m, n_{m+1}, \cdots, n_{m+c})$，若 $n_1 - c > 1$，$n_i = 1$，$i = 2, \cdots, m + c$，则度量 $f(n_1, \cdots, n_m) > f(n_1 - c, n_2, \cdots, n_{m+c})$。该性质表明如果总频率相同，兴趣度体现为随数据类的数量增加，不均匀分布程度下降。这个性质倾向于类数量少的情况。

（4）置换不变性原则

给定向量 $(n_1, \cdots, n_m)$，以及任意 $(1, \cdots, m)$ 的置换 $(i_1, \cdots, i_m)$，都有 $f(n_1, \cdots, n_m) = f(n_{i_1}, \cdots, n_{i_m})$。该性质表明多样性与类的顺序无关，只与频度分布有关。

（5）传递原则

给定向量 $(n_1, \cdots, n_m)$，当 $0 < c < n_j < n_i$ 时，度量 $f(n_1, \cdots, n_i + c, \cdots, n_j - c, \cdots, n_m) > f(n_1, \cdots, n_i, \cdots, n_j, \cdots, n_m)$ 取最大值。该性质表明当正传递（从一个元组到另一个元组的频度递增）时，兴趣度增加。

2. 简洁性与一般性

简洁的总结容易理解和记忆，所以往往比复杂的模式更有趣。在一般层面上的总结往往比特殊层面的数据更简洁。

考虑数据立方体中的属性-值对，定义兴趣度度量。对于单一属性，I_1 反映出属性-值对的观测概率和总结的平均概率间的差别。这里，$I_1(A = v) = \left| P(A = v) - \dfrac{1}{\mathrm{Card}(A)} \right|$，这里，$P(A = v)$ 是属性-值对 $A = v$ 的概率，$\mathrm{Card}(A)$ 是属性 A 的基数，即 A 取不同值的个数。假设兴趣度具有依赖性，对于两个属性的相互影响，I_2 反映相关度。定义为：

$$I_2(A = v_a, B = v_b) = \left| P(A = v_a, B = v_b) - P(A = v_a)P(B = v_b) \right|$$

这里，$P(A = v_a, B = v_b)$ 是同时发生 A 取 v_a 且 B 取 v_b 的概率。

在数据立方体中，总结会使概念趋于简洁。假设对属性 A 的 L_A 层进行分析，总共分 NHL_A 层，从 0 到 $\mathrm{NHL}_A - 1$。一个属性的系数定义为 $CF_1 = \sqrt{\dfrac{\mathrm{NHL}_A - L_A}{\mathrm{NHL}_A}}$。第 0 层是最一般层，$CF_1$ 取最大值，最特殊层是 $\mathrm{NHL}_A - 1$，CF_1 取最小值。在两个属性时，该系数定义为：$C_2 = \sqrt{\dfrac{\mathrm{NHL}_{\max} - \dfrac{L_A + L_B}{2}}{\mathrm{NHL}_{\max}}}$，这里 $\mathrm{NHL}_{\max} = \max(\mathrm{NHL}_A, \mathrm{NHL}_B)$，$\mathrm{NHL}_A$ 和 NHL_B 分别为属性 A、B 的概念层数，L_A 和 L_B 分别为属性 A、B 的分析层次。

最终，针对一个属性的兴趣度定义为 $F_1(A = v) = I_1(A = v)CF_1$，针对两个属性的兴趣度定义为 $F_2(A = v_a, B = v_b) = I_2(A = v_a, B = v_b)CF_2$。

3. 特殊性

在数据立方体系统中，考虑到特殊性，总结的单元往往比总结本身更有趣。发现驱动的探索通过用户交互提供单元的特殊性度量，按统计模型引导探索过程。初始时，用户给出一个开始的总结，基于统计模型自动计算每个总结单元的三种兴趣度值。SelfExp 是第一个兴趣度值，指明与该单元相关的所有相同总结的其他单元的兴趣度。第二个是 InExp，表明从此单元下钻到更详细总结的单元的最大兴趣度。从该单元下钻的任何路径都可用。这样，第三个值记为 PathExp，表明有最大兴趣度值的路径。单元的 SelfExp 值可以是观察和期望值，两者在定义上存在差异。从统计中按表分析的方法计算期望值。例如，三维立体 A-B-C，单元期望值可以通过计算几个均值的均值得到。这些均值是每个分属性的总结均值、每个属性对的总结均值以及全部均值，即 $\overline{A}+\overline{B}+\overline{C}+\overline{AB}+\overline{AC}+\overline{BC}+\overline{ABC}$。InExp 是该单元下面的所有单元 SelfExp 的最大值。计算最大 SelfExp 值下钻可达的每个单元路径，就得到每个 PathExp。

4. 惊讶性或意外性

惊讶性是评估总结兴趣度的恰当的主观准则。一种直接的方法就是整合用户期望为一个客观兴趣度量。通过用期望概率替换平均概率的方法可以把多数用于总结的客观兴趣度量转化为主观度量。例如，把方差 $\dfrac{\sum\limits_{i=1}^{m}(p_i-\overline{q})^2}{m-1}$ 变为 $\dfrac{\sum\limits_{i=1}^{m}(p_i-e_i)^2}{m-1}$，这里 p_i 是单元 i 的观察概率，$\overline{q}$ 是平均概率，e_i 是单元 i 的期望概率。

表 8-10 第五列是用户给出的学生分布期望。兴趣度为：

$$\frac{\left(\dfrac{15}{300}-\dfrac{20}{300}\right)^2+\left(\dfrac{25}{300}-\dfrac{30}{300}\right)^2+\left(\dfrac{200}{300}-\dfrac{180}{300}\right)^2+\left(\dfrac{60}{300}-\dfrac{70}{300}\right)^2}{4-1}=0.06$$

表 8-10　主修信息学的学生汇总

学生类别	国籍	数量	均匀分布	期望
研究生	中国	15	75	20
研究生	海外	25	75	30
本科生	中国	200	75	180
本科生	海外	60	75	70

与前面多样性的计算结果相比，可以看出用户期望比均匀分布更接近真实的分布。当期望值增加时，总结的兴趣度值从 0.24 降到 0.06。有相关背景知识的用户对总结更感兴趣。

由用户快速、一致地给出所有期望是困难的事情。用户可以择优给出数据立方体中一个或少数总结的期望。

8.4　分类器的兴趣度

前面介绍的都是对规则的兴趣度，现在讨论对分类器的兴趣度。我们对分类器的泛化性能感兴趣，但是否有足够的理由确认某个分类器的性能更好，或更值得人们感兴趣。倘若对具体分类任务没有任何先验假设，是否存在一个最优的分类方法。

令 H 表示假设集合或待学习的可能参数集合。所谓特定的假设 $h(x) \in H$ 可以是神经网络中的量化权值、泛化模型中的参数 θ 或者树中的决策集合，等等。设 $P(h)$ 表示算法训练后产生假设 h 的先验概率，$P(h|D)$ 表示在数据集 D 上训练后产生假设 h 的概率。在确定性分类算法下（例如，最近邻和决策树），$P(h|D)$ 在单一假设 h 外，处处为零。而对于随机算法（例如神经网络），$P(h|D)$ 可能是一个分布。令 E 表示 0-1 损失函数或其他损失函数的误差。

下面讨论评判分类算法的泛化性能。由于没有给出目标函数，一个很自然的度量是给定 D 情况下，关于所有可能目标求和的误差期望值，可以表示为分布 $P(h|D)$ 和 $P(F|D)$ 的加权内积：

$$\varepsilon[E|D] = \sum_{h,F} \sum_{x \notin D} P(x)[1 - \delta(F(x), h(x))] P(h|D) P(F|D)$$

假设不存在噪声数据。$\delta(\cdot, \cdot)$ 是 Kronecker δ 函数

$$\delta(x_1, x_2) = \begin{cases} 1, & x_1 = x_2 \\ 0, & x_1 \neq x_2 \end{cases}$$

上述公式表明，固定训练集 D 上期望误差率与以输入的概率 $P(x)$ 为权、分类算法 $P(h|D)$ 与真实后验 $P(F|D)$ "匹配"的情况的加权和有关。

可见，如果没有关于 $P(F|D)$ 的先验知识，就不能检验任何特定的学习算法 $P(h|D)$，包括其泛化性能。

当真实函数是 $F(x)$ 的第 k 个候选学习算法的概率是 $P_k(h(x))D)$ 时，非训练集的期望误差率是：

$$\varepsilon_k[E|F,n] = \sum_{x \notin D} P(x)[1 - \delta(F(x), h(x))] P_k(h(x)|D)$$

定理 8.1   NFL(No Free Lunch，没有免费的午餐) 定理：任给两个分类算法 $P_1(h|D)$ 和 $P_2(h|D)$，下列命题正确，且与样本分布 $P(x)$ 及训练点个数 n 无关：

(1) 对所有目标函数 F 求平均，有 $\varepsilon_1[E|F,n] - \varepsilon_2[E|F,n] = 0$；

(2) 任意固定的训练集 D，对所有 F 求平均，有 $\varepsilon_1[E|F,D] - \varepsilon_2[E|F,D] = 0$；

(3) 对所有先验 $P(F)$ 求平均，有 $\varepsilon_1[E|n] - \varepsilon_2[E|n] = 0$；

(4) 任意固定的训练集 D，对所有先验 $P(F)$ 求平均，有 $\varepsilon_1[E|D] - \varepsilon_2[E|D] = 0$。

证明：略。

下面对定理进行解释。

(1) 表明对所有的目标函数求平均，所有分类算法的非训练误差的期望是相同的，即对于任意两个分类算法，有 $\sum_F \sum_D P(D|F)[\varepsilon_1(E|F,n) - \varepsilon_2(E|F, n)] = 0$。无论所谓"好的"分类算法 $P_1(h|D)$，还是"坏的"分类算法 $P_2(h|D)$，甚至是随机猜测结果，以至于只输出常数，如果所有目标函数是平等的，这些算法的性能是一样的。

即不存在 i 和 j，对所有的 $F(x)$ 都有 $\varepsilon_i[E|F,\ n]>\varepsilon_j[E|F,\ n]$。而且，无论使用哪种分类算法，至少存在一个目标函数，在这个目标函数之上，随机猜测算法比所采用的算法更好。

（2）说明这样的情况，即使给定训练数据集，对所有目标函数求平均，各种分类算法的非训练误差相同，即 $\sum\limits_F[\varepsilon_1(E|F,D)-\varepsilon_2(E|F,D)]=0$。

（3）和（4）讨论了目标函数呈非均匀分布时的相应结论。

在与上下文无关或与应用无关的前提下，如果目的是获得好的泛化性能，肯定不存在一个更好的分类方法。如果在特定情形下，分类算法 A 比分类算法 B 更好，只能说明 A 更适合于这一特定情形，而不是该算法具有普遍的"优越性"。

【例 8-2】　一个说明 NFL 的实例。

假设输入矢量由 3 个二值属性构成，给定特定目标函数 $F(x)$，如表 8-11 所示。假设分类算法 1 认为每个模式除非被训练过，否则就属于类 ω_1；分类算法 2 认为每个模式除非被训练过，否则就属于类 ω_2。当训练数据集 D 含有 3 个样本时，两个算法分别给出假设 h_1 和 h_2。计算非训练误差率为 $\varepsilon_1[E|F,\ D]=0.4$ 和 $\varepsilon_2[E|F,\ D]=0.6$。

表 8-11　二值数据的 NFL 示例

数据	x	$F(x)$	h_1	h_2
训练数据集 D	0 0 0	1	1	1
	0 0 1	-1	-1	-1
	0 1 0	1	1	1
非训练数据	0 1 1	-1	1	-1
	1 0 0	1	1	-1
	1 0 1	1	1	-1
	1 1 0	1	1	-1
	1 1 1	1	1	-1

对上述目标函数，显然算法 1 优于算法 2。但是注意分类算法的设计者不知道 $F(x)$，实际上，我们假定没有关于 $F(x)$ 的先验信息。所有目标函数平等，这意味着训练集 D 不会提供关于 $F(x)$ 的信息。要全面地比较算法，必须对所有与训练数据一致的目标函数求平均。NFL 定理的（2）表明当训练数据给定，对所有可能的目标函数求平均的情况下，不同算法的非训练误差没有区别。与训练数据集 D 中三个模式一致的不同目标函数一共有 2^5 个，确实存在另一个目标函数 G，其关于非训练数据的输出是表中 $F(x)$ 的取反，即 $G(x)=(1,\ -1,\ 1,\ 1,\ -1,\ 1,\ -1,\ -1)'$，而 $\varepsilon_1[E|G,\ D]=0.6$ 和 $\varepsilon_2[E|G,\ D]=0.4$，即 F 和 G 使得算法 1 和算法 2 的性能相反，从而对定理 8.1 的（2）中公式的贡献相抵消。

在某些领域存在严格的守恒定律或约束法则，例如，物理学的能量守恒、电荷守恒。在泛化性能上也存在"守恒理论"，任何一个二值分类算法，在所有可能目标函数上的"性能"之和恒为零。也就是说，如果不在某些问题上付出相等的负的性能代价，则不可能在所关心的问题上得到等量的正的性能。如果没有限定一定要使用某种特定的算法解决问题，那么，我们所能做的就是在期望遇到的问题和不期望遇到的问题之间做一些性能折中。以上关于 NFL 定理的讨论强调：分类算法必须做一些与问题相关的"假设"（assumptions），也就是偏置（bias）。

定理 8.1 还说明，即使是非常流行而且理论坚实的算法，也会在学习算法与问题后验不"匹配"的情况下表现不佳。仅仅熟悉有限的几种分类算法，并不能解决所有分类问题。正如前面所说，使用哪种算法完成分类任务，取决于问题本质特征，而不是数据挖掘者对哪个算法更熟悉。因此，广泛地掌握不同的分类技术，是数据挖掘者解决任意全新的分类问题时的最佳保证。

当面对一个新的分类问题时，应该关注事务的本质——先验信息、数据分布、训练样本数量、代价或奖励函数等。然后，根据以上关于问题的"信息"，选择适当的分类算法，也就是说，使用哪种算法完成分类任务，取决于问题本质特征，而不是数据挖掘者对哪个算法更熟悉。同时，NFL 定理表明研究和试图说明某种算法具有天生的优越性是没有意义的。

本章小结

本章从规则和模型两个方面讨论了兴趣度量问题。对规则的兴趣度量包括简洁性、一般性、可靠性、特殊性、多样性、新颖性、意外性、实用性和可实施性。可以归为客观度量、主观度量和基于语义的度量三类。模型的兴趣度量强调模型的泛化精度。NFL 定理表明在没有任何先验知识的前提下，不存在性能优越的分类器。研究和试图说明某种算法具有天生的优越性是没有意义的。

习题 8

1. 选择

（1）支持度（support）是衡量兴趣度度量（　）的指标。

　　A. 实用性　　　　　　B. 确定性　　　　　　C. 简洁性　　　　　　D. 新颖性

（2）信任度（confidence）是衡量兴趣度度量（　）的指标。

　　A. 简洁性　　　　　　B. 确定性　　　　　　C. 实用性　　　　　　D. 新颖性

2. 兴趣度量包括哪些内容？

3. 比较关联规则和分类规则的度量的异同。

4. 什么是基于概率的客观度量？

5. 关联规则的兴趣度量和偏好关系之间的关系是什么？

6. 什么是主观度量？

7. 什么是语义度量?

8. 什么是总结? 用于总结的兴趣度量包括哪些内容?

9. 如何有效地评判分类器的泛化性能?

10. 考虑挖掘到的关联规则 major(X，"science")⇒status(X，"undergrad")

   假定学校的学生人数(即任务相关的元组数)为 5 000，其中 56% 的在校本科生的专业是科学，64% 的学生注册本科学位课程，70% 的学生主修科学(science)。

   (a) 计算规则 major(X，"science")⇒status(X，"undergrad")的支持度和置信度。

   (b) 如果关联规则 major(X，"biology")⇒status(X，"undergrad")[17%，80%]

   假定主修 science 的学生 30% 专业为 biology。你认为后一个规则新颖吗? 解释你的结论。

Chapter *9*

第9章 应用案例

9.1 数据仓库应用案例

数据仓库就是一个作为决策支持和联机分析应用系统数据源的结构化数据环境，是研究和解决如何从数据库中获取信息的问题，是基于数据管理和数据应用的综合性技术和解决方案，是企业应用系统的重要组成部分。

9.1.1 案例一：网络购物数据仓库

1. 网络购物数据仓库的背景简介

以某网络购物公司为例，其业务范围跨越了 C2C（Customer to Customer，个人对个人）和 B2C（Business to Customer，商家对个人）两大部分，形成了一个包括买家、卖家、物流、金融、广告、搜索在内的商业生态系统。

仅 2008 年，网络购物公司卖出手机 1 000 多万部，卖出服装 1.4 亿件，实现年交易额 999.6 亿元人民币。随着网络购物业绩的持续攀升以及同步成长的惊人数据量，需要解决数据量太大导致数据库变慢的问题，同时从中挖掘出有用的信息更好地了解客户需求，作为业务决策与网站运营的依据，总结与分析运营和管理的规则，因此网络购物公司投资基于 Oracle RAC 产品构建企业级数据仓库（EDW）。

网络购物数据仓库应用技术随着其业务的增长也在不断增长，最初的数据仓库解决方案在单一服务器上运行，由于这种架构无法提供所需的灵活性和稳定性，网络购物公司于 2007 年部署了 4 结点的 Oracle RAC 10g 的数据仓库环境，并于 2008 年将 4 结点的 Oracle RAC 10g 的数据仓库环境扩展为 12 结点，同时另外部署了一个 4 结点的基于 Oracle RAC 11g 的数据库集群，用于运行部分数据仓库。2009 年，网络购物公司将 12 结点 Oracle RAC 10g 的数据仓库环境扩展为 20 个结点，组成了规模上全球领先的基于 Oracle

RAC 的数据库集群。

网络购物数据仓库的发展历程如图 9-1 所示。

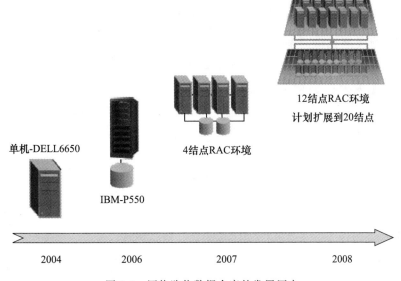

图 9-1 网络购物数据仓库的发展历史

网络购物在数据仓库规模每年成倍扩大的情况下，实现了数据处理和分析时效性的不断提升，应对不断增长的数据处理需求。过去需要数天才能完成的计算现在当天就能完成，部分以前属于小时级别的计算更是提高到了分钟级别。据了解，网络购物每天的活跃数据量已经超过 50 TB，共有 4 亿条产品信息和 2 亿多名注册用户在上面活动，每天超过 4 000 万人次访问，而且，这个数字还会随着每年翻倍成长的成交额同步上升。

2. 网络购物数据仓库的实现

网络购物数据仓库主要提供商业智能（business intelligence）分析与数据挖掘（data mining）两大功能，同时，也会根据业务需求，提供所需的企业级报表，或进行用户行为模式分析。

为了保证网络购物数据仓库高效、安全地运行和管理，网络购物的所有商业数据基本上都汇集到数据仓库中。利用数据仓库技术，网络购物抽取了分散在不同业务系统中的业务数据进行集中，这些信息是完整记录了用户访问路径、交易过程的海量数据。然后进行运算，最终会根据不同的 BI 模型，得出不同的结果。通过数据仓库的清洗、整理、过滤、排序等技术手段，对各种访问、交易、商铺以及客服信息等的综合处理，形成反映各种浏览、交易和用户行为、行业销售趋势方面的统计数据，形成具有商业价值的业务信息，并生成反映最新市场现状的统计分析数据报表，可以给整个公司的决策提供数据方面的支持。现在网络购物每天的活跃数据超过 50 TB，这些数据是每天进行动态分析的，这样网络购物在交易中也更好地提供了精准的个性化服务。

网络购物数据仓库应用拓扑图如图 9-2 所示。

网络购物的数据除了给公司内部使用以外，也提供给外部用户。比如，某网络购物 2010 年做的数据魔方产品，就是给网络购物的卖家提供商品的销售情况、行业的销售趋势，给网络购物卖家带来更大的数据营销方面的数据支持；另外，还有一个比较大的数据产品是电子统计，即提供给网络购物卖家的一些

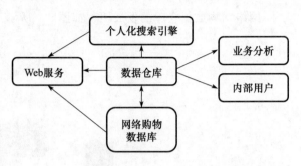

图 9-2　网络购物数据仓库应用拓扑图

电子统计，包括卖家的访客来源，访客喜欢什么时间段来，定了哪些商品等非常详细的订货的统计，这些信息也有助于网络购物的产品商户和卖家了解、分析用户行为，设计增值服务。这些工作全部需要数据仓库对海量数据进行更新、集中处理，也需要数据仓库能提供每天动态、实时的分析。

3. 网络购物数据仓库的特点

网络购物数据仓库是典型的互联网数据仓库，由于源头业务变化非常快，网络购物数据仓库具有三大特点。

（1）并行处理能力

网络购物数据仓库中有巨大的数据处理量，动态的业务查询与分析，且实效性很高。网络购物数据仓库采用并行处理技术，有利于动态查询和模糊查询，能够有效满足复杂的、动态的海量数据分析处理。

（2）可线性扩展能力

网络购物数据仓库的线性扩展能力能够保证始终提供整个企业统一的信息视图和数据集市，使得数据库可以在需要的时候通过向集群中增加低成本的普通服务器来满足高性能的数据处理需求，从而获得在目前市场环境下尤为重要的经济性。

（3）高效的系统管理能力

对于大型的数据仓库应用系统而言，当数据量不断扩大时，能够有效而简单地进行系统管理是非常重要的，否则，系统的运行费用将会很高。网络购物数据仓库的磁盘管理、数据流量平衡、空间管理以及自动创建和删除数据文件等自动化的存储管理能力，可以有效增加数据仓库系统管理动态数据库环境的灵活性，提高存储管理效率并降低管理成本。

4. 网络购物数据仓库的应用效果

网络购物数据仓库基于网格运算（grid computing）技术构造并强化基础架构环境，其效益在于分析历史、预测将来，以及看到所有活动的历史轨迹，同时也是最佳指针，有效规范最终决策，不致太过偏离现实。

目前，网络购物八成以上的员工都会使用数据仓库系统，无论是财务、市场、服务或网站运营，同样必须每天看报表、做分析。在管理者方面，则是生成报表之后，以电子邮件寄发。举例来说，针对"双十一"，网络购物设计了很多促销活动，要确认活动是否达到

预期目标，主要靠数据仓库来计算及分析活动的效果。此外，市场营销部门也要根据往年的历史数据，找出效果最好的活动并重新包装推出。网络购物数据仓库上线之后，搜寻及查询数据的效能比原有环境有很大提升，整体系统的效能表现游刃有余，使用上也更为迅速及便利。

针对数据仓库的未来应用方向，网络购物也有许多规划与期望，例如，增加推荐引擎，强化对消费者的服务，让数据仓库的应用不只局限在传统领域，而是让更多人使用及共享。在网络购物的各个部门业绩成倍数增长的同时，数据仓库处理能力将会有更高要求。网络购物数据仓库构建的基础架构与环境，为支持网络购物在未来持续增长延展了广阔的空间。

9.1.2　案例二：社会保障卡数据仓库

1. 社会保障卡数据仓库的建设背景

随着社会主义市场经济体制的建立和不断完善，社会保障体系建设的步伐明显加快，目前已初步建立起包括养老、医疗、失业、工伤和生育保险在内的社会保障体系，为加快国有企业改革与发展提供了有利条件。社会保障事业的发展，保证了劳动者的基本生活需求，随着业务范围和业务量的迅速增长，手工处理模式已远远不能满足社会发展需求，要尽快建立独立于企业之外的社会保障事业的信息化管理势在必行。

基于以上的社会需求，自社会保障卡中心正式开通以来，主要承担社会保障卡系统市级数据交换平台和共享数据库的建设和维护，实施政府业务部门之间的信息共享。经过社会保障卡几期工程的建设，目前已建立面向市民提供保障卡持卡人资料采集、申请、发放及管理的全套计算机网络与处理系统，制定了保障卡中心与公安、劳动和社保、医保、民政及公积金等有关政府行政部门信息交换与共享的标准和规范，规定了信息交换的内容、格式等方面，并形成了保障卡服务中心个人档案数据库资料，为数据深度利用奠定了物质基础。

不过，社会保障卡已有的多个系统主要是业务系统，虽然在业务管理工作中发挥着不可缺少的重要作用，但数据具有一定的分散性和独立性，如何保证业务功能的完备和统一，处理流程的规范与合理，信息交换的通畅和一致，以及信息处理和信息服务的层次化和个性化成为下一步发展的关键。因此在业务系统完善和成熟以后，作为最重要的一个发展方向就是以数据仓库为基础的决策支持系统的建设，它包括信息资源的有效采集和管理、合理衍生和使用、充分挖掘和利用，实现联机事务处理（功能支持）和联机分析处理（信息支持）的合理隔离和有机统一，从而实现对各种业务及其管理的强有力的支持。此外，随着社会保障卡系统的发展成熟，共享数据库中的数据还会不断积累，通过建立数据仓库系统，对这些数据进行再利用和深加工不仅有利于市民服务信息中心业务的发展，而且可以使共享数据库更好地服务于政府的相关部门，初步实现共享的市民基本信息在政府部门决策中的运用。

2. 社会保障卡数据仓库的建设目标

社会保障卡操作的核心数据库的容量为 500 GB，包括社会保障卡的持卡人个人基本情况以及照片指纹、制卡生产和交易等信息。其中，持卡人的照片和指纹信息占 270 GB。但在社会保障卡数据仓库的前期建设过程中，持卡人的照片和指纹信息暂不列入数据仓库的分析范围内，所以数据仓库所要分析的源数据量为 230 GB，据此产生的综合数据容量在 100 GB 以内。同时，由于共享数据库的不断完善以及分系统数据的获取分析的需求，其数据仓库的数据容量还将不断扩充。并且其他数据，如市民的各类社会保障基金的数据和社会救助优抚数据不断地增加进来，因此 5～8 年之内总数据量完全有可能达到 10 TB 左右。

依据自身的需要并结合社会保障卡中心目前的现状，社会保障卡中心在数据仓库的建设方面确定了明确的目标：通过数据仓库系统的建设，加强目前业务系统及数据处理中心的功能，并解决部分目前信息系统所不能解决的问题。

因此数据仓库建设必须要做到以下几点：

1）发挥信息对决策的指导作用，提高决策分析人员的工作效率；

2）实现联机事务处理和联机分析处理的合理隔离和有机统一；

3）实现业务数据到数据仓库的自动装载，系统管理各种业务系统产生的数据；

4）以全新的方式实现分析型应用的功能；

5）实现基于浏览器方式的应用界面，实现应用系统前端的零维护；

6）建立社会保障卡数据分析的平台，从而提高社会保障卡信息系统建设的先进性，逐步完善业务管理职能。

同时通过数据仓库各个阶段的实施，具体从功能上要求达到：

1）为行政管理人员（包括政府有关劳动与保障管理部门、政策制定部门，以及社会保障卡中心管理部门）提供各种信息指标和统计图表查询。要求简单、友好、易用，信息呈现的方式可以是电子表格、直方图、饼图或折线趋势图等形式。

2）为分析人员提供联机多角度、深入浅出的数据分析界面，使其能够回答业务问题。如医疗保险改革后市民医疗费支出对生活水平有多大影响以及对哪些人有影响。

3）为管理人员提供因突发性和临时性的需求，而需要生成报表的界面。要求查询条件和组合方式灵活。

3. 社会保障卡数据仓库的设计方案规划

社会保障卡数据仓库方案规划遵循"统一规划，分步实施"的原则，采用分步实施的设计思想，利用螺旋形的开发模式建设，系统大致分为三个阶段实施，各个阶段具体建设目标如下。

（1）第一阶段建设目标

第一阶段数据仓库系统主要包含业务系统中的重要方面，不要求覆盖业务系统的所有方面，主要针对目前数据较为齐全，且迫切需要进行分析的主题。社会保障卡数据分析和采集人数据分析，以持卡人基本信息、社会保障卡生产的数据和采集人的基本信息为基本元数据，建立一个面向该主题的数据仓库原型系统，从而解决该业务领域内日常的统计分析工作。因此第一阶段的建设重点是建立全面的主题化模型，完成现有部分数据清洗和迁移，构筑社会保障卡中心数据仓库基础平台，并在此基础上开发关键的业务报表和查询。

（2）第二阶段建设目标

第二阶段以社会保障卡全局性数据仓库系统建设作为主要目标，将包含社会保障卡范围内所有的信息系统数据，以及对社会保障卡宏观决策支持相关的外部数据，第二阶段开发的重点是构建 OLAP 在线分析系统平台，前端的应用从简单的报表查询向分析型应用扩展，增加动态报表、即时查询功能，为逐步引进和采用人工智能、数据挖掘、知识发现等智能信息处理先进技术手段做好数据准备。

（3）第三阶段建设目标

第三阶段在对社会保障卡前两个阶段的数据仓库系统进行完善的基础上，引进和采用人工智能、数据挖掘、知识发现等智能信息处理先进技术手段，实现各个层面的智能决策支持，构筑起社会保障管理现代化信息支撑平台，实现全面的网络化信息应用和服务。

根据这一设计思路的指导，社会保障卡中心数据仓库系统的拓扑如图 9-3 所示。

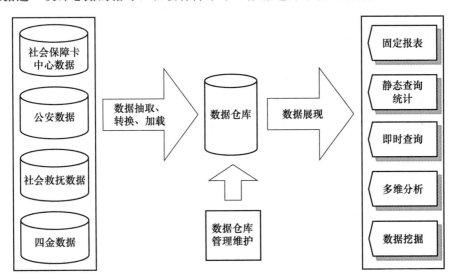

图 9-3　社会保障卡中心数据仓库系统的拓扑图

图 9-3 说明了第一期数据仓库系统的数据来源及其功能，其中多维分析主要是第二期的重点，数据挖掘为第三期的重点。

4. 社会保障卡数据仓库的建设方案

社会保障卡中心数据仓库的实施主要包括 5 个部分：数据仓库的设计建模、数据转换与集成、数据存储与管理、数据的分析和展现以及数据仓库的维护和管理。因此，社会保障卡中心数据仓库系统包括：数据模型设计工具、数据转换与集成、数据仓库存储和管理、ODS 数据存储和管理、元数据管理、数据可视化分析、数据挖掘工具，如图 9-4 所示。

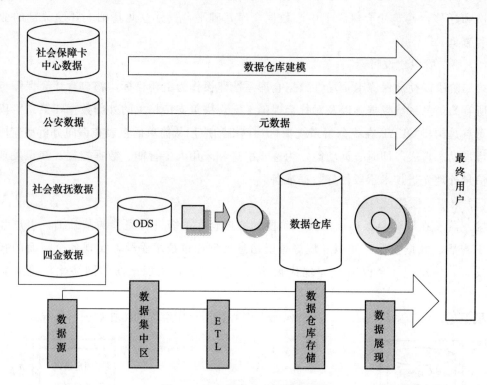

图 9-4   社会保障卡中心数据仓库

（1）数据仓库建模

数据仓库的设计人员，模拟整个数据仓库系统内的各种数据资源设计数据仓库模型，为数据仓库的实施提供蓝图，并从一个单一的控制点出发实现对数据仓库的配置。数据仓库设计工具必须能够使用最通用的关系数据库和多维数据库的设计方法建立数据仓库模型，并且为设计人员建立一个非常友好而单一的环境，能让数据建模人员和系统设计人员很方便地处理数据仓库设计中特殊的应用需求。

（2）ETL 过程

通过 ETL 工具将数据从数据集中区（ODS）经过处理以后加载到数据仓库存储环境中，完成数据的抽取、转换、清洗及加载，并且通过一套紧密集成的工具使数据集市建立的步骤自动化，易于使用，具有强大的功能和性能。通过有效的 ETL 工具，数据仓库开发者可以使用虚拟设计直接对数据的移动和处理进行建模。开发者不再需要进行编码，也只需要建立一个处理模型，对每个数据移动或处理步骤进行图解，这个工程看起来就像一个流程图，它的建模性能提供了最大的设计灵活性。这样，不仅易于学习和使用，还为数据仓库开发者提供了一个图形化的、高度面向客户的方式来管理更加复杂的方案。

（3）数据仓库存储

实现数据仓库中的数据存储和管理。数据仓库中数据存储和管理引擎必须能够支持数据仓库应用中大量交互式的和无定型的查询处理的需要，用户在查询时有极大的灵活性。用户可以提任何问题，可以针对任何数据提问题，可以在任何时间提问题。无论提的是什么问题，都能快速得到回答。

（4）数据展现

使用流行和易用的前端分析和展现产品，实现数据的展现和分析，并且提供基于 WWW 服务器/浏览器的配置方式及基于客户/服务器形式的配置方式。展现工具必须为用户提供一个完整的智能化电子商务软件解决方案的工具包，其中包括了查询、生成报表、在线分析处理、成套分析、时间序列分析和数据钻取功能，还提供了管理工具，使信息技术人员能在企业内建立和配置产品。使用户可以在 Internet 上进行特殊查询、生成报表和数据分析，并且具有分布式的结构，核心的功能在服务器上，基于 Java 的程序在桌面上运行，使每个用户的个人终端无需安装和维护应用程序软件和数据库中间件，这样机构的成本可以更有效地用来配置商业智能软件功能，并且通过外联网将此益处传递给供应商、合作者和客户。

（5）元数据管理

元数据是指"关于数据的数据"，是数据仓库环境中的关键部分。它决定了数据仓库信息的设计方式和构造方式，还确定了外部元数据与数据仓库模型之间的对应以及当初抽取/聚合元数据时所用的算法。在数据仓库的建设中，将数据加载到数据仓库只是完成了整个工作的很小的一部分。在数据仓库建成并投入运行后，管理方面仍然面临巨大的挑战。因此，通过对元数据的运用和管理，在信息系统与数据仓库的用户间架起了一座桥梁。

5. 社会保障卡数据仓库的实施效果

在完成设计与实施工作后，社会保障卡中心数据仓库系统为社会保障卡中心的管理和服务带来了深刻的变化，其实施效果主要表现在以下几个方面：

1) 社会保障卡中心数据仓库系统构建了社会保障卡主题化模型；

2) 社会保障卡中心数据仓库系统将业务系统和数据仓库系统进行了有效的集成，满足了最终用户的各种需求，既能看到历史统计系统，也可以及时了解最新的当前状况；

3) 社会保障卡中心数据仓库系统完成了内部数据的整合，将各个不同业务系统的分布式存放的数据进行一致性转化，使数据仓库今后成为社会保障卡真正意义上的数据中心，满足各种不同应用系统的数据需求；

4) 社会保障卡中心数据仓库系统进行了历史数据的清洗、修复，解决因多次业务变化造成的数据缺损、不完整问题，实现历史数据的完整性；

5) 社会保障卡中心数据仓库系统完成社会保障卡数据分析和采集人数据分析相关的查询、报表统计、分析应用；

6) 社会保障卡中心数据仓库系统为不同用户提供了个性化的使用模式，不同类型用户可以采取诸如查询、报表、分析、定制化操作等多种使用模式；

7) 社会保障卡中心数据仓库系统实现了基于 B/S 结构的应用模式，前端支持基于浏览器的各种查询、报表、分析等操作，使今后的维护工作降到最低；

8）社会保障卡中心数据仓库系统实现了各个层面的智能决策支持，构筑起社会保障管理现代化信息支撑平台，及全面的网络化信息应用和服务。

6. 社会保障卡数据仓库的客户评价

经过一段时间的应用，社会保障卡中心对该系统的效果满意。社会保障卡是国内第一张发行规模如此庞大、应用领域如此广泛的社会保障卡，无论是从发行的面还是从发行的量、功能、管理系统，都是走在最前面的。凭着这张卡，用户可以享受医疗保险待遇，进行医疗费用的结算；办理社会保障事务，包括申领社会救助金、申办公积金贷款、申请职业技能鉴定、办理求职登记、参加职业培训，等等。以后，社会保障卡成为个人信息的重要组成部分。

9.1.3　案例三：医院信息系统数据仓库

1. 医院信息系统数据仓库的背景简介

医院作为医疗卫生行业的重要职能部门，从 20 世纪 80 年代中后期开始建立以反映其日常医疗业务为主要功能的基于联机事务处理的医院信息系统（Hospital Information System，HIS）。随着时间的延续，其功能不断完善并积累了大量的历史数据，这对于提高医院的科学化管理水平和服务质量都起到了非常重要的作用。现如今，如何科学有效地利用已经存在于历史数据库中的海量数据并发掘隐含其中的管理规律和医疗知识，从而进一步提高医院的管理水平和医疗技术服务质量，已经成为医院管理者和众多信息技术人员面临的新课题。

目前国内医院信息系统已经形成了旨在反映并处理医院业务中必不可少的病人医疗信息、医院经济信息和医院管理信息三条信息主线，基于 OLTP 的、功能比较完善的管理系统。其主要目的是使大量的医院日常医疗、经济和管理事务电子化，对提高医院工作效率、工作质量和为病人服务的水平等方面起到了重要作用。然而面对数据量的迅速膨胀，传统数据库却使人陷入"数据丰富，知识贫乏"的境地。传统数据库基于 OLTP，以操作型应用作为处理对象，在事务处理的及时性和准确性方面表现卓越，但以实现现有业务的数字化为主要目的，在为医院管理者进行决策时提供的支持信息还远不能满足要求。主要存在以下问题：

1）目前的决策信息主要来源于医院信息系统提供的报表，其数据来源单一，而为了用户易于接受等多方面原因，这些数据和报表大多沿袭了手工操作的格式，无法体现各系统之间的内在关系，这必然造成分析方法和分析手段落后，综合性信息系统和决策支持管理的功能较弱，不能提供完整的系统数据分析和决策提示。

2）由于高层管理者缺乏决策支持信息，因此传统的决策主要是依靠管理人员的经验和一些简单的统计方法进行。决策的科学性和有效性较弱。

数据仓库（Data Warehouse，DW）可有效地弥补传统数据库在分析型应用上的缺陷。在传统医院信息系统数据库上积累的大量业务数据背后隐藏着许多重要且有价值的信息。

正确地利用数据仓库技术，为快速有效地从历史数据中提取信息并获取知识，降低成本、减少医疗差错和事故、优化就诊流程、提高医院工作效率和服务质量提供了一种科学的解决方案。

2. 医院信息系统数据仓库的解决方案

（1）医院信息系统数据仓库的体系结构

基于 OLTP 的业务数据库作为数据仓库的元数据，是数据仓库数据积累的基础。这些元数据可能会有多种不同的数据结构，一般分布在网络中的多个结点并通过网络中的数据接口与数据仓库互连。由于元数据的结构是为适应业务处理的及时性和准确性而设计的，对于数据仓库的分析型应用可能是有噪声的、模糊的，甚至是不完全的，因此在进入数据仓库之前，一般都要经过提取、清洗、转换、加载和刷新等处理过程才能最终成为数据仓库所需的数据。图 9-5 描述了医院信息系统数据仓库的体系结构。

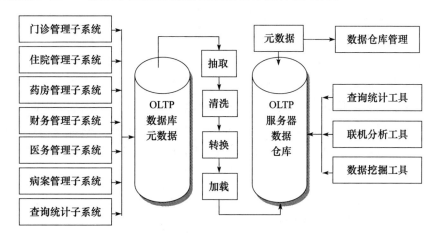

图 9-5　医院信息系统数据仓库体系结构

（2）医院信息系统数据仓库的数据组织

由于决策分析的需要，数据仓库环境中的数据按照粒度分为早期细节级、当前细节级、轻度综合级和高度综合级不同的细节级。粒度越大，表示细节程度越低，综合程度越高。图 9-6 是医院药房数据仓库数据的组织。

当前细节级反映的是当前时期操作型应用经过清洗、转换后加载或更新到数据仓库中的数据，其粒度最小，通常存储在备用的海量存储器上；早期细节级与当前细节级的粒度相同，它是指超过当前实现的当前细节级数据；轻度综合级的粒度高于早期细节级和当前细节级，它是对当前细节级或早期细节级数据的综合；轻度综合级的数据经过再次综合后即进入高度综合级，其粒度最大。

（3）医院信息系统数据仓库的数据结构

传统数据库（OLTP）中的数据模式主要以 ER 图和二维关系表组织，其设计的主要目的是提高事务操作的时间响应性能。而 OLAP 系统中的数据是为决策分析准备的，它们的模式结构设计应便于分析模型的构建。

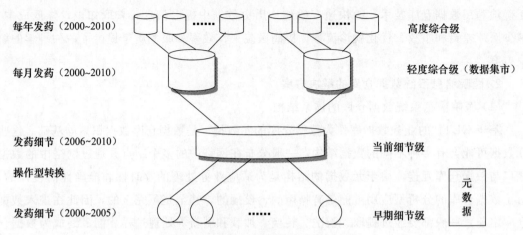

图 9-6　医院药房数据仓库的数据组织

数据仓库中主要以多维数据模式为主，常用的有星形模式、雪花模式和星座模式。星形模式一般由两种不同性质的表组成，一种是事实表（fact table），用于存放多维表中的主要事实，称为量（measure）或者度量；另一种是维表（dimension table），用来存储多维结构中的维值。因此一个 n 维的多维表一般由一个事实表和 n 个维表组成，并通过相应的键码实现事实表到维表的关联。雪花模式不但可以描述呈单点状的"维"，而且能够描述维的深度，即维的"层"。如果多个事实表间具有共享关系，则可以通过共享维的方式将雪花模式加以扩充，从而得到更为复杂的星形模式。图 9-7 描述了药品主题的星座模式。

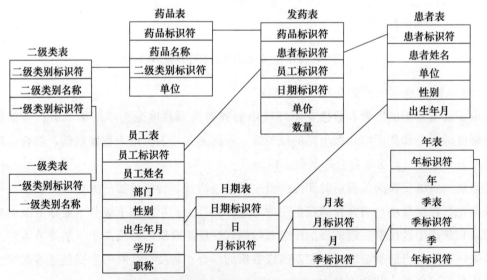

图 9-7　医院信息系统中药品主题的星座模式

（4）医院信息系统数据仓库的联机分析处理

由星形模式、雪花模式和星座模式可以构建 OLAP 的逻辑模型——多维数据模型。多维数据模型由多维数据结构和多维数据操作两部分组成。如图 9-8 所示，多维数据模型的每个维反映了一个特定的观察角度，维中的多个层反映了维的粒度。维中的每个维成员代表该维上的一个确定取值，如时间维具有日期、月份、季度和年份 4 个层，而季度层上有一季度、二季度、三季度和四季度 4 个取值。多维数据模型的组成方式是用多维数组方式表示的：（维 1，维 2，…，维 n，变量），而根据星形模式、雪花模式和星座模式的二维关系表数据结构，也可以在关系型数据库中方便地实现多维数据结构。

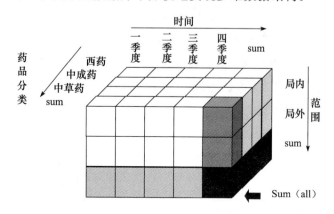

图 9-8   药房发药多维数据结构

多维数据结构主要目的是方便分析人员做试验以验证其主观分析结论的正确性，其分析操作主要以剖析数据为目的，以更好地迎合人们的思维模式，减少混淆、降低出现错误解释的可能性。这里的 OLAP 主要应用多维数据结构的切片、切块、旋转等操作。

1）切片（slice）。在多维数组的某一维上选定一个维成员的动作称为切片，即从 n 维数组中选取 n−1 维子集。设多维数组（维 1，维 2，…，维 n，变量），在维 i 上，选定维成员 V_i，则多维数组的 n−1 维子集（维 1，…，维 i−1，维成员 V_i，维 i+1，…，维 n，变量）为在维 i 上的一个切片。

如图 9-9 所示，多维数组可表示为（时间，药品，范围，发药量），在时间维上选定维成员"二季度"，则可以得到时间维上的一个切片，如图 9-9a 所示；若在药品维上选定维成员"西药"，则可以得到药品维上的一个切片，如图 9-9b 所示。

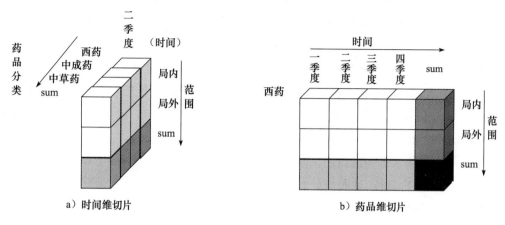

a）时间维切片   b）药品维切片

图 9-9   切片操作

2) 切块(dice)。选定多维数组的一个 3 维子集的动作称为切块，即选定多维数组(维1，维 2，…，维 n，变量)中的 3 个维：维 i、维 j 和维 k，在这 3 个维上取某一区间或任意的维成员，而将其余的维都取定一个维成员，则得到的就是多维数组在维 i、维 j 和维 k上的一个 3 维子集，称这个 3 维子集为多维数组在维 i、维 j 和维 k 上的一个切块，表示为(维 i，维 j，维 k，变量)。切片是切块的一个特例。

3) 旋转(rotate)。改变维数组中维的排列顺序的动作称为旋转。设多维数组(维 1，维 2，…，维 n，变量)，将其所有维的顺序调整后得到新的多维数组(维 n，维 1，维 2，…，维 n－1，变量)即为旋转。通常利用旋转操作来改变一个报告或页面显示的维方向，或改变一个报告或页面显示的内容，如图 9-10 所示。

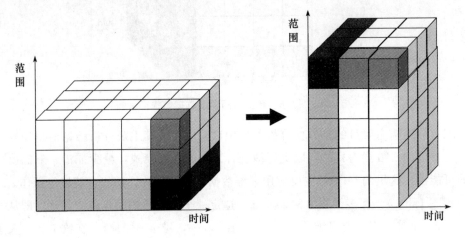

图 9-10　旋转操作

（5）医院信息系统数据仓库的数据挖掘

数据挖掘的功能涵盖了 OLAP 的功能，是比 OLAP 更高级的决策分析技术。数据挖掘的目标是发现隐藏在大量历史数据当中的隐含模式和有用知识。它不仅可以执行 OLAP的数据统计汇总和聚集分析，而且能够执行关联、分类、聚类、预测、时间序列分析和其他数据分析等知识挖掘的复杂工作，从而发现更多、更深层次和更有用的模式和知识去指导战略决策。

以某医院信息系统事务数据库从 2004 年 1 月 1 日到 2009 年 6 月 30 日的门诊处方数据作为元数据，经过提取、清洗和转换后载入数据仓库，给定最小支持度($minsup$)25％和最小可信度($mincnf$)35％，并采用 Apriori 算法对其进行关联分析，挖掘出诸如 Lift(热炎宁胶囊⇒藿香正气水)＝52.38％(在开有"热炎宁胶囊"的所有处方中，有 52.38％处方同时开有"藿香正气水")的多种药品间的关联规则。以下给出了部分挖掘结果：

1) Lift(三金片⇒独一味胶囊)＝36.25％

2) Lift(三金片⇒乌鸡白凤丸)＝46.52％

3) Lift(热炎宁胶囊⇒藿香正气水)＝52.38％

4) Lift(奥美拉唑胶囊⇒麦兹林)＝56.33％

5）Lift(止咳胶囊⇒利菌沙)＝55.76％

6）Lift(达美康片→二甲双胍)＝72.64％

7）Lift(5％葡萄糖注射液(250 ml)⇒丹参酮ⅡA磺酸钠注射液(10 mg×6♯))＝40.66％

8）Lift(0.9％氯化钠注射液(250 ml)⇒先锋5号注射液(0.5 g))＝48.23％

9）Lift(0.9％氯化钠注射液(250 ml)⇒青霉素钠注射液(80 万 u))＝33.94％

通过数据挖掘所发现的所有关联规则中，有的规则是药房管理人员通过自己的经验和药理知识可以直观判断的，之前药房的药品货架摆放顺序就是凭借管理人员的这些经验和药理知识进行布局的。然而数据挖掘的大多数结论是事先不为人知的、隐藏在历史数据中的知识，只有通过数据挖掘的有效途径和算法才能从海量的历史数据中发掘出来。使用这些关联规则来优化药房的药品货架摆放策略，将相互之间有着高度关联关系的药品(这些药品之间的关联关系是无法单凭药房管理人员的经验和药理知识直观判断的)摆放在相邻或相近的药架上，降低了药房工作人员的劳动强度并提高了药房的发药效率。

3. 医院信息系统数据仓库的应用总结

国内数据仓库技术的应用研究当前还处于初始阶段，在医院信息系统中的应用更是如此，随着信息技术的发展，数据仓库将会起到越来越大的作用。这里提出的 OLAP 及数据挖掘技术在医院药房药品管理决策中的应用只是数据仓库在医院信息系统决策支持应用中的一个方面。随着时间的延续和医疗信息技术的不断发展进步，医院信息系统中的 OLTP 数据库数据会越来越多，对隐藏其中的大量医疗知识的挖掘和使用，如患者分布、流动状况及费用结构；疾病的地域分布和季节分布情况；医院成本效益、资金流动及同期费用对比情况；床位占用情况等，都是医院决策者和众多信息技术人员亟待解决的新课题。

9.2　数据挖掘应用案例

数据挖掘是从海量数据中发现有趣知识的过程，这些知识是隐含的、事先未知的潜在有用信息，挖掘的知识表示形式为概念、规则、规律和模式等，是建立在数据仓库基础上的高层应用。结合领域知识和数据分析技术，数据挖掘为许多特定领域提供解决方案，包括金融、零售和通信、科学与工程、入侵检测和防护等。同时也会影响人们购物、工作、搜索信息、使用计算机、保护隐私和数据安全，以及休闲、健康和幸福等日常生活。随着数据挖掘技术的广泛应用，由此所带来的影响也将继续。

9.2.1　案例一：零售商系统货篮数据挖掘

1. Walmart 简介

Walmart 百货有限公司由美国零售业的传奇人物山姆·沃尔顿先生于 1962 年在阿肯色州成立。经过 50 多年的发展，Walmart 公司已经成为美国最大的私人雇主和世界上最大的连锁零售企业。目前，Walmart 在全球 15 个国家开设了超过 8 000 家商场，下设 53 个品牌，员工总数 210 多万人，每周光临 Walmart 的顾客为 2 亿人次。

1991 年，Walmart 年销售额突破 400 亿美元，成为全球大型零售企业之一。据 1994 年 5 月美国《财富》杂志公布的全美服务行业分类排行榜，1993 年 Walmart 销售额高达 673.4 亿美元，比上一年增长 118 亿多，超过了 1992 年排名第一位的西尔斯（Sears），雄居全美零售业榜首。1995 年，Walmart 销售额持续增长，并创造了零售业的一项世界纪录，实现年销售额 936 亿美元，在《财富》杂志美国最大企业排行榜上名列第四。事实上，Walmart 的年销售额相当于全美所有百货公司的总和，而且至今仍保持着强劲的发展势头。至今，Walmart 已拥有 2 133 家 Walmart 商店、469 家山姆会员商店和 248 家 Walmart 购物广场，分布在美国、中国、墨西哥、加拿大、英国、波多黎各、巴西、阿根廷、南非、哥斯达黎加、危地马拉、洪都拉斯、萨尔瓦多、尼加拉瓜 14 个国家。它在短短几十年中有如此迅猛的发展，不得不说是零售业的一个奇迹。

2. Walmart 货篮数据挖掘的内容

Walmart 关注客户的货篮。因为 Walmart 认为商品销售量的冲刺只是短期行为，而零售企业的生命力取决于货篮。一个小小的货篮体现了客户的真实消费需求和购物行为，每一只货篮里都蕴藏着太多的客户信息。零售业的宗旨是服务客户，Walmart 认为商店的管理核心应该是以货篮为中心的顾客经营模式，商品排名只能体现商品自身的表现，而货篮可以体现客户的购买行为及消费需求，关注货篮可以使门店随时掌握客户的消费动向，从而使门店始终与客户保持一致。

为了能够准确了解顾客在其门店的购买习惯，Walmart 对其顾客的购物行为进行货篮分析，想知道顾客经常一起购买的商品有哪些。商品相关性分析是货篮分析中最重要的部分，Walmart 数据仓库里集中了其各门店的具体原始交易数据。在这些原始交易数据的基础上，Walmart 利用 NCR 数据挖掘工具对这些数据进行分析和挖掘。Walmart 发现了一个令人难以理解的现象：在某些特定的情况下，"啤酒"与"尿布"两件看上去毫无关系的商品会经常出现在同一个货篮中，这种独特的销售现象引起了管理人员的注意。

这是数据挖掘技术对历史数据进行分析的结果，反映数据内在的规律。那么这个结果符合现实情况吗？是否是一个有用的知识？是否有利用价值？于是，Walmart 派出市场调查人员和分析师对这一数据挖掘结果进行调查分析。经过大量实际调查和分析，揭示了一个隐藏在"尿布与啤酒"背后的美国人的一种行为模式：在美国有婴儿的家庭中，一般是母亲在家中照看婴儿，年轻的父亲前去购买尿布。父亲在购买尿布的同时，30%～40% 的人往往会顺便为自己购买啤酒，这样就会出现啤酒与尿布这两件看上去不相干的商品经常会出现在同一个货篮的现象。如果这个年轻的父亲在卖场只能买到两件商品之一，则他很有可能会放弃购物而到另一家商店，直到可以一次同时买到尿布与啤酒为止。Walmart 发现了这一独特的现象，开始在卖场尝试将尿布与啤酒摆放在相同的区域，让年轻的父亲可以同时找到这两件商品，并很快地完成购物；而 Walmart 也可以让这些客户一次购买两件商品，而不是一件，从而获得了很好的商品销售收入。

当然"尿布与啤酒"的故事必须具有技术方面的支持。1993 年，美国学者 Agrawal 提出通过分析货篮中的商品集合，来找出商品之间关联关系的关联算法，并根据商品之间的关系，找出客户的购买行为。Agrawal 从数学及计算机算法角度提出了商品关联关系的计算方法——Aprior 算法。Walmart 从 20 世纪 90 年代尝试将 Aprior 算法引入 POS 机数据分析中，并获得了成功，于是产生了"尿布与啤酒"的故事。

按常规思维，尿布与啤酒风马牛不相及，若不是借助数据挖掘技术对大量交易数据进行挖掘分析，Walmart 是不可能发现数据内在的这一有价值的规律的。

3. Walmart 货篮数据挖掘的关联分析过程

研究商品关联关系的方法就是货篮分析，Walmart 强调找出商品之间的关联关系，比如啤酒与尿布。换句话说，Walmart 重点是分析货篮内商品之间的关联关系。

以 Walmart 为代表的美式货篮分析的目标一般是面积巨大（通常都是上万平方米）商品种类繁多（大多在 10 万种以上）的卖场，所以要通过货篮分析找出淹没在不同区域商品之间的关联关系，并将这些关联关系用于商品关联陈列、促销等具体工作中，是很难通过人工完成的。比如，啤酒在酒类区域，尿布在婴儿用品区域，两个商品陈列区域相差几十米，甚至可能是"楼上、楼下"的陈列关系，用肉眼很难发现尿布与啤酒存在关联关系的规律。

把找出货篮中商品之间关系的方法称为"美式货篮"分析法，这种方法适合应用于类似 Walmart 这样的大卖场，用于找出不同陈列区域商品之间的关系。

4. 关联规则挖掘过程

如何从大型数据库中挖掘关联规则呢？关联规则的挖掘有以下两步：

1）根据最小支持度找出事务数据库 D 中所有的频繁项目集。

2）由频繁项目集和最小支持度产生强关联规则，也可以使用附加的兴趣度来对规则进行度量。

以支持度、信任度、兴趣度三项指标表现的商品关联性。一个正规的货篮分析报表应该采取三个指标数字，才可以准确地衡量商品是否真的存在关联关系：采取"支持度（Support）-信任度（Confidence）"作为主要商品相关性分析指标，为了强化说明关联关系，往往会运用兴趣度（Lift）指标。

（1）支持度

在货篮分析中，支持度指的是多个商品同时出现在同一个货篮中的概率。比如，尿布与啤酒同时出现在货篮中的概率是 20%，称尿布与啤酒的支持度是 20%，按照国际命名规则表示为：啤酒 Implies 尿布＝20%。

"尿布与啤酒"不等于"啤酒与尿布"——相关性的单向性，是代表商品之间的相关性具有单向性。"尿布与啤酒"代表了一种因果关系。在"尿布与啤酒"的故事中，年轻的父亲去的目的是购买尿布，在买到尿布的前提下，才会考虑购买啤酒，因此在购买尿布的父亲中有 35%购买了啤酒，不代表购买了啤酒的父亲有 35%购买了尿布，因为这是两类不同的消费行为，商品之间的因果关系也会不同，因此这个故事不能反过来讲。

要看商品之间是否具有相关性，在计算商品之间的支持度时，需要反过来计算进行验证，看看两个商品之间的相关性具有多少的信任度，从而寻找商品之间的因果关系。由于商品之间关联关系具有单向性，在零售业也会采取这种表示商品关联关系的方式：尿布⇒啤酒，即尿布与啤酒之间具有关联关系，方向是从尿布到啤酒。

（2）信任度

信任度是对支持度进行衡量的指标，用于衡量支持度的可信度及数据强度。由于这项指标是将商品同时出现在货篮中的概率进行反复运算，因此这是衡量商品相关性的主要指标。

（3）兴趣度

兴趣度又称为提升度，是对支持度、信任度全面衡量的指标，很多时候在衡量商品关联关系时只采用这一个指标，可见这个指标的重要性。当兴趣度指标大于 1.0 时，则表明商品之间可能具有真正的关联关系。兴趣度数据越大，则商品之间的关联意义越大。如果兴趣度小于 1.0，则表明商品之间不可能具有真正的关联关系。

在某些情况下，兴趣度会出现负值，此时商品之间很有可能具有相互排斥的关系，体现在货篮中，就是这些商品从来不会出现在同一个货篮中。

假如有表 9-1 的购买记录。

表 9-1　购买记录表

顾客	项目	顾客	项目
1	纸尿片，啤酒	4	纸尿片，卫生纸，啤酒
2	牛奶，纸尿片，橙汁	5	橙汁
3	纸尿片，卫生纸		

将表 9-1 整理后得到购买记录转换后的二维表，如表 9-2 所示。

表 9-2　购买记录转换后的二维表

项目	纸尿片	橙汁	牛奶	啤酒	卫生纸
纸尿片	4	1	1	2	2
橙汁	1	2	1	0	0
牛奶	1	1	1	0	0
啤酒	2	0	0	2	1
卫生纸	1	0	0	0	2

表 9-2 中行和列数字表示同时购买这两种商品的交易条数。如购买有纸尿片的交易条数为 4，而同时购买纸尿片和啤酒的交易数为 2。

信任度表示了这条规则在多大程度上可信。计算“如果纸尿片则啤酒”的信任度。由于在含有纸尿片的 4 条交易中，仅有 2 条交易含有啤酒，所以其置信度为 0.5。

支持度计算在所有交易集中，既有纸尿片又有啤酒的概率。在 5 条记录中，既有纸尿片又有啤酒的记录有 2 条，则此条规则的支持度为 2/5＝0.4。现在这个规则可表述为：如果一个顾客购买了纸片，则有 50％的可能购买啤酒。而这样的情况（既购买了纸尿片又购买了啤酒）会有 40％的可能发生。

再来考虑下述情况：

项	支持度
纸尿片	0.45
啤酒	0.42
卫生纸	0.4
纸尿片 and 啤酒	0.25
纸尿片 and 卫生纸	0.2
啤酒 and 卫生纸	0.15
纸尿片，啤酒 and 卫生纸	0.05

以上情况可得到下述规则：

规则	信任度
if 啤酒 and 卫生纸 then 纸尿片	$0.05/0.05 * 100\% = 33.33\%$
if 纸尿片 and 卫生纸 then 啤酒	$0.05/0.20 * 100\% = 25\%$
if 纸尿片 and 啤酒 then 卫生纸	$0.05/0.25 * 100\% = 20\%$

上述三条规则，对于规则"if 啤酒 and 卫生纸 then 纸尿片"，同时购买啤酒和卫生纸的人中，有 33.33% 会购买纸尿片。而单项纸尿片的支持度为 0.45，也就是说在所有交易中，会有 45% 的人购买纸尿片。得到这个规则的意义不大，如果应用到商品促销上作用不是很明显。

为此引入另外一个量，即兴趣度，以度量此规则是否可用。描述的是相对于不可用的规则，可用规则可以提高多少。可用规则的提升度大于1。计算方式为：

$$\text{Lift}(A \Rightarrow B) = \text{Confidence}(A \Rightarrow B) / \text{Support}(B)$$
$$= \text{Support}(A \Rightarrow B) / (\text{Support}(A) * \text{Support}(B))$$

在上例中，Lift(if 啤酒 and 卫生纸 then 纸尿片) $= 0.05/(0.15 * 0.45) = 0.74$，而 Lift(if 纸尿片 then 啤酒) $= 0.25/(0.45 * 0.42) = 1.32$。也就是说，在纸尿片的产品促销中如果绑定销售啤酒，顾客购买概率是单独购买啤酒的 1.32 倍。或者说，对买了纸尿片的人进行推销啤酒，购买概率是随机推销啤酒的 1.32 倍。

接下来就要产生关联规则。首先，找出频繁集。所谓频繁集指满足最小支持度或信任度的集合。其次，从频繁集中找出强关联规则。强关联规则指既满足最小支持度又满足最小信任度的规则。例如：

Frequent 2-itemsets		Candidate 3-itemsets		Frequent 3-itemsets
$I1, I2$	→	$I1, I2, I4$	→	$I1, I2, I4$
$I1, I4$		$I2, I3, I4$		
$I2, I3$				
$I2, I4$				

设最小支持度为 2，以 C_k 表示潜在频繁项集，以 L_k 表示频繁集。

ID	Items		Itemset	Sup. count		Itemset		Itemset
100	I1, I2, I5		I1	6		I1		I1, I2
200	I2, I4	→	C_1: I2	7	→	L_1: I2	→	C_2: I1, I3
300	I2, I3		I3	6		I3		I1, I4
400	I1, I2, I4		I4	2		I4		I1, I5
500	I1, I3		I5	2		I5		I2, I3
600	I2, I3							I2, I4
700	I1, I3							I2, I5
800	I1, I2, I3, I5							I3, I4
900	I1, I2, I3							I3, I5
								I4, I5

对 $C2$ 进行扫描，计算支持度。

Itemset	Sup. count		Itemset		Itemset	Sup. count		Itemset
I1, I2	4	→	L_2: I1, I2	→	C_3: I1, I2, I3	2	→	L_3: I1, I2, I3
I1, I3	4		I1, I3		I1, I2, I5	2		I1, I2, I5
I1, I4	1		I1, I5					
I1, I5	2		I2, I3					
I2, I3	4		I2, I4					
I2, I4	2		I2, I5					
I2, I5	2							
I3, I4	0							
I3, I5	1							
I4, I5	0							

对于频繁集中的每一项 k-itemset，可以产生非空子集，对每一个子集，可以得到满足最小信任度的规则。

5. Walmart 货篮数据挖掘的应用效果

Walmart 公司的所有分公司的销售数据、库存数据每天通过卫星线路传到总部的数据仓库里，通过数据仓库对商品品种和库存进行分析，Walmart 公司可以研究顾客购买趋势、分析季节性购买模式、及时补充商品、确定促销商品，等等。Walmart 的缔造者 Sam Walton 在他的自传《Made in America：My Story》中，对于数据仓库评价极高，可以说，数据仓库改变了 Walmart。

9.2.2　案例二：通信用户满意度指数评测

1. 通信用户满意度指数评测数据挖掘的背景简介

通信行业正面临与日俱增的市场压力、更精明的竞争对手和更苛刻的消费者。中国通信行业正从快速增长阶段迈入平稳增长阶段，服务质量已经成为企业的核心竞争力。因而通信运营商市场营销工作的重点不仅仅是吸引新用户，突出价格策略的重要性，而是要将如何维护老用户作为市场营销工作新的重点，从而使服务策略的重要性逐渐突现。

目前，市场上的价格竞争将逐渐过渡到服务竞争。各大通信运营商已经形成了较为激烈的竞争格局，随着国内运营商及国外运营商进入移动通信市场，这种竞争愈演愈烈。通信运营商能否在如此严峻的经营环境下顺利发展，关键因素在于能否站在消费者的角度考虑产品和服务，消费者是否满意其提供的产品或服务。"客户满意"越来越成为众多通信运营商已经意识和正在努力提高的经营指标，成为运营商工作的重点。

2. 通信用户满意度指数评测数据挖掘的目标

通信用户满意度是衡量通信服务水平的重要指标，也是目前世界上许多国家和地区测评通信服务质量的通用做法。通信运营商期望通过客户满意度研究了解不同品牌客户和集团客户对该公司的整体服务工作的满意度评价，以及不同品牌客户对本公司各商业流程环节上的服务感受及满意度水平，并了解不同品牌客户对本公司的忠诚度。同时判断当前业务、服务工作中存在的主要问题。重点围绕各个商业过程，有针对性地发现问题，从而改善服务。通过满意度指数，比较各地市分公司的服务工作差异，以便为省公司的考核提供依据。进行与竞争对手 CSI（Customer Satisfaction Index，顾客满意指数）测评的比较分析，确定通信运营商客户服务工作中有待改善的地方，并以绩优区域为标杆，不断提高和推动该通信运营商的用户满意度。预测今后的业务、服务竞争趋势，制定应对竞争的一系列策略和方案。

3. 通信用户满意度指数评测数据挖掘的构建模型

各方面满意度的研究，例如，不同品牌客户和集团客户对整体服务工作的满意度、不同品牌客户对各商业流程环节上的满意度等，都是基于图 9-11 所示的满意度框架模型，只是在不同的满意度分析时具体的观测指标有些变动，例如，不同品牌相应的商业过程的指标。

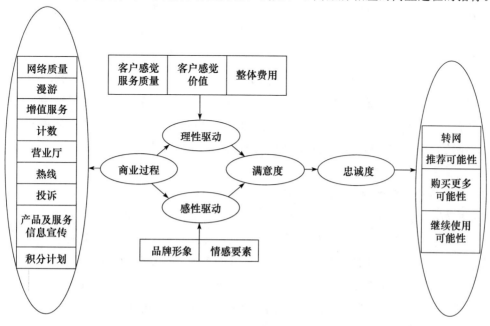

图 9-11　通信运营商满意度模型框架示例

4. 通信用户满意度指数评测数据挖掘的结果分析

某第三方机构对通信用户进行了用户满意指数抽样测评。本次测评的对象涵盖全国各地 4 亿多各类通信用户，采用概率抽样方式在用户中选取被访样本，并对被选中的用户进行问卷调查。在全国范围内共计访问了 7 万多个通信用户，通过电话调查最终完成有效样本 5076 个，获得 10 多万条用户评价信息，处理数据几百万个。

样本采集按照 3 阶段 PPS 概率抽样，每项业务抽取 720 个样本，保证了样本数量的广泛性和代表性。表 9-3 列举了参加测评的 7 个对象客户总体满意度指数。

表 9-3　7 个评测对象的客户总体满意度指数

评测对象 客户满意度	通信业务Ⅰ	通信业务Ⅱ	通信业务Ⅲ	通信业务Ⅳ	通信业务Ⅴ	通信业务Ⅵ	通信业务Ⅶ
客户总体满意度指数	75.1	76.5	80.1	79.8	71.2	69	68.3

由上表数据可知，在参与评测的 7 个对象中，通信业务Ⅰ、通信业务Ⅱ、通信业务Ⅲ和通信业务Ⅳ的客户总体满意度处于高水平，并比较接近，各运营商的服务水平比较稳定。其中，通信业务Ⅲ和通信业务Ⅳ的客户总体满意度指数明显高于通信业务Ⅵ和通信业务Ⅶ，高出近 12 个百分点。

与美国、欧洲等国的通信服务满意度指数测评数据相比，我国固定、移动电话用户满意度指数的数据具有可比性。固定电话和移动电话的用户满意度指数与欧美相比处于较高水平。调查显示，用户对固定电话业务的资费透明度和计费准确性较为关注，对移动电话的通话质量和价格水平有改进要求，对 ISP 业务的质量改进要求集中于两点：一是提高接通率，二是提高网速。

我国通信业多年持续高速增长，新的网络和新的业务层出不穷，电话用户数量逐年猛增。在这样一个快速增长期，通信服务质量始终是大众关注的热点，也是政府主管部门监管的重点。虽然目前整体服务质量已有明显提高，用户满意度逐年上升，通信主管部门和各通信运营商的努力取得了一定的成效，如在用户数激增的情况下，2002 年中消协全国受理的通信方面用户投诉量反而比 2001 年下降了 1/3，但客观地讲，通信服务质量肯定还有不足，用户抱怨还会存在，通信消费过程中的焦点、热点问题还会不断出现。通信行业将会利用各种方式切实改进服务，竭力为公众提供更加满意的通信业务。

5. 通信用户满意度指数评测改进策略

围绕网络服务、服务厅服务、热线服务、缴费充值服务、梦网服务、优惠活动、网站服务满意度这些主要商业过程提出了满意度的具体改进策略，如对于网络服务的满意度和具体改进策略，下面以通信业务Ⅰ和通信业务Ⅱ两项业务为例加以说明。

通信业务Ⅰ客户满意度：

> √ 客户满意度较高的是网络质量与缴费方便程度；
> √ 客户对梦网服务的满意度比较低；
> √ 除梦网外，客户对热线方面满意度也比较低。

通信业务Ⅱ客户满意度：

> √ 客户满意度较高的是整体网络质量与缴费力便程度；
> √ 客户对梦网服务的满意度比较低；
> √ 客户对特色服务的满意度为中等。

根据研究提出了有建设性和可执行的满意度改进和提升客户忠诚度的改进计划。通信业务Ⅰ和通信业务Ⅱ的战略改进方向就是继续保持总体优势，改进弱项指标。

1) 网络方面客户总体满意度较高，其中最高的是通信业务Ⅲ，通信业务Ⅶ相对偏低。

2) 网络服务总体满意度具有明显优势，在通话质量方面明显高于通信业务Ⅵ和通信业务Ⅶ。

3) 总体上，绝大部分场合的网络信号都处于中高水平，但山区信号的满意度较低；对于不同场合拨打电话无法接通率，总体上室内的无法接通率最高，其中通信业务Ⅱ的室内无法接通率较高，超过50%；通信业务Ⅲ、通信业务Ⅳ和通信业务Ⅴ的无法接通率相对较低，通信业务Ⅵ的无法接通率大于通信业务Ⅶ。

4) 对于网内/网间通话无法接通率方面，自身品牌客户拨打通信业务Ⅵ和通信业务Ⅶ品牌的客户手机时无法接通率较高，通信业务Ⅱ尤其高；而通信业务Ⅵ和通信业务Ⅶ客户拨打市话或该运营商时无法接通率较高。

5) 对于掉话率，通信业务Ⅰ和通信业务Ⅱ的掉话率高于通信业务Ⅲ、通信业务Ⅳ（相对更高）和通信业务Ⅴ，室内的掉话率高于室外，室内掉话率较高的有通信业务Ⅱ（51%），通信业务Ⅵ和通信业务Ⅶ的掉话率也达40%以上。

6) 对于短信故障率方面，短信发送不成功发生率较高，通信业务Ⅴ与通信业务Ⅰ最为明显；其次是短信发送成功但对方较长时间才收到，通信业务Ⅴ在短信故障率方面发生率最高；各品牌客户对网络质量不满意的地方主要是信号差，其次是网络覆盖不广。

7) 通信业务Ⅱ不满意的地方还表现在通话不稳定/易断线，通信业务Ⅰ则是难接通/接通率低，通信业务Ⅴ则是信息接收不好、慢；通信业务Ⅵ和通信业务Ⅶ在各方面的不满意的比例更高。

6. 通信用户满意度指数评测数据挖掘的忠诚度分析

（1）忠诚度水平与性质

1) 品牌忠诚度。各项业务忠诚度都较高，各业务中忠诚度最高的是通信业务Ⅱ的客户，最低的是通信业务Ⅴ的客户。总体来说，通信业务Ⅰ、通信业务Ⅱ、通信业务Ⅲ、通信业务Ⅳ和通信业务Ⅴ客户的忠诚度高于通信业务Ⅵ和通信业务Ⅶ。

2) 忠诚度细分。根据忠诚度和满意度的不同，将客户共分为四大类型：安全羊（高满意度高忠诚度）、劝服者（高满意度低忠诚度）、异动者（低满意度高忠诚度）、流动者（低满意度低忠诚度）。

（2）结论分析

通信业务Ⅰ、通信业务Ⅱ、通信业务Ⅲ、通信业务Ⅳ和通信业务Ⅴ的安全羊比例明显

高于通信业务 Ⅵ 和通信业务 Ⅶ，通信业务 Ⅴ 客户的流动者与异动者比较高。

以连续两年的数据比对，通信业务 Ⅲ、通信业务 Ⅳ 和通信业务 Ⅴ 的客户的异动者（无奈的忠诚）比例有明显增加，一旦市场出现新的运营商或网络品牌，这部分不稳定客户将释放较大的离网风险。

将不同忠诚度的 4 种客户进行分析发现：

1）各品牌安全羊的满意度都达 85 分以上，满意度较高的是通信业务 Ⅲ 和通信业务 Ⅳ；

2）各品牌劝服者的满意度都达 84 分以上；

3）各品牌异动者与流动者的满意度都低于 60 分；大客户的流动者满意度更低。

不同忠诚度类型客户的满意度如表 9-4 所示。

表 9-4　不同忠诚度类型客户的满意度指数

满意度指数　客户类型 业务类型	安全羊	劝服者	异动者	流动者
通信业务 Ⅰ	86.7	84.7	57.6	54.6
通信业务 Ⅱ	87.4	86.1	57.9	50.3
通信业务 Ⅲ	88.4	85.55	58.3	57.1
通信业务 Ⅳ	88.7	84.4	58.5	55.6
通信业务 Ⅴ	85.1	84.3	57.5	54.5

7. 通信用户满意度指数评测数据挖掘的离网风险

通信业务 Ⅰ、通信业务 Ⅱ 客户的主要流动方向是通信业务 Ⅵ 和通信业务 Ⅶ；通信业务 Ⅲ、通信业务 Ⅳ 和通信业务 Ⅴ 客户的主要流动方向为内部相互流动；通信业务 Ⅵ 和通信业务 Ⅶ 客户的主要流动方向是通信业务 Ⅰ 和通信业务 Ⅳ。

通信业务 Ⅱ 转向通信业务 Ⅵ 和通信业务 Ⅶ 的比例较高；通信业务 Ⅰ 转向通信业务 Ⅵ 与通信业务 Ⅳ 的比例较高；通信业务 Ⅴ 转向通信业务 Ⅳ 的比例较高；通信业务 Ⅳ 主要转向通信业务 Ⅰ、通信业务 Ⅱ、通信业务 Ⅲ 和通信业务 Ⅴ；通信业务 Ⅲ 转向通信业务 Ⅳ 的比较较高。

8. 通信用户满意度指数评测数据挖掘的提升策略

基于以上的忠诚度分析结果，研究中对各个品牌分别针对不同的忠诚度类型的客户提出了具体的服务改进策略，以提高忠诚度。下面以通信业务 Ⅰ 为例说明，如表 9-5 所示。

表 9-5　通信业务 Ⅰ 忠诚度提升策略

客户类型 提升策略	安全羊	劝服者	异动者	流动者
客户总体满意度	86.7	84.7	57.6	54.6
需改进指标	1. 梦网服务	1. 热线人工接通速度 2. 梦网服务	1. 热线服务总体：热线人工接通速度 2. 梦网服务	1. 服务厅服务：服务厅人员服务 2. 热线服务总体：热线人工接通速度 3. 梦网服务 4. 网站服务

满意度是人们心目中对通信服务性价比的一个度量和判定，受到人们思想认识水平、教育程度、人生阅历，以及道德观、人生观和价值观等多种因素的影响。满意与否是一个动态、相对的概念，没有绝对的满意和不满意，也没有永远的满意和不满意。客观地看，目前的通信服务水平与服务能力已经有了显著提高，相比过去用户也获得了更多价值、享受了更好的服务，但用户的感知还受到其他因素的影响，满意度的波动与用户抱怨仍存在，这恰恰说明服务的供需关系处于较为平衡的状态，市场还可以继续稳定发展。

对于行业监管者，服务质量可以通过满意度来测量，但绝不是仅仅依靠一个指标来对市场做出判断。一个成熟的市场和拥有超过 13 亿用户的行业，用户满意度必定会在一个合理区间内平稳波动。监管者可以通过满意度这个窗口，向公众展示行业发展成果，树立良好的社会形象；科学分析满意度波动趋势，充分分析用户抱怨信息来弥补市场不足，帮助企业查找服务问题；同时合理运用满意度指标来调动企业能动性、调节市场秩序，这才是满意度调查分析应当发挥的真正作用，也是管理者智慧的最终体现。

9.2.3 案例三：城市环境质量评价

1. 城市环境质量评价数据挖掘的背景简介

环境质量是指环境的总体或环境某些要素对人群的生存和繁衍以及社会经济发展的适宜程度，是反映人类的具体要求而形成的对环境评定的一种概念，包括环境综合质量和各种环境要素质量。环境质量评价是我国实施的重要的环境管理手段之一。环境质量评价是根据环境（包括污染源）调查与监测资料，应用各种评价方法对一个地区的环境质量做出评定与估价，然后按照一定的目的在对一个区域的各种要素评价的基础上，对环境质量进行总体的定性与定量的评定。环境质量评价是理论与实践相结合的适用性强的学科，是人们认识环境的本质和进一步保护与改善环境质量的手段与工具。

环境质量评价的根本目的就是为各级政府和相关部门制订经济发展计划，制定能源政策，确定大型工程项目及为区域规划提供环境保护的依据，并为各级环境部门制定环境规则，贯彻以管促治方针，实现全面、科学的环境管理服务。因此，环境质量评价是帮助协调经济发展和保护环境的一项有效措施，也是强化环境管理的有效手段，它为环境管理、关键工程、环境标志制定、环境规划、环境污染综合防治、生态环境建设等提供科学依据。

城市环境质量评价数据挖掘的建设目标：

1）选择合适的城市环境质量评价指标；

2）选择合适的模型算法对城市环境质量进行评价。

2. 城市环境质量评价数据挖掘的分析方法

城市环境质量评价包括对城市环境质量进行单要素和总体的综合评价。评价的环境单要素可以包含若干个关键污染因子。对单要素环境质量评价常采用多因子综合评价指数进行不同等级的污染状况评价，即对某区域的环境质量如水质、大气质量等的综合评价一般涉及较多的评价因素，且各因素与区域环境整体质量关系复杂，因而采用单项污染指数评价法无法客观准确地反映各污染因子之间相互作用对环境质量的影响。

基于上述因素，要客观评价一个区域的环境质量状况，需要考虑各种因素之间以及影响因素与环境质量之间错综复杂的关系，采用传统方法存在一定的局限性和不合理性。因此，从学术研究的角度对环境评价的技术方法及其理论进行探讨，寻求更能全面、客观、准确反应环境质量的新的理论方法具有重要的现实意义。

3. 城市环境质量评价数据挖掘的分析内容

我国环境质量评价工作发展至今，在评价指标体系及评价理论探索等方面均有较大进展。城市环境综合评价无固定的模式与程序，因评价区域的特点及所关心的主要问题不同而有所差异。下面利用数据挖掘方法对城市空气质量进行评价。

根据空气中 SO_2、NO、NO_2、NO_x、PM10 和 PM2.5 值的含量，建立 C4.5 决策树分类预测模型，实现对空气质量的评价。其实质是：运用 C4.5 算法进行数据挖掘，获得分类规律，即空气污染物与空气等级之间的关系；推导出分类规则，即空气质量只能评价模型。分 4 个步骤实现流程：数据预处理、生成决策树、分类规则生成及化简、模型准确性评价，如图 9-12 所示。

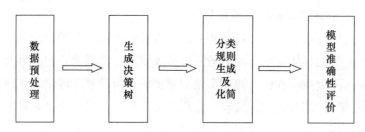

图 9-12　城市环境质量评价建模流程图

对于采集到的空气污染物的数据（SO_2、NO、NO_2、NO_x、PM10 和 PM2.5 值的含量），首先根据我国城市空气质量分级标准，分为优（Ⅰ）、良（Ⅱ）、轻微污染（Ⅲ）、轻度污染（Ⅴ）、中度污染（Ⅵ）、中度重污染（Ⅶ）、重污染（Ⅷ）七个等级。这样，经过预处理的数据包括 1 个类别项（空气等级）和 6 个影响分类的属性项（空气污染物）。

4. 城市环境质量评价数据挖掘的模型构建

城市环境质量评价的数据挖掘采用 C4.5 决策树构建模型。模型的输入包括两部分，一部分是建模专家样本数据（包括训练样本和验证样本）的输入，另一部分是建模参数的输入。

部分原始样本数据经过预处理后如表 9-6 所示。

表 9-6　城市空气质量建模样本数据

SO_2	NO	NO_2	NOx	PM10	PM2.5	空气等级
0.034	0	0.048	0.047	0.085	0.058	Ⅰ
0.025	0	0.053	0.053	0.07	0.048	Ⅱ
0.013	0	0.029	0.066	0.057	0.04	Ⅰ
0.026	0	0.026	0.026	0.049	0.034	Ⅰ

（续）

SO₂	NO	NO₂	NOx	PM10	PM2.5	空气等级
0.018	0	0.027	0.027	0.051	0.035	I
0.019	0	0.052	0.053	0.06	0.04	II
0.022	0	0.059	0.06	0.064	0.042	II
0.023	0.01	0.085	0.099	0.07	0.044	II
0.022	0.012	0.066	0.081	0.073	0.042	II
0.017	0.007	0.037	0.048	0.069	0.04	I

随机抽取与处理数据（共 320 个数据）中 2/3 的数据，即 240 个数据样本，作为训练集构造决策树并生成决策规则。

5. 城市环境质量评价数据挖掘的结果评价

上例中基于 C4.5 决策树，采用 10‑折交叉验证（10-fold cross validation），对经预处理后的总体样本（240 条）进行综合评估。10‑折交叉验证结果如表 9-7 所示。

表 9-7　10‑折交叉验证结果

指标	值		指标	值
正确分类样本及百分比	229	95.416 7%	均方根误差	0.108 9
错误分类样本及百分比	11	4.583 3%	相对绝对误差	6.597 1%
Kappa 统计	0.931 5		相对平方根误差	35.237 7%
平均绝对误差	0.012 7		样本总数	240

交叉验证混淆矩阵结果见表 9-8。

表 9-8　交叉验证混淆矩阵结果

a	b	c	d	e	f	g	分类为
39	1	0	0	0	0	0	a＝I
0	107	3	0	0	0	0	b＝II
0	2	69	2	0	0	0	c＝III
0	0	0	8	0	0	0	d＝IV
0	0	0	0	6	1	0	e＝V
0	0	0	0	2	0	0	f＝VI
0	0	0	0	0	0	0	g＝VII

表 9-8 中，以第 3 行为例，有 107 个样本正确分类（属于"II"），有 3 个样本本应该属于"II"，却错误分到了"III"。总体来说，10‑折交叉验证的正确分类百分比为 95.416 7%，可见经抽选的专家样本数据能满足建模要求。

随机抽取 240 条样本进行模型训练，再对训练好的网络模型，通过模型验证（预测值与实际值比对）来评价其有效性，以确保所生产的预测模型满足实际应用要求。将与处理好的数据划分为两个独立的集合：240 条样本数据随机分配到训练集，其余 80 条数据随机分配到测试集。测试分类结果正确率如表 9-9 所示，该模型总的预测分类正确率达到 97.5%，混淆矩阵结果见表 9-10。这一评价结果说明，通过 C4.5 算法进行数据挖掘所得到的分类规则集合对未来数据样本的分类正确率能够达到较高的要求。

表 9-9　模型验证结果

指标	值		指标	值
正确分类样本及百分比	78	97.5%	平均绝对误差	0.010 7
错误分类样本及百分比	2	2.5%	均方根误差	0.077 2
Kappa 统计		0.963 9	样本总数	80

表 9-10　混淆矩阵结果

a	b	c	d	e	f	g	分类为
23	1	0	0	0	0	0	a＝I
0	36	3	0	0	0	0	b＝II
0	0	10	2	0	0	0	c＝III
0	0	0	3	0	0	0	d＝IV
0	0	0	0	2	1	0	e＝V
0	0	0	0	4	0	0	f＝VI
0	0	0	0	0	1	0	g＝VII

　　由于城市环境质量与各种空气污染物之间的错综复杂的关系，需要按照一定的标准和方法对某一区域空气质量的优劣进行定量的和定性的描述。通过建模和实验表明，在随机抽取了 320 个空气污染物能读数据的情况下进行评估，基于 C4.5 决策树算法的空气质量评价方法可以达到很好的分类预测效果。

本章小结

　　数据仓库是作为决策支持和联机分析应用系统数据源的结构化数据环境，研究和解决从数据库中获取信息的问题，是基于数据管理和数据应用的综合性技术和解决方案，是企业应用系统的重要组成部分。本章详细阐述了网络购物、社会保障卡及医院信息系统三个数据仓库案例。

　　数据挖掘是从海量数据中发现有趣知识的过程，这些知识是隐含的、事先未知的、潜在有用信息，挖掘的知识表示形式为概念、规则、规律和模式等，是建立在数据仓库基础上的高层应用。结合领域知识和数据分析技术，数据挖掘为许多特定领域提供解决方案，包括金融、零售和通信、科学与工程、入侵检测和防护等。同时也会影响到人们的购物、工作、搜索信息、使用计算机、保护隐私和数据安全，以及休闲、健康和幸福等日常生活。本章详细阐述了美国零售商系统 Walmart 货篮、通信用户满意度指数评测及城市环境质量评价三个数据挖掘案例。

参 考 文 献

［1］LIQIANG GENG，HOWARD J. HAMILTON. Interestingness Measures for Data Mining：A Survey
［J］. *ACM Computing Surveys*，Vol. 38，No. 3，Sept.，2006，32：1-32.

［2］张文修，吴伟志，梁吉业，等. 粗糙集理论与方法［M］. 北京：科学出版社，2001.

［3］李雄飞，董元方，李军. 数据挖掘与知识发现［M］. 2 版. 北京：高等教育出版社，2010.

［4］《现代数学手册》编撰委员会. 现代数学手册［M］. 武汉：华中科技大学出版社，2001.

［5］A K Jain，M N Murty，P J Flynn. Data clustering：A survey［J］. *ACM Computing Surveys*，1999
（31）：264-323.

［6］D E Rumelhart，D Zipser. Feature discovery by competitive learning［J］. *Cognitive Science*，1985，9：
75-112.

［7］D Fisher. Improving inference through conceptual clustering［J］. In *Proc. 1987 AAAI Conf.*，pages 461-
465，Seattle，WA，July 1987：461-465.

［8］Duda R O，Hart P E Stork D G，Pattern Classification［M］. Wiley，2001.

［9］Ethem Alpaydin. Introduction to Machine Learning［M］. The MIT Press，2004.

［10］G Karypis，E H Han，V Kumar. CHAMELEON：A hierarchical clustering algorithm using dynamic
modeling［J］. *COMPUTER*，1999，32：68-75.

［11］Jiawei Han，Micheline Kamber，Jian Pei. Data Mining：Concepts and Techniques［M］. 2ed. San
Mateo，CA：Morgan Kaufmann，2005.

［12］J W Shavlik，T G Dietterich. *Readings in Machine Learning*［M］. San Mateo，CA：Morgan
Kaufmann，1990.

［13］Krzysztof J Cios，Witold Pedrycz，Roman W. Swiniarski，et al. Data Mining：A Knowledge Discov-
ery Approach［M］. Springer，2007.

［14］M Ester，H P Kriegel，J. Sander，et al. A density-based algorithm for discovering clusters in large
spatial databases［J］. In *Proc. 1996 Int. Conf. Knowledge Discovery and Data Mining*（KDD'96），
Portland，OR，Aug. 1996：226-231.

［15］M Halkidi，Y Batistakis，M Vazirgiannis. On Clustering Validation Techniques［J］. *Journal of Intel-
ligent Information*，Springer，2001，17：107-145.

［16］Peter Cheeseman，John Stutz. Bayesian classification（AutoClass）：Theory and results［J］. In
U. M. Fayyad，G. Piatetsky-Shapiro，P. Smyth，and R. Uthurusamy，editors，*Advances in Knowl-
edge Discovery and Data Mining*. Cambridge，MA：AAAI/MIT Press，1996：158-180.

［17］R Agrawal，J Gehrke，D Gunopulos，et al. Automatic subspace clustering of high dimensional data
for data mining applications［J］. In *Proc. 1998 ACM-SIGMOD Int. Conf. Management of Data*（SIG-
MOD'98）. Seattle，WA，June 1998：94-105.

［18］R Agrawal，R Srikant. Fast algorithms for mining association rules［J］. In *Proc. of the* 20*th VLDB Conference Santiago*，Chile，Sept，1994：487-499.

［19］S L Lauritzen. The EM algorithm for graphical association models with missing data［J］. *Computational Statistics and Data Analysis*，1995，19：191-201.

［20］U M Fayyad，G Piatetsky-Shapiro，P Smyth，et al. Advances in Knowledge Discovery and Data Mining［M］. AAAI/MIT Press，1996.

［21］Oded Maimon，Lior Rokach. The Data Mining and Knowledge Discovery Handbook［M］. Springer，2005.

［22］http://db. cs. sfu. ca/DBMiner

［23］http://www. idi. ntnu. no/～aleks/rosetta/

［24］http://www. cs. waikato. ac. nz/ml/weka

［25］李志刚，马刚. 数据仓库与数据挖掘的原理及应用［M］. 北京：高等教育出版社，2008.

［26］郑岩. 数据仓库与数据挖掘原理及应用［M］. 北京：清华大学出版社，2010.

［27］陈志泊，韩慧，王建新，等. 数据仓库与数据挖掘［M］. 北京：清华大学出版社，2009.

［28］陈文伟. 数据仓库与数据挖掘教程［M］. 北京：清华大学出版社，2007.

［29］安淑芝. 数据仓库与数据挖掘［M］. 北京：清华大学出版社，2006.

［30］何玉洁，张俊超. 数据仓库与 OLAP 实践教程［M］. 北京：清华大学出版社，2008.

［31］苏新宁. 数据仓库和数据挖掘［M］. 北京：清华大学出版社，2006.

［32］Matteo Golfarelli，Stefano Rizzi 数据仓库设计：现代原理与方法［M］. 战晓苏，吴云浩，皮人杰，译. 北京：清华大学出版社，2010.

［33］http://www. taobao. com

［34］http://b2b. toocle. com/detail--5608583. html

［35］http://www. alidata. org/archives/11/comment-page-1

［36］http://www. e-gov. org. cn/chenggonganli/dianzizhengwu/200707/64892. html

［37］马刚，刘天时，程国建. 基于数据仓库技术的医院信息系统应用研究［J］. 西安石油大学学报：自然科学版，2010，25(4)：99-102.

［38］http://www. qiannao. com/file/275932488/7bee21fe/

［39］http://news. xinhuanet. com/zhengfu/2003-03/19/content_786919. htm

［40］http://www. tipdm. com/news. php？act＝page&id＝106&nid＝1

［41］宋辉，张良均. C4. 5 决策树法在空气质量评价中的应用［J］. 科学技术与工程，2011.

推荐阅读

作者：Abraham Silberschatz 著
中文翻译版：978-7-111-37529-6
定价：99.00
英文精编版：2012年9月出版
本科教学版：2012年10月出版

作者：Jiawei Han 等著
英文版：978-7-111-37431-2
定价：118.00
中文版预计2012年10月出版

作者：Ian H.Witten 等著
英文版：978-7-111-37417-6
定价：108.00
中文版预计2012年底出版

作者：Andrew S. Tanenbaum 著
书号：978-7-111-35925-8
定价：99.00

作者：Behrouz A. Forouzan 著
书号：978-7-111-37430-5
定价：79.00

作者：Abraham Silberschatz 著
译者：杨冬青 等
书号：978-7-111-37529-6
定价：99.00

作者：Thomas H. Cormen 等著
书号：978-7-111-40701-0
定价：128.00

计算机体系结构
量化研究方法

COMPUTER
ARCHITECTURE

作者：John L. Hennessy 著
书号：978-7-111-36458-0
定价：138.00

作者：Edward Ashford Lee 著
译者：李实英 等
书号：978-7-111-36021-6
定价：55.00

推荐阅读

书名	书号	定价	出版时间	作者
计算机组成与设计：硬件/软件接口（英文版 第4版 ARM版）	30288	95.00元	2010-05-11	（美）David A.Patterson
逻辑与计算机设计基础 英文版 第4版	30310	58.00元	2010-05-05	（美）M.Morris Mano
嵌入式微控制器与处理器设计（英文版）	29250	49.00元	2010-01-12	（美）GregOsborn
C++程序设计原理与实践（英文版）	28248	89.00元	2009-09-27	（美）Bjarne Stroustrup
搜索引擎信息检索实践（英文版）	28247	45.00元	2009-09-27	（美）W.Bruce Croft
组合数学（英文版 第5版）	26525	49.00元	2009-04-03	（美）Richard A.Brualdi
嵌入式计算系统设计原理（英文版.第2版）	25360	75.00元	2008-12-25	（美）Wayne Wolf
数学建模 方法与分析（英文版.第3版）	25364	49.00元	2008-12-23	（美）MarkM.Meerschaert
自适应信号处理（英文版）	23918	56.00元	2008-05-09	（美）威德罗，斯特恩斯
计算机科学概论（英文版.第3版）	23516	66.00元	2008-03-31	（美）Nell Dale
计算机文化（英文版.第10版）	23250	69.00元	2008-03-31	（美）June Jamrich Parsons
自动网络管理系统（英文版）	23515	48.00元	2008-03-31	（美）Douglas E.Comer
Java语言程序设计 基础篇（英文版.第6版）	23367	66.00元	2008-02-14	（美）Y.Daniel Liang
微机电系统基础（英文版）	23167	59.00元	2008-01-28	（美）Chang Liu
数字设计和计算机体系结构（英文版）	22393	65.00元	2007-09-29	（美）David Money Harris
计算机网络—系统方法（英文版.第4版）	21401	85.00元	2007-05-24	（美）Larry L.Peterson
线性代数（英文版.第7版）	21198	58.00元	2007-04-27	（美）Steven J.Leon
MIPS体系结构透视（英文版.第2版）	20681	65.00元	2007-01-09	（英）Dominic Sweetman
数字逻辑基础与Verlog设计（英文版）	20356	56.00元	2006-12-12	（加）Stephen Brown Zvonko Design
Internet技术基础（英文版.第4版）	20419	45.00元	2006-12-07	（美）Douglas E.Comer
数据结构与算法分析：Java语言描述（英文版.第2版）	19876	55.00元	2006-10-17	（美）Mark Allen Weiss
计算机系统概论（英文版.第2版）	19766	66.00元	2006-09-13	（美）Yale N.Pstt Sanjay J.Patel
Intel微处理器（英文版.第7版）	19609	88.00元	2006-08-07	（美）Barry B.Brey
C 程序设计语言（英文版.第2版）	19626	35.00元	2006-08-03	（美）Brian W.Kernighan